橡胶塑料机械标准汇编

（第二版）

下册

全国橡胶塑料机械标准化技术委员会　编
中　国　标　准　出　版　社

中国标准出版社

北　京

图书在版编目（CIP）数据

橡胶塑料机械标准汇编（第二版）.下册/全国橡胶塑料机械标准化技术委员会，中国标准出版社编. —2版. —北京：中国标准出版社，2018.4

ISBN 978-7-5066-8899-4

Ⅰ.①橡⋯ Ⅱ.①全⋯②中⋯ Ⅲ.①橡胶机械—标准—汇编—中国②塑料—化工机械—标准—汇编—中国 Ⅳ.①TQ330.4-65②TQ320.5-65

中国版本图书馆 CIP 数据核字(2018)第 017197 号

中国标准出版社出版发行

北京市朝阳区和平里西街甲 2 号(100029)

北京市西城区三里河北街 16 号(100045)

网址 www.spc.net.cn

总编室：(010)68533533　　发行中心：(010)51780238

读者服务部：(010)68523946

中国标准出版社秦皇岛印刷厂印刷

各地新华书店经销

*

开本 880×1230　1/16　印张 25.5　字数 768 千字

2018 年 4 月第二版　　2018 年 4 月第二次印刷

*

定价（上下册）：495.00 元

出 版 说 明

为适应我国橡胶塑料机械工业的快速发展,促进全行业技术进步的需要,方便行业企业对标准的检索,同时为加大标准的宣传力度,推进橡胶塑料机械标准的贯彻实施,满足广大读者对标准文本的需求,我们在 2006 年第一版的基础上,编辑出版《橡胶塑料机械标准汇编(第二版)》。

本次修订收录的标准数量较多,故分为上、下册,上册是橡胶塑料通用机械与橡胶专用机械,下册是塑料专用机械,收集了截止 2017 年 12 月底批准发布的现行国家标准和行业标准共 137 项,其中国家标准 40 项,行业标准 97 项。

本汇编包括的标准,由于出版年代的不同,其格式、计量单位以及技术术语存在不尽相同的地方。

目录中标准号后括号内的年代号,表示在该年度确认了该标准,但没有重新出版。

本汇编可供橡胶、塑料机械行业的生产、技术、检验人员和科研人员等参考使用,也可供从事相关专业标准化工作的人员使用。

编 者

2018 年 1 月

目 录

下 册

三、塑料专用机械

三、塑料专用机械

ICS 71. 120；83. 200
G 95

中华人民共和国国家标准

GB/T 25941—2010

塑料真空成型机

Plastic vacuum forming machine

2010-12-23 发布   2011-07-01 实施

中华人民共和国国家质量监督检验检疫总局
中国国家标准化管理委员会   发 布

前　　言

本标准的附录 A 为资料性附录。

本标准由中国石油和化学工业联合会提出。

本标准由全国橡胶塑料机械标准化技术委员会(SAC/TC 71)归口。

本标准起草单位:安徽鲲鹏装备模具制造有限公司、南京扬子鲲鹏装备模具制造有限公司、中国扬子集团滁州扬子模具制造有限公司、大连塑料机械研究所。

本标准主要起草人:胡德云、庄元兵、宗海啸、高宗贵、李香兰。

塑料真空成型机

1 范围

本标准规定了塑料真空成型机的术语和定义、产品分类、型号及基本参数、技术要求、试验及检测方法、检验规则、标志、包装、运输和贮存。

本标准适用于热塑性塑料制品的塑料真空成型机(以下简称成型机)。

2 规范性引用文件

下列文件中的条款通过本标准的引用而成为本标准的条款。凡是注日期的引用文件,其随后所有的修改单(不包括勘误的内容)或修订版均不适用于本标准,然而,鼓励根据本标准达成协议的各方研究是否可使用这些文件的最新版本。凡是不注日期的引用文件,其最新版本适用于本标准。

GB/T 191 包装储运图示标志(GB/T 191—2008,ISO 780:1997,MOD)

GB/T 1184—1996 形状和位置公差 未注公差值

GB/T 3766—2001 液压系统通用技术条件(eqv ISO 4413:1998)

GB 5226.1—2008 机械电气安全 机械电气设备 第1部分:通用技术条件(IEC 60204-1:2005,IDT)

GB/T 6388 运输包装收发货标志

GB/T 9969 工业产品使用说明书 总则

GB/T 11336 直线度误差检测

GB/T 12783—2000 橡胶塑料机械产品型号编制方法

GB/T 13306 标牌

GB/T 13384 机电产品包装通用技术条件

HG/T 3228 橡胶塑料机械涂漆通用技术条件

JB/T 5438 塑料机械 术语

3 术语和定义

JB/T 5438 确立的以及下列术语和定义适用于本标准。

3.1

压空 air pressure

通过加入压缩空气使密封箱内产生一定的正压,从而使加热软化的塑料片(卷)材更好地贴附在模具表面上的工艺方法。

3.2

重料 multi sheet

是指叠放在一起的两张或两张以上料片。

3.3

垂料 drooping sheet

是指加热后下垂的料片。

4 产品分类、型号及基本参数

4.1 产品分类

4.1.1 成型机按工位数可分为单工位、双工位和多工位成型机。

4.1.2 成型机按自动化程度可分为自动、半自动和手动三种结构型式成型机。

4.2 型号

成型机的型号应符合 GB/T 12783—2000 的规定。

4.3 基本参数

成型机基本参数应符合表1的规定。

表 1 成型机基本参数

项目		基本参数							
最大成型面积/ (mm×mm)		850× 640	1 250× 1 100	1 600× 800	1 800× 800	2 000× 1 000	2 200× 1 200	2 400× 1 300	3 000× 2 000
片材最大尺寸/ (mm×mm)		950× 740	1 350× 1 200	1 700× 900	1 900× 900	2 100× 1 100	2 300× 1 300	2 500× 1 400	3 100× 2 100
最大成型深度/ mm		150		550	650	700	750	800	900
片材最大厚度/ mm		0.6		3		6			4
真空度/ MPa		0.070～0.092							
单循环周期/ s	半自动	10～20	40～180	40～180	40～180	45～190	60～200	80～300	
	自动	3～10	15～90	15～90	15～90	20～95	25～100	30～120	

注1：真空度为真空表上的指示值，只表示真空度的相对值，不表示真空度的绝对值。

注2：成型机参数也可根据需要定制。

5 技术要求

5.1 基本要求

成型机应符合本标准的要求，并按规定程序批准的图样及技术文件制造。

5.2 整机技术要求

5.2.1 成型机的模具更换应便于装卸。

5.2.2 运动部件导柱、导轨、导向滑块运行中应无卡滞现象。

5.2.3 成型机上下模台与运动导向面的垂直度应不低于 GB/T 1184—1996 附录 B 的表 B3 中规定的公差等级 8 级。

5.2.4 成型机上下模台与导套、齿条安装架与底座等重要的固定接合面，应用塞尺检验。

5.2.5 成型机的液压、真空、润滑、水路系统在正常工作条件下运行良好，应无渗漏。

5.2.6 成型机噪声（声压级）应不大于 85 dB(A)。

5.3 主要单机技术要求

5.3.1 上料装置

5.3.1.1 按采用的原材料不同分为片材和卷材两种上料型式。卷材自动上料采用主动开卷和被动开卷两种型式。

5.3.1.2 自动上料应稳定、可靠。

5.3.1.3 料片分料装置工作应平稳、顺畅,对中机构的对中精度应小于 3 mm。

5.3.1.4 自动上料系统应有可靠的料片缺料、重料检测和报警装置。

5.3.1.5 取料机械手应有高度限位安全锁紧装置。

5.3.2 加热装置

5.3.2.1 加热部分根据制品工艺需要可分为一次加热和多次加热。

5.3.2.2 每个加热部分根据制品工艺需要可分为单面加热和双面加热。

5.3.2.3 加热区应有可靠的垂料检测装置。

5.3.2.4 当采用石英加热器或陶瓷加热器时,其规格参数参见附录 A。

5.3.2.5 加热器固定板宜采用不锈钢板或铝板,应不生锈。

5.3.2.6 为满足制品成型工艺要求,加热应分区控制,料片表面温度控制精度应不大于 3 ℃。

5.3.2.7 下加热器上面应设置可靠的防护装置。

5.3.2.8 加热区料片周边夹紧机构应有可靠的冷却装置,工作时料片应不脱落。

5.3.3 成型装置

5.3.3.1 密封箱分为上置式和下置式两种。

5.3.3.2 密封箱应密封良好。带压空功能的密封箱承压 0.3 MPa 时,密封箱应无漏气现象。

5.3.3.3 成型部分应有可靠的夹片框。

5.3.3.4 制品在模具上应冷却良好,脱模时应不变形。

5.3.3.5 上下模台应运行平稳,并应有安全防护装置。

5.3.3.6 成型部分应有换模装置,模具应定位准确、装夹可靠。

5.3.4 输送装置

5.3.4.1 料片输送可采用带齿链条或夹钳机构方式。输送宽度应可调,调整应方便、灵活。

5.3.4.2 采用链条输送应有齿隙调整机构,调整应方便、灵活。托(压)料零件表面粗糙度 $Ra \leqslant 0.8\ \mu m$。

5.3.4.3 采用夹钳输送,上、下夹钳打开后退时,夹钳应不接触料片表面。

5.3.4.4 输送导轨的直线度应不低于 GB/T 1184—1996 附录 B 的表 B1 中规定的公差等级 10 级。

5.3.4.5 加热工位处输送导轨应有可靠的冷却装置。

5.3.5 切边装置

5.3.5.1 切边机可分为单切边和双切边两种。

5.3.5.2 制品切边后,切边应平直,无明显毛刺。

5.3.5.3 切刀应更换方便。

5.3.6 下料装置

5.3.6.1 下料分为手动和自动两种型式。

5.3.6.2 取料装置调节应方便、灵活。

5.3.6.3 自动下料应有可靠的高度限位安全锁紧装置。

5.4 安全要求

5.4.1 短接的动力电路与保护电路的绝缘电阻 $R \geqslant 1\ M\Omega$。

5.4.2 加热器的冷态绝缘电阻 $R \geqslant 1\ M\Omega$。

5.4.3 保护导线端子与电路设备任何裸露导体零件的接地导体电阻 $R \leqslant 0.1\ \Omega$。

5.4.4 控制柜、加热器等电气设备应进行耐压试验,工作电压为 110 V 的设备 1 min 内平稳加压至 1 000 V,工作电压为 220 V 的设备 1 min 内平稳加压至 1 500 V,工作电压为 380 V 的设备 1 min 内平稳加压至 2 000 V,持续耐压 1 min,工作电流 10 mA,不得有闪络与击穿。

5.4.5 对人身安全有危险的部位,如联轴节、带轮、加热、切割、移动等部位,应有安全防护装置。

5.4.6 在成型机的上料、成型及下料部位,应设置急停按钮,并应符合 GB 5226.1—2008 中 10.7 的规定。

5.4.7 成型机应有可靠的联锁保护措施和报警装置。

5.4.8 电气系统联锁保护应符合 GB 5226.1—2008 中 9.3 的规定。

5.4.9 液压系统保护应符合 GB/T 3766—2001 中 10.2.3、10.5.4 及 10.6.1 的规定。

5.4.10 在危险区域应有安全标志。

5.5 控制系统要求

5.5.1 控制系统宜有故障报警及自诊断功能。

5.5.2 控制系统宜有加热器断线检测功能。

5.5.3 控制系统宜有制品参数存储功能。

5.6 外观要求

5.6.1 各外露焊接件应平整,不允许存在焊渣及明显的凹凸粗糙面。

5.6.2 非涂漆的金属及非金属表面应保持其原有本色。

5.6.3 漆膜应色泽均匀,光滑平整,不允许有杂色斑点、条纹及粘附污物、起皮、发泡及油漆剥落等影响外观的质量的缺陷,并应符合 HG/T 3228 的规定。

5.7 说明书

使用说明书内容应符合 GB/T 9969 的规定。

6 试验及检测方法

6.1 目测项目

对于第 5 章中的要求,在本章中没有规定具体试验方法的,可通过目测及操作演示方法进行检测。

6.2 基本参数的检测

6.2.1 最大成型深度

按表 1 中最大厚度的 HIPS 塑料片材,在最大成型面积内真空成型后用卷尺检测。

6.2.2 真空度

关闭真空截止阀,启动真空泵,用精度等级 1.6 的真空表检测真空度。

6.2.3 单循环周期

按表 1 中最大厚度的 HIPS 塑料片材,在最大成型面积内真空成型最大深度,各取连续 5 次成型时间的平均值。

6.3 整机技术要求

6.3.1 成型机上下模台与运动导向面的垂直度用 1 级直角尺配合塞尺检测。

6.3.2 成型机上下模台与导套、齿条安装架与底座等重要的固定接合面,用 0.05 mm 塞尺检验,塞尺塞入深度应不大于接触面宽的 1/4,接触面间可塞入塞尺部位累计长度应不大于周长的 1/10。

6.3.3 水路、油路进行 1.5 倍设计压力的耐压试验,保压 30 min。

6.3.4 用声级计在操作者位置、离机体外包络面 1 m、高 1.5 m 处测量噪声声压级。

6.4 单机技术要求

6.4.1 上料装置

6.4.1.1 料片分料试验

在堆料装置上堆放 300 mm 高度的料片,依次取料,料片应能正常分开。

6.4.1.2 料片对中试验

   a) 片材:将一张料片放在对中装置上,启动对中装置,待料片送入夹钳或带齿链条后再取出,用钢直尺测量料片上两侧夹痕到料片两边缘的距离。

   b) 卷材:将卷材一端引入带齿链条内再退出,用钢直尺测量料片上两侧夹痕到料片两边缘的距离。

6.4.1.3 缺料、重料检测试验

在托架或夹钳机构上人工放置两张或两张以上料片启动设备或在托架上取下所有料片,系统应能正确发出故障报警;按设定节拍,在托架或夹钳机构上放置单张料片,启动设备,系统应能正常运行。

6.4.1.4 上述试验调试正常后,应连续运转5次。

6.4.2 加热装置

6.4.2.1 垂料检测试验

遮挡垂料检测装置的检测区域,设备应报警,加热器退至待机位置。

6.4.2.2 料片温度试验

料片输送至加热处,将料片周边夹紧,开启加热器对料片加热。在达到规定的时间后,用精度等级1 ℃的测温仪检测料片表面温度。

6.4.3 密封箱气密试验

向密封箱内加入压缩空气,调整进气压力,观察压力表表值达到0.3 MPa时,用涂液法检验密封箱有无漏气现象。

6.4.4 输送装置

6.4.4.1 托(压)料零件表面粗糙度用粗糙度仪检测。

6.4.4.2 输送导轨的直线度按GB/T 11336的规定检测。

6.5 安全要求

6.5.1 短接的动力电路与保护电路导线(成型机外壳体)之间的绝缘电阻,用500 V兆欧表测量。

6.5.2 加热器应先进行加热干燥,然后在冷态(室温)时,用500 V兆欧表测量其绝缘电阻。

6.5.3 保护导线端子与电路设备任何裸露导体零件的接地导体电阻,用1级接地电阻仪测量。

6.5.4 控制柜、加热器等电气设备在冷态(室温)时进行耐压试验,并用5级耐压测试仪测量。

6.5.5 成型机工作时,打开任何一个防护门,系统应进行联锁保护并通过报警器报警。

6.6 空运转试验

整机检验合格后,应连续进行不少于1 h的空运转试验。

6.7 负荷试验

整机空运转试验合格后,应连续进行不少于2 h的负荷试验。

7 检验规则

7.1 检验分类

成型机的检验分为出厂检验和型式检验。

7.2 出厂检验

7.2.1 每台成型机须经制造厂质量检验部门检验合格后,并附有产品合格证方可出厂。

7.2.2 出厂检验项目见表2。

表 2 出厂检验和型式检验的项目内容

序号	项目	要求	出厂检验	型式检验	备注
1	基本参数	4.3(表1)	●	●	
2	运动导向面的垂直度	5.2.3	●	●	
3	重要的固定接合面	5.2.4	●	●	
4	噪声	5.2.6		●	
5	料片对中试验	5.3.1.3	●	●	
6	料片分料试验	5.3.1.3	●	●	

GB/T 25941—2010

表 2（续）

序号	项目	要求	出厂检验	型式检验	备注
7	缺料、重料检测试验	5.3.1.4	●	●	
8	垂料检测试验	5.3.2.3	●	●	
9	料片温度试验	5.3.2.6	●	●	
10	密封箱气密试验	5.3.3.2	●	●	
11	托(压)料零件表面粗糙度	5.3.4.2		●	
12	输送导轨的直线度	5.3.4.4	●	●	
13	绝缘电阻	5.4.1、5.4.2	●	●	
14	接地导体电阻	5.4.3	●	●	
15	耐压试验	5.4.4		●	
16	控制系统	5.5	●	●	
17	外观	5.6	●	●	
18	说明书	5.7	●	●	
19	空运转试验	6.6	●	●	
20	负荷试验	6.7		●	

7.3 型式检验

7.3.1 型式检验的项目内容见表2。

7.3.2 型式检验应在下列情况之一时进行：

　　a) 新产品或老产品转厂生产的试制定型鉴定；

　　b) 正式生产后,如结构、材料和工艺有较大改变,可能影响产品性能时；

　　c) 正常生产时,每年最少抽试1台；

　　d) 产品长期停产后,恢复生产时；

　　e) 出厂检验结果与上次型式检验有较大差异时；

　　f) 国家质量监督机构提出进行型式检验的要求时。

7.4 判定规则

7.4.1 型式检验的样品应在出厂检验合格的产品中随机抽取1台。

7.4.2 经型式检验若有不合格项时,需进行复检,复检若仍有不合格项时,则判定为不合格。

8 标志、包装、运输和贮存

8.1 标志

每台成型机应在适当的明显位置固定产品标牌。标牌型式、尺寸及技术要求应符合 GB/T 13306 的规定。产品标牌应有下列内容：

　　a) 产品名称、型号；

　　b) 产品的主要技术参数；

　　c) 制造厂名称和商标；

　　d) 制造日期和产品编号。

8.2 包装

8.2.1 成型机包装应符合 GB/T 13384 的有关规定。包装箱内应装有技术文件（装入防水袋内）：

　　a) 产品合格证；

b) 使用说明书,其内容应符合 GB/T 9969 的规定;

c) 装箱单;

d) 备件清单;

e) 安装图。

8.2.2 包装储运图示标志应符合 GB/T 191 的规定。

8.2.3 在保证产品质量和运输安全的前提下,可按供需双方的约定实施简易包装。

8.3 运输

成型机运输应符合 GB/T 191 和 GB/T 6388 的有关规定。

8.4 贮存

成型机应贮存在干燥通风处,避免受潮腐蚀,不能与有腐蚀性气(物)体存放,露天存放应有防雨措施。

附　录　A

（资料性附录）

加热器规格参数

加热器规格参数应符合表 A.1 的规定。

表 A.1　加热器规格参数

加热器尺寸/(mm×mm)	加热器功率/W
250×60	250～1 000
125×125	250～1 000
125×60	125～500
60×60	60～250
注1：加热器尺寸可变化,加热功率应在(0.016～0.069)W/mm² 之间。 注2：根据制品工艺,可采用其他形式的加热器。	

ICS 83.200

G 95

备案号：24515—2008

中华人民共和国机械行业标准

JB/T 2627—2008
代替 JB/T 2627—1991

塑料挤出硬管辅机

Plastics pipe extrusion accessory

2008-06-04 发布   2008-11-01 实施

中华人民共和国国家发展和改革委员会 发布

前　言

本标准代替 JB/T 2627—1991《塑料挤出硬管辅机》。

本标准与 JB/T 2627—1991 相比主要修订内容如下：

——增加调整了机头规格品种；

——将机器使用中的重要功能指标—牵引力列入基本参数，并给出了试验方法；

——将机器使用中的重要效率指标—最高牵引速度列入基本参数，并给出了试验方法，同时相应取消了原限制速度提高的功率指标；

——增加了真空度要求；

——增加了主要零部件技术要求，对模具材料、技术要求作了具体规定；

——在整机技术要求中，增加了产品的防锈、环保、稳定性、安全性等要求。

本标准由中国机械工业联合会提出。

本标准由全国橡胶塑料机械标准化技术委员会塑料机械分会（SAC/TC 71/SC 2）归口。

本标准负责起草单位：上海申威达机械有限公司。

本标准参加起草单位：大连橡胶塑料机械股份有限公司、大连塑料机械研究所、上海腾宏实业有限公司。

本标准主要起草人：郑燕萍、何桂红、张振庆、陶宇英、刘明达。

本标准所代替标准的历次版本发布情况：

——JB 2627—1979，JB/T 2627—1991。

塑料挤出硬管辅机

1 范围

本标准规定了塑料挤出硬管辅机的术语、基本参数、技术要求、试验方法和检验规则、标志、使用说明书、包装、运输和贮存。

本标准适用于与挤出机配套使用，能将挤出的熔体制成硬质塑料管的成型机械。

2 规范性引用文件

下列文件中的条款通过本标准的引用而成为本标准的条款。凡是注日期的引用文件，其随后所有的修改单（不包括勘误的内容）或修订版均不适用于本标准，然而，鼓励根据本标准达成协议的各方研究是否可使用这些文件的最新版本。凡是不注日期的引用文件，其最新版本适用于本标准。

GB/T 191　包装储运图示标志（GB/T 191—2000，eqv ISO 780：1997）

GB/T 1184—1996　形状和位置公差　未注公差值（eqv ISO 2768-2：1989）

GB 5226.1—2002　机械安全　机械电气设备　第1部分：通用技术条件（IEC 60204-1：2000，IDT）

GB/T 6388　运输包装收发货标志

GB 9969.1　工业产品使用说明书　总则

GB/T 13306　标牌

GB/T 13384　机电产品包装通用技术条件

GB/T 14436　工业产品保证文件　总则

GB 15558.1—2003　煤气用埋地聚乙烯（PE）管道系统　第1部分：管材（ISO 4437：1997，MOD）

3 术语和定义

下列术语和定义适用于本标准。

3.1

机头规格　die specification

同一机头体所适应的最大口模直径。

3.2

口模直径　die diameter

机头外模成型部分的直径，见图1。

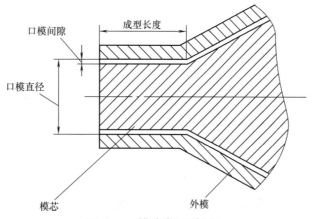

图1　口模直径示意图

4 基本参数

产品的基本参数应符合表1的规定。

表1 基本参数

序号	项目		参 数									
1	机头规格 mm		63	125	250	400	450	500	630	800	1000	1200
2	适用管径范围 mm		16～ 63	20～ 125	63～ 250	110～ 400	110～ 450	160～ 500	250～ 630	280～ 800	450～ 1000	630～ 1200
3	牵引力 ≥kN	PVC	2.6	4	10	24.5	26	30	35	40	55	70
		PE、PP	3	6	15	28	30	45	50	65	—	—
4	牵引调速比 ≥		10							20		
5	最高牵引速度 ≥m/min	PVC	16	12	10.5	6.8	6	5	4	2	2	1.5
		PE、PP	12	10	7.6	5	4	3	1.5	1	—	—
6	真空定型箱工作真空度 MPa		−0.04～−0.02		−0.05～−0.03			−0.06～−0.03				

5 要求

5.1 总则

产品应符合本标准要求，并按照经规定程序批准的图样和技术文件制造。

5.2 主要零部件技术要求

5.2.1 模体：

    a）各部件联接螺栓要求选用 10.9 级以上螺栓；

    b）流道表面应经耐腐蚀、耐磨损处理；

    c）流道表面粗糙度 R_a 为 0.8μm，各部件接触面粗糙度 R_a 为 1.6μm；

    d）各部件流道不允许有死角等缺陷存在，避免滞料、粘料。

5.2.2 口模材料应密实、无微孔及夹杂物等存在，材料调质硬度应在 250HBW～270HBW。口模内腔粗糙度 R_a 为 0.8μm，出料端口边缘应圆滑，不得有毛刺等存在。

5.2.3 模芯材料应密实、无微孔及夹杂物等存在，材料调质硬度应在 250HBW～270HBW。直径大于 ϕ110 的模芯应有内加热。模芯出口端边缘应圆滑，不得有毛刺等存在。流道表面粗糙度 R_a 为 0.8μm。

5.2.4 定径套内孔表面粗糙度 R_a 为 0.8μm，槽口两端及小孔圆周边缘不应有毛刺。内孔圆度不低于 GB/T 1184—1996 中 8 级精度。

5.3 整机技术要求

5.3.1 真空定型箱密封性能良好，真空度应符合表 1 要求。

5.3.2 水路系统应有温度显示和水位控制。

5.3.3 与循环冷却水接触的结构件、容器、紧固件等必须有防锈措施。

5.3.4 水循环系统必须装有能方便地进行清洗的过滤器。

5.3.5 牵引装置各夹持部位须受力均匀，接触长度（或点）应不少于工作长度（或总数）的 50%。

5.3.6 履带速度稳定，不得出现爬行现象。

5.3.7 切割处应有吸尘装置或采用无尘切割。

5.3.8 管端面应符合 GB 15558.1—2003 中 4.2 的规定。

5.3.9 直管长度应符合 GB 15558.1—2003 中 4.3.2 的规定。

5.3.10 收料台动作正常、灵活。

5.3.11 各传动系统应运转平稳，各啮合件啮合良好，电动机无过载现象。

5.3.12 管路在额定工作压力下不得有渗漏。

5.3.13 辅机噪声（声压级）应不大于 85dB（A）（切割瞬时噪声不计）。

5.4 外观质量

5.4.1 外露加工表面不应有锈蚀、磕碰、划痕等不良缺陷。

5.4.2 外露非加工表面不应有凸瘤、气孔、明显的凹凸粗糙面。

5.4.3 涂漆层应平整，颜色、光泽应均匀一致。漆膜外观必须清洁，无明显突出颗粒和粘附物，不允许有明显的凹陷不平、砂纸道痕、流挂、起泡、发白及失光。

5.5 安全要求

5.5.1 外露的运动件应有可靠的安全防护装置。

5.5.2 切割刀具要有可靠的防松装置。

5.5.3 电气安全性能：

    a）保护接地电路的连续性按 GB 5226.1—2002 中的 19.2 的规定；

    b）绝缘电阻按 GB 5226.1—2002 中的 19.3 的规定；

    c）耐压试验按 GB 5226.1—2002 中的 19.4 的规定；

    d）靠近定型装置有可能被水溅到的电器要有防水功能或有防水飞溅到电器的措施。

6 试验方法

6.1 基本参数的检测

6.1.1 以钢直尺检查辅机管材通道直径应满足表 1 中序 2 的要求。

6.1.2 取一段已成型的管材夹在牵引装置的牵引履带之间缓慢送出，用拉力或压力测量装置，检查拉力或压力的值，应符合表 1 中序 3 的规定。牵引力的测量方法如图 2。

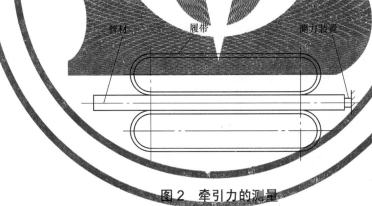

图 2　牵引力的测量

6.1.3 调节牵引速度，以速度表测量牵引速度能无级调速并符合表 1 中序 4、序 5 的规定。

6.2 空运转试验

6.2.1 辅机总装合格后应进行不少于 30min 的空运转试验。

6.2.2 目测和手动操作试验机器空运转情况，应符合 5.3.2～5.3.4、5.3.7、5.3.10～5.3.12 的规定。

6.2.3 密封真空定型箱达 5.3.1 要求。以真空表测量真空度达表 1 中的序 6 的规定。

6.2.4 牵引装置各夹持部位受力均匀性的测量：

    a）取一段已成型的管材夹在牵引装置的牵引履带之间，如图 3；

    b）用塞尺测量牵引履带与管子外表面之间的间隙，得出实际的接触长度，应符合 5.3.5 的规定。

6.2.5 履带速度稳定，应符合 5.3.6 的规定。

6.2.6 取一段已成型的管材进行切割，达 5.3.8、5.3.9 的规定。

6.2.7 整机噪声在离机 1.0m 远，高 1.55m 处，四周均匀取五点测量，取最大值，应符合 5.3.13 的规定。

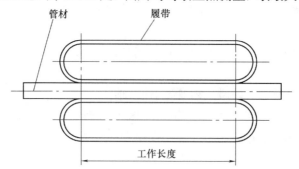

图 3 牵引装置各夹持部位受力均匀性的测量

6.3 负荷运转试验

空运转合格后，应与挤出机配套进行不少于 2h 的连续负荷运转试验。

6.4 外观质量检查

目测机器外观质量应符合 5.4 的规定。

6.5 安全检验

6.5.1 目测外露运动件，应符合 5.5.1 的规定。

6.5.2 目测切割刀具，应符合 5.5.2 的规定。

6.5.3 电气安全性能试验：

　　a）按 GB 5226.1—2002 中的 19.2 的规定进行，测得的保护接地电路的连续性应符合其规定；

　　b）按 GB 5226.1—2002 中的 19.3 的规定进行，测得的绝缘电阻应符合其规定；

　　c）按 GB 5226.1—2002 中的 19.4 的规定进行，耐压试验应符合其规定；

　　d）目测定型装置附近的电器，应符合 5.5.3 的 d）的规定。

7 检验规则

7.1 出厂检验

7.1.1 每台产品须经制造厂质量检验部门检查合格后方能出厂，并附有产品质量合格证书。

7.1.2 每台产品应按 6.2、6.4、6.5 规定进行检验。

7.2 型式检验

7.2.1 有下列情况之一时进行型式检验：

　　a）新产品或老产品转厂生产的试制定型鉴定；

　　b）正式生产后，如结构、材料、工艺有较大改变，可能影响产品性能时；

　　c）产品停产两年以上又恢复生产时；

　　d）出厂检验结果与上次型式试验有较大差异时；

　　e）国家质量监督机构提出型式试验要求时。

7.2.2 型式检验应按本标准所有项目检验。

7.2.3 型式检验每次抽检一台。如果检查项目中，有不合格时，应再抽检一台；若仍有项目不合格，则型式检验判为不合格。

8 标志、使用说明书、包装、运输和贮存

8.1 标志

每台产品应在明显部位固定标牌、标牌尺寸应符合 GB/T 13306 的规定，其内容应包括：

　　a）产品名称、型号及执行标准号；

　　b）产品主要技术参数；

c）制造厂名称和商标；

d）制造日期和产品编号。

8.2 使用说明书

使用说明书的内容应符合 GB 9969.1 的规定。

8.3 包装

8.3.1 产品包装前，机件、备件、附件的外露加工面应涂防锈剂，主要零件的加工面还应包防潮纸。

8.3.2 产品包装应符合 GB/T 13384 的规定。

8.3.3 随机文件

每台产品出厂时，必须提供下列文件：

a）产品合格证，产品合格证的编写应符合 GB/T 14436 的规定；

b）产品使用说明书；

c）装箱单；

d）安装图。

8.4 运输

8.4.1 产品的包装储运标志按照 GB/T 191 的规定正确选用，凡起吊和重心明显偏离中心的包装件，应标注"由此起吊"和"重心"标志。

8.4.2 运输包装收发货标志按 GB/T 6388 规定。

8.4.3 产品运输起吊时，应按包装箱外壁上标明的标记稳起轻放、防止碰撞。

8.5 贮存

产品贮存时应放在干燥通风处，避免受潮，如露天存放应有防雨措施。若存放期超过一年，出厂前则应开箱检查，若发现产品包装已不符合有关规定时，应重新进行包装。

ICS 83.200
G 95
备案号：14809—2005

中华人民共和国机械行业标准

JB/T 5289—2004
代替JB/T 5289—1991

鞋用转盘注射成型机

Rqtating injection mould machine for shoes making

2004-10-20 发布　　　　　　　　　　　　　2005-04-01 实施

中华人民共和国国家发展和改革委员会 发布

前　言

本标准是对 JB/T 5289—1991《鞋用转盘注射成型机》的修订。

本标准与 JB/T 5289—1991 相比，主要变化如下：

——增加了对"双色"机型的适用性；

——删除了术语，增加了型号编制方法，修改了对结构型式的表述；

——部分基本参数由表列修改为按产品使用说明书或技术协议的规定；

——在技术要求中：增加了控制系统要求，并着重对环保要求与人身安全以及电器安全作了调整和
补充，同时删除了对螺杆、机筒零件的要求；

——增加了相应的试验方法和出厂检验规则。

本标准代替 JB/T 5289—1991。

本标准由中国机械工业联合会提出。

本标准由全国橡胶塑料机械标准化技术委员会塑料机械标准化分技术委员会归口。

本标准负责起草单位：湖北鄂城通用机器集团公司。

本标准参加起草单位：大连塑料机械研究所。

本标准主要起草人：周汉波、熊绍忠、李香兰、刘艳军。

本标准所代替标准的历次版本发布情况为：

——JB/T 5289—1991。

鞋用转盘注射成型机

1 范围

本标准规定了鞋用转盘注射成型机的型号、型式与基本参数、技术要求、试验方法、检验规则和标志、包装、运输、贮存。

本标准适用于加工各种帮面的单、双色塑料底鞋的转盘注射成型机（以下简称鞋机）。

2 规范性引用文件

下列文件中的条款通过本标准的引用而成为本标准的条款。凡是注日期的引用文件，其随后所有的修改单（不包括勘误的内容）或修订版均不适用于本标准，然而，鼓励根据本标准达成协议的各方研究是否可使用这些文件的最新版本。凡是不注日期的引用文件，其最新版本适用于本标准。

GB/T 191—2000　包装储运图示标志（eqv ISO 780：1997）

GB/T 5226.1—1996　工业机械电气设备　第一部分：通用技术条件（eqv IEC 60204-1：1992）

GB/T 6388—1986　运输包装收发货标志

GB/T 12783—2000　橡胶塑料机械产品型号编制方法

GB/T 13306—1991　标牌

GB/T 13384—1992　机电产品包装通用技术条件

JB/T 6929—1993　塑料挤出转盘制鞋机

JB/T 7267—2004　塑料注射成型机

HG/T 3228—2001　橡胶塑料机械涂漆通用技术条件（neq ISO 2813：1978）

3 型号、型式

3.1 鞋机的型号编制方法应符合 GB/T 12783—2000 第 5 章表 2 中的规定。

3.2 鞋机的结构型式分：平行开合模，插楦或翻楦型；剪式开合模，插楦或翻楦型。

4 基本参数

4.1 工位数（个）：8、10、12、14、16、18、20、22、24。

4.2 理论注射容积、塑化能力、注射速率、注射压力、额定产量、单耗指标、鞋模锁紧力，鞋楦锁紧力按销售合同（协议书）或产品说明书的规定。

4.3 鞋模安装尺寸（单位为 mm×mm）：340×180；380×180。

5 技术要求

鞋机应符合本标准的要求，并按照经规定程序批准的产品图样及技术文件制造。

5.1 整机技术要求

5.1.1 鞋机应具备点动、单循环、自动循环三种操作控制方式。

5.1.2 鞋机必须充分保障安全，应设有机械、电气、液压三种联锁安全保护装置中的两种。外露的运动件和机筒加热段应有可靠的安全防护装置。

5.1.3 鞋机的控制系统应具备下列要求：

　　a）完善的动作循环程序；

　　b）数字化计量；

c) 加热温度自动控制；

d) 故障自诊断功能。

5.1.4 鞋机的结构应便于螺杆的装拆、清理和更换。

5.1.5 转盘转位、机头进退、模框开合、楦台升降等动作应灵活平稳、准确可靠。

5.1.6 液压系统符合以下要求：

a) 油温不超过 60℃；

b) 在额定工作压力下，应无漏油现象，渗油处数应符合表 1 的规定；

表　1

额定工作压力　MPa	<2.5	2.5～6.3	>6.3
渗油处数	≤1	≤2	≤3
注："渗油处"是指各连接处已擦干净，鞋机运行 10min 后，出现渗油量每分钟不大于三滴的部位。			

c) 液压管道排列应整齐、安装牢固。

5.1.7 电气系统应符合以下要求：

a) 电气装置和主电动机的金属外壳应有接地装置，接地端应位于接线的位置，并标有保护接地符号或字母 PE；

b) 保护接地电路的连续性按 GB/T 5226.1—1996 中的 20.2 规定；

c) 绝缘电阻按 GB/T 5226.1—1996 中的 20.3 规定；

d) 耐压试验按 GB/T 5226.1—1996 中的 20.4 规定。

5.1.8 鞋机的外观应整洁美观、颜色和谐，涂漆应符合 HG/T 3228—2001 中 3.4.5 的规定。

5.1.9 整机噪声（声压级）不大于 83dB（A）。

5.2　总装技术要求

5.2.1 鞋机所有零、部件必须经检验合格，外购件有合格证才能进行装配。

5.2.2 模框两内侧对机筒轴线的对称度公差应不大于 0.5mm。

5.2.3 转盘转位分度公差应不大于 4′。

5.2.4 模具安装支承面跳动公差每米直径应不大于 0.4mm。

6　试验方法与检验规则

6.1　试验方法

6.1.1 理论注射容积、塑化能力、注射速率、注射压力的检测按 JB/T 7267—2004 中的 6.2～6.5 规定，额定产量、单耗指标、鞋模锁紧力、鞋楦锁紧力的检测按 JB/T 6929—1993 中 6.3～6.6 的规定。

6.1.2 整机技术要求的检测按 JB/T 6929—1993 中的 6.10～6.13 规定。

6.1.3 电气系统的检测：

6.1.3.1 按 GB/T 5226.1—1996 中的 20.2 的要求，检测保护接地电路的连续性应符合其规定。

6.1.3.2 按 GB/T 5226.1—1996 中的 20.3 的要求，检测绝缘电阻应符合其规定。

6.1.3.3 按 GB/T 5226.1—1996 中的 20.4 的要求进行耐压试验应符合其规定。

6.1.4 总装技术要求的检测按 JB/T 6929—1993 中的 6.15、6.16 的规定。

6.2　检验规则

每台鞋机应经制造厂质量检验部门检验合格后，并附有产品合格证方可出厂。

6.2.1　出厂检验

每台鞋机出厂前应进行不少于 4h 的连续空运转试验（在试验中若发生故障，则试验时间应从故障排除后重计），并在试验前检查 5.1.4、5.1.7、5.1.8。在试验中检查 5.1.1、5.1.2、5.1.3、5.1.5、5.1.6。

6.2.2　型式试验

6.2.2.1 型式试验应对本标准规定的基本参数和技术要求全部进行检验。

6.2.2.2 型式试验应在下列情况之一时进行：

    a) 新产品或老产品转厂生产的试制定型鉴定；

    b) 正式生产后，如结构、材料、工艺有较大改变，可能影响产品性能时；

    c) 产品停产二年后又恢复生产时；

    d) 出厂检验结果与上次型式检验有较大差异时；

    e) 国家质量监督机构提出进行型式检验的要求时。

7 标志、包装、运输、贮存

7.1 标志

每台鞋机应在明显位置固定产品标牌，标牌的尺寸及技术要求应符合 GB/T 13306 的规定，产品标牌内容应包括：

    a) 制造厂名称、地址；

    b) 产品名称及型号、所执行的标准号；

    c) 出厂日期及编号。

7.2 包装

鞋机在运输前应包装，其要求应符合 GB/T 13384 的规定。根据用户的要求，也可采用其他包装方式，但必须保证运输途中安全、可靠、机器不得锈蚀。在包装内应装有下列技术文件（装入防水袋内）：

    a) 装箱单；

    b) 产品合格证；

    c) 产品使用说明书。

7.3 运输

产品运输应符合 GB/T 191 和 GB/T 6388 的规定。

7.4 贮存

产品应贮存在干燥、通风、无火源、无腐蚀性气体处。如露天存放，应有防雨措施。

ICS 83.200

G 95

备案号：24516—2008

中华人民共和国机械行业标准

JB/T 5290—2008
代替 JB/T 5290—2000

塑料圆织机

Plastics circular loom， plastics circular braider

2008-06-04 发布

2008-11-01 实施

中华人民共和国国家发展和改革委员会 发布

前　言

本标准代替JB/T 5290—2000《塑料圆织机》。

本标准与JB/T 5290—2000相比，主要变化如下：

——提高了编织速度（及相关参数）和范围；

——增加了品种和规格；

——按相关强制性标准完善安全要求；

——规范和完善噪声测量方法；

——补充完善试验方法；

——补充和规范检验规则。

本标准由中国机械工业联合会提出。

本标准由全国橡胶塑料机械标准化技术委员会塑料机械分会（SAC/TC 71/SC 2）归口。

本标准负责起草单位：常州市恒力机械有限公司。

本标准参加起草单位：烟台双华塑料机械有限公司、常州市永明机械制造有限公司、大连塑料机械研究所。

本标准主要起草人：王惠芬、金国兵、陈新、王滨、何敏、吴梦旦、吴兴勤。

本标准所代替标准的历次版本发布情况：

——JB/T 5290—1991，JB/T 5290—2000。

塑料圆织机

1 范围

本标准规定了塑料圆织机的基本参数、要求、试验方法、检验规则和标志、包装、运输和贮存。

本标准适用于塑料圆织机（以下简称圆织机）。

2 规范性引用文件

下列文件中的条款通过本标准的引用而成为本标准的条款。凡是注日期的引用文件，其随后所有的修改单（不包括勘误的内容）或修订版均不适用于本标准，然而，鼓励根据本标准达成协议的各方研究是否可使用这些文件的最新版本。凡是不注日期的引用文件，其最新版本适用于本标准。

GB/T 191—2000 包装储运图示标志（eqv ISO 780：1997）

GB/T 1958—2004 产品几何量技术规范（GPS）形状和位置公差 检测规定

GB 2894 安全标志（GB2894—1996，neq ISO 3864：1984）

GB 5226.1—2002 机械安全 机械电气设备 第1部分：通用技术条件（IEC 60204-1：2000，IDT）

GB/T 6388—1986 运输包装收发货标志

GB/T 13306—1991 标牌

GB/T 13384—1992 机电产品包装 通用技术条件

GB/T 16769—1997 金属切削机床 噪声声级测量方法（neq ISO/DIS 230.5.2：1996）

3 基本参数

基本参数应符合表1规定。

表1 基本参数

项 目	数 值								
梭子数 只	4		6						
最大折径 mm	750	800	750	800	850	1100	1350	1500	1800	2200
纬纱密度 根/100mm	23～79								
主机转速 r/min	≥150		≥130		≥100		≥90		≥75
编织速度 m/h	≥81		≥100		≥76		≥68		≥57
筒管规格 （内径×长度） mm×mm	$\phi 38 \times 230 / \phi 38 \times 270$								
纬丝卷径 mm	≥$\phi 90$								

表 1（续）

项目	数值									
梭子数 只	8				10			12		
最大折径 mm	1350	1800	2200	2500	2800	3200	3600	3200	3600	4100
纬纱密度 根/100mm	23～79									
主机转速 r/min	≥85		≥65		≥55		≥45		≥40	
编织速度 m/h	≥81		≥62		≥52		≥50		≥50	
筒管规格 （内径×长度） mm×mm	$\phi 38 \times 230 / \phi 38 \times 270$									
纬丝卷径 mm	$\geq \phi 90$									

4 要求

4.1 总则

产品应符合本标准的规定，并按照经规定程序批准的图样和技术文件制造。

4.2 外观质量

4.2.1 外观应整洁、色彩和谐；电气布线整齐、美观。

4.2.2 涂漆均匀，不得有明显的流挂、漏涂、橘皮、气泡、剥落等涂覆缺陷。

4.3 主要零部件质量

4.3.1 主轴

配合面的表面粗糙度 R_a 值为 1.6μm。

4.3.2 凸轮

a）凸轮导轨工作面的表面粗糙度 R_a 值为 3.2μm；

b）凸轮内孔与主轴配合处尺寸精度应不低于 H8。

4.4 整机要求

4.4.1 产品必须具备点动和连续动作两种操作方式。

4.4.2 断经、断纬、纬丝完停车装置动作可靠。经丝断停车测 50 次，可靠率应达 94%；纬丝断停车和纬丝停车各测 10 次，可靠率应达 100%。

4.4.3 各运动部件动作应正确、平稳、可靠、传动平稳、无卡阻现象。

4.5 装配要求

4.5.1 各紧固件应无松动。

4.5.2 整机润滑可靠，连续运转时各润滑点不得有漏油现象。

4.5.3 总装精度应符合表 2 的规定。

4.5.4 电气装配要求：

a）接线正确、牢固，行线排列整齐规范；

b）接线端子编码齐全正确；

c）控制指示的按钮、开关、指示灯、仪表应有指示功能和/或动作的标志，标志内容和动作、功能一致，标志文字应正确、清晰、完整。

表 2　总装精度

单位：mm

项　　目	最大折径范围			
	750～850	1100～1800	2000～3200	＞3200
上、下门环或圆钢扣对主轴回转中心径向圆跳动	≤1.0	≤1.3	≤1.8	≤2.0
编织环对主轴回转中心径向圆跳动	≤1.8	≤2.5	≤3.2	≤3.5
上门环的下平面与下门环的上平面的距离偏差	≤0.3	≤0.4	≤0.6	≤0.7

4.6　安全要求

4.6.1　圆织机外部的安全标志应符合 GB 2894 的规定。

4.6.2　圆织机外部应有醒目的接地标志。

4.6.3　圆织机的电气及控制系统（包括电气柜和控制柜）与接地端子间应有可靠连续的保护接地电路。

4.6.4　保护接地端子与圆织机外露可导电部分和设备间的接地电阻应不大于 0.1Ω。

4.6.5　按 GB 5226.1—2002 中 19.3 规定，电气系统中动力电路和保护接地电路间 DC 500V 绝缘电阻应不小于 1MΩ。

4.6.6　电气系统中动力电路和保护接地电路间应按 GB 5226.1—2002 中 19.4 规定进行基本正弦波工频试验电压 1000V 历时 1s 以上的耐压试验，应无击穿和飞弧现象。

4.6.7　整机噪声（负载 A 计权声压级）不得超过 85dB（A）。

4.7　整机生产能力

圆织机的编织速度应符合表 1 规定。

5　试验方法

5.1　外观质量

目测、手感检查，应符合 4.2 要求。

5.2　主要零部件质量

5.2.1　主轴

用表面粗糙度样块（出厂检验）比对或表面粗糙度测试仪（出厂检验和型式检验）测量主轴配合面粗糙度，应符合 4.3.1 要求。

5.2.2　凸轮

a）凸轮导轨工作面粗糙度测量方法同 5.2.1，应符合 4.3.2 a）要求；

b）主轴内孔尺寸以带 μm 级的内径千分表测定，应符合 4.3.2 b）要求。

5.3　整机要求

5.3.1　结合出厂前的空运转试验，应符合 4.4.1、4.4.3 要求。

5.3.2　用人为断丝的方法来测量经丝断停车、纬丝断停车和纬丝完停车的可靠性。

5.4　装配要求

5.4.1　结合空运转目测、手感检查，应符合 4.5.1、4.5.2 要求。

5.4.2　以磁性表座、百分表等常规量具按 GB/T 1958—2004 测量总装精度，应符合 4.5.3 要求。

5.4.3　目测、手感并对照电气接线图检查及空运转试验，应符合 4.5.4 要求。

5.5　安全要求

5.5.1　目测检查安全标志和接地标志，目测、手感检查保护接地电路可靠连续性，应符合 4.6.1～4.6.3 要求。

5.5.2　以接地电阻测试仪测量接地电阻，应符合 4.6.4 要求。

5.5.3　以 DC500V 绝缘电阻表按 GB 5226.1—2002 中 19.3 测量绝缘电阻，应符合 4.6.5 要求。

5.5.4　以介质击穿装置或耐压试验仪进行耐压试验，应符合 4.6.6 要求。

5.5.5 在负荷试车中以声级计按 GB/T 16769—1997 测定圆织机负载 A 计权声压级噪声,测点离综丝导杆 1m,测点离地高度 1.5m,对称测量 4 点,以 4 点测量值的算术平均值为测量结果,应符合 4.6.7 要求。

5.6 整机生产能力

采用宽度为 2.5mm 的塑料扁丝,纬丝密度规定为 40 根/100mm,在正常织布生产条件下,机器每小时所编织布面的长度为表 1 中的编织速度。检测时在 10min 内实测编织布的长度,计算编织速度。

在实际纬丝密度不等于 40 根/100mm 的条件下,编织速度可按式（1）折算:

$$编织速度＝（实际纬丝密度/40）×实际编织速度 \cdots\cdots\cdots\cdots\cdots\cdots（1）$$

6 检验规则

6.1 出厂检验

6.1.1 圆织机须经制造厂质量检验部门检查合格后方能出厂,并附有产品质量合格证书。

6.1.2 每台圆织机出厂前应进行不少于 4h 的连续空运转试验。

6.1.3 出厂检验项目为 4.2、4.3、4.4.1、4.4.3、4.5、4.6.1～4.6.6,出厂检验中应做好记录,所有项目均应合格。

6.2 型式检验

6.2.1 有下列情况之一时应进行型式检验:

　　a）新产品或老产品转厂生产的试制定型或定型鉴定;

　　b）正式生产后,如结构、材料、工艺有较大改变,可能明显影响产品性能时;

　　c）正常生产时,每年进行一次;

　　d）产品停产两年后,重新恢复生产时;

　　e）出厂检验结果与上次型式检验有较大差异时;

　　f）国家质量监督部门提出型式检验的要求时。

6.2.2 型式检验的样机应从出厂检验合格的产品中随机抽取,样机数量为一台。

6.2.3 型式检验项目为 4.1～4.7 规定的全部项目,部分项目可采取检查出厂检验记录方式进行,由承检机构和生产企业协商确定。

6.2.4 型式检验宜在用户生产现场进行,型式检验中应进行不少于 1h 的负荷试验,项目 4.4.2、4.5.2、4.6.7 应在负荷试验时测定。

6.2.5 型式检验中如有不合格项目,可由生产企业对产品进行一次调整并可更换使用说明书所列易损件后,对不合格项目进行复检,如仍有不合格项,则判该次型式检验不合格。

7 标志、包装、运输和贮存

7.1 标志

每台产品应在适当的明显位置固定产品的标牌,标牌的尺寸及技术要求应符合 GB/T 13306 的规定,产品标牌的内容应包括:

　　a）产品名称、型号及执行标准号;

　　b）产品的主要技术参数;

　　c）制造日期和产品编号;

　　d）制造厂名称和商标。

7.2 包装

产品包装应符合 GB/T 13384 的规定,在产品包装箱内应有下列技术文件（装入防水袋内）:

　　a）产品合格证;

　　b）产品使用说明书;

c）装箱单；

d）随机备件、附件清单。

7.3 运输

产品运输应符合 GB/T 191 和 GB/T 6388 的规定。

7.4 贮存

产品应采取防锈处理后水平贮存在通风、干燥、无火源、无腐蚀性气体处。如需露天存放，存放前，精密电器元件应拆下后装进原包装入室贮存，其他应有防雨避雷措施，并将包装箱架空离地 10cm 以上。室外贮存时间不宜超过一个月。

ICS 83.200

G 95

备案号：19850—2007

中华人民共和国机械行业标准

JB/T 5291—2007
代替 JB/T 5291—1991

塑料破碎机

Plastic crusher

2007-01-25 发布

2007-07-01 实施

中华人民共和国国家发展和改革委员会 发布

前　言

本标准代替 JB/T 5291—1991《塑料破碎机》。

本标准与 JB/T 5291—1991 相比，主要变化如下：

——对引用标准作了修订；

——对基本参数作了修订。

本标准由中国机械工业联合会提出。

本标准由全国橡胶塑料机械标准技术委员会塑料机械标准化分技术委员会（SAC/T C71/SC2）归口。

本标准负责起草单位：江苏联冠科技发展有限公司。

本标准参加起草单位：大连塑料机械研究所。

本标准主要起草人：张尉、韩勇、王国龙、李香兰。

本标准所代替标准的历次版本情况：

——JB/T 5291—1991。

塑 料 破 碎 机

1 范围

本标准规定了塑料破碎机的术语、基本参数、要求、试验方法、检验规则、标志、包装、运输和贮存。

本标准适用于单轴旋转式塑料破碎机（简称破碎机）。

本标准不适用于立式塑料破碎机。

2 规范性引用文件

下列文件中的条款通过本标准的引用而成为本标准的条款。其随后所有的修改单（不包括勘误的内容）或修订版均不适用于本标准，然而，鼓励根据本标准达成协议的各方研究是否可使用这些文件的最新版本，凡是不注日期的引用文件，其最新版本适用于本标准。

GB/T 191 包装储运图示标志（GB/T 191—2000，eqv ISO 780：1997）

GB/T 1184—1996 形状和位置公差 未注公差值（eqv ISO 2768-2：1989）

GB 5226.1—2002 机械安全 机械电气设备 第1部分：通用技术条件（idt IEC 60204-1：2000）

GB/T 6388 运输包装收发货标志

GB/T 13306 标牌

GB/T 13384 机电产品包装通用技术条件

HG/T 3120 橡胶塑料机械外观通用技术条件

HG/T 3228—2001 橡胶塑料机械涂漆通用技术条件

3 术语和定义

下列术语和定义适用于本标准。

3.1

旋转刀刃直径 rotating knife edge diameter

旋转刀刃口绕刀轴中心旋转的直径。

3.2

破碎能力 crushering capacity

单位时间内破碎塑料的质量。

4 基本参数

破碎机的基本参数应符合表1的规定。

表 1 破碎机的基本参数

旋转刀刃直径 mm	破碎能力≥ kg/h	筛板孔径 mm	电动机功率≤ kW
100	30	8、10	1.5
120	40		3
160	60		5.5
200	200		7.5
（220）	250	8、10、12	15

表 1（续）

旋转刀刃直径 mm	破碎能力≥ kg/h	筛板孔径 mm	电动机功率≤ kW
250	300		22
320	400		30
400	500		37
500	800	8、10、12	45
630	1200		55
800	1500		75
1000	2000		110

注 1：括号内为保留规格。

注 2：对于技术引进或三资企业的产品允许使用原型号。

5 要求

5.1 整机技术要求

破碎机应符合本标准的要求，并按照规定程序批准的图样及技术文件进行制造。

5.1.1 破碎机应运转正常、平稳、无异常声音。

5.1.2 破碎机连续负荷运转时轴承的温度应不超过 60℃（用点温计测量）。

5.1.3 破碎机空运转噪声（声压级）应不大于 85dB（A）。

5.1.4 电气系统应符合 GB 5226.1 的规定。

5.1.5 产品外观应符合 HG/T 3120 的规定，产品涂漆质量应符合 HG/T 3228—2001 中 3.4.5 的规定。

5.2 主要零件的技术要求

5.2.1 刀片

5.2.1.1 刀片的冲击韧性不小于 $300kJ/m^2$，硬度不小于 56HRC。

5.2.1.2 刀刃表面粗糙度 R_a 值不大于 1.6μm。

5.2.2 刀轴

5.2.2.1 与轴承配合的刀轴轴颈的同轴度偏差不低于 GB/T 1184—1996 附表 4 中的 8 级精度。

5.2.2.2 与轴承配合的刀轴轴颈的表面粗糙度 R_a 值应不大于 1.6μm。

5.3 总装技术要求

5.3.1 刀轴和室体装配后应转动灵活。

5.3.2 刀片安装必须牢固可靠，不得松动。

5.3.3 破碎机的旋转刀刃和固定刀刃组装间隙应在 0.1mm～0.2mm 之间。

5.4 安全要求

5.4.1 裸露在外对人身安全有危险的部位，如联轴器、带轮等，必须安装防护罩。进料口须加挡板，防止物料飞出。

5.4.2 短接的动力电路及保护电路的绝缘电阻不得小于 1Ω。

5.4.3 保护导线端子与电路设备任何裸露导体零件的接体导体电阻不得大于 0.1 Ω。

5.4.4 破碎机必须可靠接地，接地电阻不得大于 4 Ω。

5.4.5 破碎机的电气设备应能用总电源开关切断电源。

5.4.6 破碎机操作柜上应有紧急停车按钮。

6 试验方法与检验规则

6.1 试验方法

6.1.1 试验条件

6.1.1.1 试验原料

聚苯乙烯浇道冷凝料。

6.1.1.2 试验用装置

塑料破碎机，旋转刀刃直径小于或等于 200mm 的，筛板孔径为 8mm；旋转刀刃直径大于 200mm 的筛板孔径为 10mm。

6.1.2 测试方法

6.1.2.1 空运转检测

机器在总装合格后，应进行不少于 30min 的连续空运转试验，并检查下列项目：

a）旋转刀旋转方向应正确；

b）整机应无周期性冲击或异常振动。

6.1.2.2 负荷运转检测

6.1.2.2.1 空运转试验合格后方可进行不少于 45min 的负荷运转试验。

6.1.2.2.2 负荷运转过程检查下列项目：

a）所有操作控制开关、按钮应灵活有效；

b）连续负荷运转时轴承的温度应不超过 60℃（用点温计测量）；

c）整机运转过程应平稳，无异常声响；

d）各紧固件应无松动。

6.1.2.3 产量检测

将要破碎的塑料用 15min 的时间连续均匀地投入加料口内，然后用磅秤称其破碎物质量，按此方法，连续做三次取其中质量平均值。

6.1.2.4 噪声检测

空运转时用声压计距地面高度 1.5m，距破碎机最大外形尺寸 1m 处，在破碎机四周均布四点测量噪声，取其平均值。

6.1.2.5 刀片硬度检测

应用洛氏硬度计检测刀片硬度不小于 56HRC。

6.1.2.6 粗糙度检测

应用粗糙度样板检测刀刃表面粗糙度及与轴承配合的刀轴轴颈的表面粗糙度，其 R_a 值应不大于 1.6μm。

6.1.2.7 旋转刀刃和固定刀刃组装间隙检测

应用塞尺检测破碎机的旋转刀刃和固定刀刃组装间隙，其值应在 0.1mm～0.2mm 之间。

6.1.2.8 刀轴轴颈的同轴度偏差值检测

用千分尺检测与轴承配合的刀轴轴颈的同轴度偏差，其值不低于 GB/T 1184—1996 附表 4 中的 8 级精度。

6.2 检验规则

6.2.1 产品必须经过制造厂质量检验部门检验合格后才能出厂，出厂时应附有证明产品质量合格的证件。

6.2.2 出厂检验：

每台产品出厂前，应按 6.1 进行试验，并应符合 5.1.2、5.1.4～5.1.6 和 5.3 的规定。

6.2.3 型式试验：

有下列情况之一时，应进行型式检验：

a）新产品或老产品转厂生产的试制定型鉴定；

b）正式生产后，如结构、材料、工艺有较大改变，可能影响产品性能时；

c）正常生产时每年最少抽试一台；

d）产品停产两年后，恢复生产时；

e）出厂检验结果与上次型式检验有较大差异时；

f）国家质量监督机构提出进行型式检验的要求时。

6.2.3.1 型式检验应按 6.2 进行试验，并应符合表 1 中各项及 5.1.3 的规定。

6.2.3.2 型式检验每次抽试一台，如果检查不合格时，则应再抽试一台，若仍不合格，则型式试验判为不合格。

7 标志、包装、运输和贮存

7.1 每台产品应在明显部位固定产品标牌，标牌的形式、尺寸及技术要求应符合 GB/T 13306 的规定。

7.2 产品标牌应有下列基本内容：

a）产品名称、型号及执行标准号；

b）产品主要参数；

c）制造日期和产品编号；

d）制造厂名称和商标。

7.3 出厂前，对其他未经防腐处理的外露表面应均涂一层薄的防锈油脂。

7.4 产品包装应符合 GB/T 13384 规定。

7.5 每台产品出厂时必须提供下列技术文件：

a）产品合格证；

b）产品使用说明书；

c）装箱单。

7.6 产品运输应符合 GB/T 191 和 GB/T 6388 的规定。

7.7 产品应贮存在通风、干燥、无火源、无腐蚀性气体处。如露天存放，必须有防雨措施。

ICS 71.120；83.200
G 95
备案号：44150—2014

中华人民共和国机械行业标准

JB/T 5293—2013
代替 JB/T 5293—1991

可发性聚苯乙烯泡沫塑料自动成型机

EPS automatic shape moulding machine

2013-12-31 发布　　　　　　　　　　　2014-07-01 实施

中华人民共和国工业和信息化部 发布

前　言

本标准按照GB/T 1.1—2009给出的规则起草。

本标准代替JB/T 5293—1991《可发性聚苯乙烯泡沫塑料成型机》，与JB/T 5293—1991相比主要技术变化如下：

——更改了若干术语的名称，力求更准确、更简明。

——删去了若干术语如出料口等。

——增加和扩大了自动化要求，并更改了本标准名称。

——提出空循环时间指标以提高生产力；确定最大锁模力要求以提升可靠性和质量。

——增加了机械安全、人身安全及电气安全方面的要求。

——试验方法随上述的变化作相应的补充。

本标准由中国机械工业联合会提出。

本标准由全国橡胶塑料机械标准化技术委员会塑料机械标准化分技术委员会（SAC/TC71/SC2）归口。

本标准负责起草单位：杭州方圆塑料机械有限公司、江阴清华泡塑机械有限公司。

本标准参加起草单位：富阳市质量计量监测中心、富阳市新登泡沫塑料机械行业技术研发中心、大连塑料机械研究所。

本标准主要起草人：袁国清、李水花、侯宝华、袁健华、沈晔、邵涛、侯树亭、李香兰。

本标准于1991年首次发布，本次为第一次修订。

可发性聚苯乙烯泡沫塑料自动成型机

1 范围

本标准规定了可发性聚苯乙烯泡沫塑料自动成型机（以下简称自动成型机）的术语和定义、型号与基本参数、要求、试验方法、检验规则、标志、包装、运输和贮存。

本标准适用于加工可发性聚苯乙烯泡沫塑料模压成型制品的自动成型机。

2 规范性引用文件

下列文件对于本文件的应用是必不可少的。凡是注日期的引用文件，仅注日期的版本适用本文件。凡是不注日期的引用文件，其最新版本（包括所有的修改单）适用于本文件。

GB/T 191　包装储运图示标志

GB 5226.1—2008　机械电气安全　机械电气设备　第 1 部分：通用技术条件

GB/T 6388　运输包装收发货标志

GB/T 12783　橡胶塑料机械产品型号编制方法

GB/T 13306　标牌

GB/T 13384　机电产品包装通用技术条件

GB 23821—2009　机械安全　防止上下肢触及危险区的安全

HG/T 3228　橡胶塑料机械涂漆通用技术条件

3 术语和定义

下列术语和定义适用于本文件。

3.1

最大锁模力　max clamping force

机器所能提供的使模具合紧的最大力，该力通过计算获得，根据机器最大成型面积确定。

3.2

标准模具尺寸　mould dimension

模板可供安装模具的最大外形尺寸（长×宽）。

3.3

空循环时间　dry cycle time

在空载条件下，自动成型机自动进行一次工作循环所需的时间，减去程序中设定的时间。

4 型号与基本参数

4.1 型号

自动成型机的型号应符合 GB/T 12783 的规定。

4.2 基本参数

4.2.1 最大锁模力（kN）

推荐按单位成型面积所承受的压力（取不小于 0.015 kN/cm^2）乘以最大成型面积计算。

4.2.2 空循环时间

空循环时间应不大于20 s。

4.2.3 其他基本参数

其他基本参数参见附录 A。

4.2.4 还应提供的参数值

制造厂还应向用户提供下列参数值：
——蒸汽、冷却水、压缩气入口管道尺寸；
——装机总功率。

5 要求

5.1 总则

自动成型机应符合本标准的规定，并按经规定程序批准的图样和技术文件制造。

5.2 整机技术要求

5.2.1 自动成型机应具备手动、半自动、自动操作控制方式。

5.2.2 运动部件应设有可靠的机、电、液（气）两种以上联锁安全保护装置。

5.2.3 机器运转时动作可靠，程序正确，各元件反应灵敏，指示清晰、准确。

5.2.4 慢速合模时，动模板应运动平稳，无爬行，无卡死现象。

5.2.5 动模板与定模板的模具安装面的平行度误差不大于0.8 mm。

5.2.6 蒸汽系统阀前压力0.4 MPa～0.8 MPa，压缩气系统阀前压力0.5 MPa～0.7 MPa，冷却水系统阀前压力0.2 MPa～0.4 MPa，真空排水管路0.2 MPa水压时，蒸汽系统、压缩气系统、冷却水系统、真空排水管路应无泄漏。

5.2.7 液压系统工作油温不大于 60℃。

5.2.8 在额定工作压力下，应无漏油现象，渗油处数不应超过 3 处。

5.2.9 在额定工作压力下，合模保压后3 min内压降应不大于0.5 MPa。

5.2.10 液压油为抗磨耐压油，工作油液清洁度应不超过100 mg/L。

5.2.11 液压元件标志应设置齐全。

5.2.12 蒸汽、排污、冷却等管路应分色。管路颜色应符合下列要求：
——蒸汽管路、排污管为深红色，其中蒸汽管路应为耐高温油漆；
——冷却水管路、真空管路为蓝色；
——压缩气管路颜色为深黄色。

5.2.13 机器运行时无异常噪声，负载运行时噪声不大于85 dB（A）。

5.3 整机外观要求

5.3.1 整机外观应整洁美观，不应有图样未规定的凹凸不平和其他损伤，零部件的连接处应无明显的错位。

5.3.2 电气布线、管路排列应整齐美观。

5.3.3 涂漆应符合HG/T 3228的规定。

5.3.4 控制面板上的触摸屏、仪表、按钮布置合理，便于操纵与观察。

5.4 安全要求

5.4.1 暴露在外对人体安全有危险的运动部位或余热、余压排放处应设置防护栏；对某些不能设置防护的危险部位应设置安全警示标志。

5.4.2 上、下肢体触及危险区的最小距离应符合GB 23821—2009的规定。

5.4.3 电控箱上应设置紧急停止按钮和暂停按钮。

5.4.4 电控柜的IP防护等级应不低于IP22。

5.4.5 电控系统应有以下保护措施：

——过电流保护；

——过载保护；

——短路保护；

——异常温度保护；

——电压降低与随机恢复保护；

——必要时，设置断相保护和过电压保护。

5.4.6 应设置保护联结电路并应符合GB 5226.1—2008中8.2的规定。

5.4.7 电气设备中动力电路和保护联结电路间的绝缘电阻应不小于1 MΩ。

5.4.8 电气设备中的动力电路导线和保护联结电路之间，施加50 Hz、1 000 V试验电压，经受近似1 s的耐压试验后，应无击穿。该试验一般用于型式试验。

5.4.9 所有导线的连接，特别是保护联结电路的连接应牢固可靠，不得松动。

5.4.10 不同电路的导线应尽可能分色。导线颜色应符合下列规定：

——保护导线为黄绿双色；

——动力线路的中性线为浅蓝色；

——交流或直流电路的导线为黑色；

——交流控制电路的导线为红色；

——直流控制电路的导线为蓝色。

5.4.11 在管内或电气箱配电板及两个端子之间的导线应是连续的，不应有接头。

5.4.12 电气装置和主机外壳应有保护联结装置，保护联结端子与电气设备任何裸露导体之间的电阻不大于0.1 Ω，保护接地端子注明标示"G""PE"或符号⏚。

6 试验方法

6.1 最大锁模力的检查

最大锁模力的检查按式（1）进行计算。

$$F_{锁} = \frac{\pi(D^2 - d^2)}{4} p \quad\cdots\cdots\cdots\cdots\cdots\cdots\cdots\cdots\cdots\cdots\cdots\cdots\cdots\cdots\cdots \text{（1）}$$

式中：

$F_{锁}$——最大锁模力，单位为千牛（kN）；

d——液压缸锁模腔活塞杆直径，单位为厘米（cm）；

D——液压缸活塞直径（即液压缸内径），单位为厘米（cm）；

p——液压系统额定工作压力，单位为千牛每平方厘米（kN/cm²）。

6.2 空循环时间的检测

6.2.1 检测条件

检测条件为：

a）自动成型机空运转时；

b）液压系统额定工作压力下。

6.2.2 检测方法

记录自动成型机自动进行一次工作循环所需的时间，减去程序中设定的时间为空循环时间。

6.3 运动部件安全保护装置、机器动作的检测

设定系统油压为其额定值的50%、100%并设定其他空载运行条件后，分别用手动、半自动、自动操作方式作启闭模动作和液压顶出、退回动作，同时检查以下项目：

——手动操作控制方式是否具备且有效；

——半自动操作控制方式是否具备且有效；

——自动操作控制方式是否具备且有效；

——合模部件联锁安全保护装置是否可靠；

——运动部件的动作有无爬行、卡死和明显冲击现象。

6.4 动模板与定模板的模具安装面的平行度误差检测

6.4.1 检测条件

自动成型机设定为最小模厚。

6.4.2 检测方法

采用分度值为0.02 mm的游标卡尺测量模具安装面四个角之间的距离，并取其最大值与最小值之差作为平行度误差值。

6.5 液压系统的检测

6.5.1 工作油温的检测（空运转试验完毕进行）

a）检测位置在油箱（泵）的吸油侧；

b）用普通温度计检测。

6.5.2 渗油处数的检测

a）擦干净已渗油部位；

b）设定系统油压为其额定值的100%，机器正常运行10 min后，把出现每小时不大于一滴油的部位作为渗油处数。

注："渗油处"即已擦干净，但在成型机运行10 min后重新出现渗油现象，且每小时不大于一滴的部位。

6.5.3 合模保压后压降的检测

6.5.3.1 检测条件

液压系统额定工作压力下。

6.5.3.2 检测方法

合模后（液压马达停）保压3 min后，计算控制面板上压力表值与保压前的压力之差即为压降。

6.6 整机噪声的检测

在距离地面高1.5 m、距自动成型机外形1 m的四周均布的四点处，用声级计测量噪声，取测量结果的平均值作为整机的噪声值。

6.7 整机外观（包括涂漆表面）的检测

采用目测确定。

6.8 安全要求的检测

6.8.1 保护联结电路的连续性检测

按GB 5226.1—2008中18.2.2的规定进行，符合该标准中表9的C类机械，则通过目测检验。

6.8.2 绝缘电阻的检测

采用 DC 500 V 绝缘电阻表按 GB 5226.1—2008 中 18.3 的规定进行。

6.8.3 耐压试验的检测

采用耐压试验仪按 GB 5226.1—2008 中 18.4 的规定进行。

6.8.4 导线的连接、颜色和接地装置及符号

采用目测确定。

6.8.5 接地电阻的检测

采用接地电阻测试仪进行测量。

6.9 管路密封检测

管路密封检测用水压试验，试验压力为工作压力的1.25倍，保压时间5 min，应无泄漏。

6.10 自动成型机其他参数的检测

6.10.1 最小模厚、模板最大开距的检测

采用长度尺进行测量。

6.10.2 装机总功率

通过查验技术文件和自动成型机电动机配置情况确定。

7 检验规则

7.1 出厂检验

7.1.1 每台产品应经制造厂质检部门检验合格后方能出厂。

7.1.2 每台产品出厂前，应进行不少于4 h的自动连续空运转试验（在试验中若发生故障，则试验时间或次数应从故障排除后重计），并在试验前检查5.3、5.4（除5.4.8外）。在试验中检验5.2.1、5.2.2、5.2.3、5.2.4、5.2.5、5.2.6、5.2.8、5.2.9、5.2.13、6.2以及6.3。

7.1.3 出厂检验应做好记录，所检项目均应合格。

7.2 型式试验

7.2.1 型式试验应对制造厂明示的基本参数和第5章要求进行检验。

7.2.2 型式试验应在下列情况之一时进行：

——新产品或老产品转厂生产的试制定型鉴定；

——正常生产后，如结构、材料、工艺有较大改进，可能会影响产品性能；

——产品停产两年后恢复生产；

——出厂检验结果与上次型式检验有较大差异；

——在正常生产条件下，产品累积到一定数量时，应周期性进行检验一次；

——国家质量监督机构提出进行型式检验要求。

7.3 抽样与判定方法

7.3.1 型式试验的样品应在出厂检验合格入库产品（或用户处）中任抽一台进行检验。

7.3.2 型式试验部分项目可采用查验出厂记录方式进行，由承检机构和生产企业协商确定。

7.3.3 型式试验宜在用户生产现场进行，型式试验应进行不少于1 h的负载试验，5.2.7、5.2.8、5.2.9、5.2.10、5.2.11和5.2.13应在负载试验中测定。

7.3.4 型式试验中如有不合格项，可由生产企业对产品进行一次调整并可更换产品说明书中所列的易损件后，对不合格项目进行复检，如有不合格项，则判该次型式试验不合格。

8 标志、包装、运输和贮存

8.1 标志

每台产品的各种指示铭牌应齐全，清晰，并应在明显部位固定牢靠，标牌应符合GB/T 13306的规定，并至少有下列内容：

——制造厂名称（商标）和地址；

——产品名称、型号及执行标准编号；

——产品编号及出厂日期；

——主要技术参数。

8.2 包装

产品包装应符合GB/T 13384的规定。产品包装箱内，应装有下列技术文件（装入防水的袋内）：

——产品合格证；

——产品使用说明书；

——装箱单。

8.3 运输

产品整体运输或分体为部件运输，要适合陆路、水路等运输及装载要求，并应符合GB/T 191和GB/T 6388的规定。

8.4 贮存

产品应采取防锈处理后水平贮存在干燥、通风、无火源、无腐蚀性气体处，避免受潮。如需露天存放，存放前，精密电器元件应拆下后装入原包装后入室贮存，其他应有防雨避雷措施，并将包装箱架空离地10 cm以上，室外贮存时间不宜超过一个月。

附 录 A
（资料性附录）
其他基本参数

其他基本参数见表 A.1。

表 A.1　其他基本参数

名　称	型　号					
	SPZDK-100	SPZDK-120	SPZDK-140	SPZDK-160	SPZDK-180	SPZDK-200
标准模具尺寸（长×宽）mm	1 000×800	1 200×1 000	1 400×1 200	1 600×1 350	1 800×1 600	2 040×1 800
最大成型尺寸（长×宽）mm	800×600	1 000×800	1 200×1 000	1 400×1 100	1 610×1 400	1 850×1 600
制品最大厚度 mm	330	330	330	330	330	330
最小模厚 mm	210	210	270	270	220	290
模板最大开距 mm	1 360	1 360	1 420	1 420	1 370	1 290

ICS 83.200

G 95

备案号：16708—2005

中华人民共和国机械行业标准

JB/T 5416—2005

代替JB/T 5416—1991

塑料挤出干法热切造粒辅机

Hot pelletizing machinery for extruded plastics by dry method

2005-09-23 发布   2006-02-01 实施

中华人民共和国国家发展和改革委员会 发布

前　言

本标准是对 JB/T 5416－1991《塑料挤出干法热切造粒辅机》的修订。

本标准与 JB/T 5416－1991 相比，主要变化如下：

——对基本参数做了修订；

——增加了关键零件的技术要求及检验规则。

本标准由中国机械工业联合会提出。

本标准由全国橡胶塑料机械标准化技术委员会塑料机械分会归口。

本标准负责起草单位：兰州兰泰塑料机械有限责任公司。

本标准参加起草单位：大连冰山橡塑股份有限公司、大连塑料机械研究所。

本标准主要起草人：贾朝阳、李世通、李香兰、李百顺、娄晓鸣。

本标准所代替标准的历次版本发布情况为：

——JB/T 5416－1991。

塑料挤出干法热切造粒辅机

1 范围

本标准规定了塑料挤出干法热切造粒辅机（以下简称切粒机）的规格与基本参数、要求、试验方法和检验规则、标志、包装、运输和贮存等。

本标准适用于聚氯乙烯、高填充塑料母粒、亲水性物料和非粘性物料等适于干法热切的物料的风冷、水环、水雾形式的干法热切造粒辅机。

本标准不适用于非塑料挤出干法热切造粒辅机。

2 规范性引用文件

下列标准中的条款通过本标准的引用而成为本标准的条款。凡是注日期的引用文件，其随后所有的修改单（不包括勘误的内容）或修订版均不适用于本标准，然而，鼓励根据本标准达成协议的各方研究是否可以使用这些文件的最新版本。凡是不注日期的引用文件，其最新版本适用于本标准。

GB/T 191 包装储运图示标志（GB/T 191—2000，eqv ISO 780:1997）

GB/T 1184—1996 形状和位置公差 未注公差值（eqv ISO 2768-2：1989）

GB/T 6388 运输包装收发货标志

GB/T 11336—1989 直线度误差检测

GB/T 11337—1989 平面度误差检测

GB/T 13306 标牌

GB/T 13384 机电产品包装 通用技术条件

HG/T 3228—2001 橡胶塑料机械涂漆通用技术条件

3 术语和定义

下列术语和定义适用于本标准。

塑料挤出干法热切造粒 hot pelletizing for extruded plastics for dry method

以树脂为载体的物料经螺杆式挤出机塑化后通过与之相连的模板的出料模孔挤出时，在空气环境中立即被旋转的切刀切成一定形状的颗粒，然后通过空气或水冷却输送的过程。

4 规格与基本参数

4.1 规格

最大产量：≤1500kg/h。对不在此范围内的规格，其性能参数暂不做规定。

4.2 基本参数

切粒机基本参数应符合表1规定。

表 1 切粒机基本参数

最大产量 kg/h	50	200	500	1000	1500
模板孔径 mm	2～4				
切刀数 片	2，3，4，6，8				
切刀转速 r/min	≤3000				
切粒电动机功率 kW	≤0.75	≤1.5	≤3.0	≤5.5	≤7.5

注：用未加填料的硬质聚氯乙烯考核产量。

5 技术要求

切粒机应符合本标准的各项要求，并按照经规定程序批准的图样及技术文件制造。

5.1 整机技术要求

5.1.1 切刀在规定的转速范围内应能平稳地进行调速，调速范围与挤出机产量相匹配。

5.1.2 切刀应能往复运动，具有足够的抗震性，以防切刀颤振。

5.1.3 切下的颗粒应两端面光滑无毛刺，大小均匀。

5.1.4 输送管路畅通无阻，颗粒在输送过程中不允许有堆积、粘结、停滞现象，输送后的颗粒温度不高于 70℃。

5.2 主要零件技术要求

5.2.1 切粒机切刀

5.2.1.1 切刀应采用具有高硬度、耐腐蚀性的材料制造，热处理后表面硬度≥50HRC。

5.2.1.2 切刀精加工后应满足：刀刃直线度应不低于 GB/T 1184—1996 中 7 级精度的要求。

5.2.2 模板

5.2.2.1 模板表面硬度≥60HRC。

5.2.2.2 模板精加工后应满足：模板工作表面（模面）的平面度应不低于 GB/T 1184—1996 中 7 级精度的要求。

5.3 装配技术要求

5.3.1 旋转切刀：旋转切刀由切刀、刀架、传动轴构成。装配时应确保刀刃处于同一平面。

5.3.2 切刀与模板应满足：装配后，应保证刀刃与模面完全接触。切刀空转应自如，无卡死现象。

5.4 安全要求

5.4.1 切粒机切刀及传动装置应有防护罩。

5.4.2 电气接线应有安全防护措施。

5.4.3 短接的动力电路与保护电路的绝缘电阻不得小于 1MΩ。

5.4.4 保护导线端子与电路设备任何裸露导体零件的接体导体电阻不得大于 0.1Ω。

5.4.5 切粒机的电气设备应能用总电源开关切断电源。

5.4.6 切粒机电气控制系统应具有下列功能：

    a) 打开切刀部位的防护罩时应保证自动停车；

    b) 电动机过载停车。

5.4.7 整机噪声（声压级）不得大于 85dB（A）。

5.5 涂漆要求

出厂前产品涂漆的表面应符合 HG/T 3228－2001 中 3.4.5 的规定。

6 试验方法与检验规则

6.1 试验方法

6.1.1 试验原料

采用未加填料的硬质聚氯乙烯。

6.1.2 测试方法

6.1.2.1 空运转试验

切粒机应单独进行空运转试验。连续空运转时间不应少于 2h，应检查下列项目：

    a) 手动盘车时，切刀转动应轻松自如；

    b) 通电低速空转，切刀的旋转方向应正确；

    c) 连续空运转应无周期性冲击和异常振动；

    d) 机器运转时噪声应符合 5.4.7 的规定。按图 1 规定，以模头为中心，在距机器外缘 1.0m，离地面 1.5m 高处测三点，取平均值；

e) 整机应无其他异常。

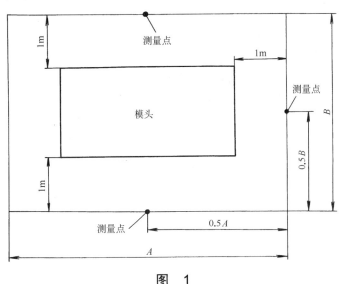

图 1

6.1.2.2 负荷运转试验

6.1.2.2.1 空运转试验合格后方能进行负荷运转试验。

6.1.2.2.2 负荷运转试验应与挤出机联动进行，且应在挤出机各工艺条件稳定、测试物料塑化良好的条件下，对有关参数进行测试。

6.1.2.2.3 负荷运转检验

负荷运转过程检验下列项目：

a) 所有操作控制开关、按钮应灵活有效；

b) 切刀转速调节应符合 5.1.1 的规定；

c) 各紧固件应无松动；

d) 整机运转过程应平稳、无冲击、无异常振动和声响。

6.1.2.3 产量检测

在保证挤出机物料充分塑化、挤出机运转及各工艺条件稳定的条件下，与挤出机产量范围相匹配，对产品进行取样，取样时间应不少于 3min，测量三次，取其平均值，然后换算出切粒机的小时产量即为切粒机的生产能力。

6.1.2.4 切刀的检测

6.1.2.4.1 刀刃部位硬度的检测：用洛氏硬度仪进行检测。

6.1.2.4.2 刀刃直线度误差的检测：按照 GB/T 11336—1989 进行检测。

6.1.2.5 模板的检测

6.1.2.5.1 模板工作表面硬度的检测：用洛氏硬度仪进行检测。

6.1.2.5.2 模板工作表面平面度误差的检测：按照 GB/T 11337—1989 进行检测。

6.1.2.6 料堆温度检测：将温度计插入料箱中，在不同位置测量三次，取平均值。

6.2 检验规则

每台产品须经制造厂质量检验部门检验合格后方能出厂，并附有产品合格证。

6.2.1 出厂检验

每台产品出厂前，应按 6.1.2.1、6.1.2.2 及 6.1.2.3 进行检验。

6.2.2 型式试验

6.2.2.1 型式试验应按 6.1.1、6.1.2 进行检验。

6.2.2.2 型式试验应在下列情况之一时进行：

a) 新产品或老产品转厂时的试制定型鉴定；

b) 正式生产后，如结构、材料、工艺等有较大改变，可能影响产品性能时；

c) 正常生产时，每年最少抽试一台；

d) 产品停产超过一年恢复生产时；

e) 出厂检验结果与上次型式试验有较大差异时；

f) 国家质量监督机构提出型式试验要求时。

6.2.2.3 型式试验每次抽检一台，当检验不合格时，应再抽检一台，若再不合格，则型式试验判为不合格。

7 标志、包装、运输和贮存

7.1 每台产品应在明显位置固定产品标牌，标牌的形式、尺寸及技术要求应符合 GB/T 13306 的规定。

7.2 产品标牌应有下列基本内容：

a) 产品名称、型号及执行标准号；

b) 产品主要参数；

c) 制造日期和编号；

d) 制造厂名称和商标。

7.3 产品包装应符合 GB/T 13384 的规定。

7.4 每台产品出厂时必须提供下列技术文件：

a）产品合格证；

b）产品使用说明书；

c）装箱单。

7.5 产品运输应符合 GB/T 191 和 GB/T 6388 的规定。

7.6 产品应贮存在通风、干燥、无火源、无腐蚀性气体处。如露天存放，必须有防雨措施。

ICS 83.200

G 95

备案号：19851—2007

中华人民共和国机械行业标准

JB/T 5417—2007

代替 JB/T 5417—1991

塑料排气挤出机

Plastics vented extruder

2007-01-25 发布

2007-07-01 实施

中华人民共和国国家发展和改革委员会 发布

前　言

本标准代替 JB/T 5417－1991《塑料排气挤出机》。

本标准与 JB/T 5417－1991 相比，主要变化如下：

——对规格与基本参数做了修改和补充；

——对部分技术要求做了修改和补充；

——对试验方法的内容做了较大修改和补充；

——增加了关键零件的检验规则；

——增加了安全要求的相关内容。

本标准由中国机械工业联合会提出。

本标准由全国橡胶塑料机械标准化技术委员会塑料机械分会（SAC/T C71/SC2）归口。

本标准负责起草单位：兰州兰泰塑料机械有限责任公司。

本标准参加起草单位：大连塑料机械研究所。

本标准主要起草人：贾朝阳、李香兰、李世通、娄晓鸣。

本标准所代替标准的历次版本发布情况：

——JB/T 5417－1991。

塑料排气挤出机

1 范围

本标准规定了单螺杆塑料排气挤出机（以下简称挤出机）的基本参数、要求、试验方法和检验规则、标志、包装、运输及贮存。

本标准适用于加工塑料制品或半成品的直接抽气式单螺杆挤出机。

本标准不适用于非直接抽气式单螺杆挤出机和多排气口大脱挥型等特殊排气挤出机。

2 规范性引用文件

下列标准中的条款通过本标准的引用而成为本标准的条款。凡是注日期的引用文件，其随后所有的修改单（不包括勘误的内容）或修订版均不适用于本标准，然而，鼓励根据本标准达成协议的各方研究是否可以使用这些文件的最新版本。凡是不注日期的引用文件，其最新版本适用于本标准。

GB/T 191　包装储运图示标志（GB/T 191—2000，eqv ISO 780：1997）

GB/T 6388　运输包装收发货标志

GB/T 13306　标牌

GB/T 13384　机电产品包装通用技术条件

HG/T 3120—1998　橡胶塑料机械外观通用技术条件

HG/T 3228—2001　橡胶塑料机械涂漆通用技术条件

JB/T 8061　单螺杆塑料挤出机

3 基本参数

3.1　系列：螺杆直径 20mm、30mm、45mm、65mm、75mm、90mm、100mm、120mm、150mm、180mm、200mm、250mm、300mm。

注：250mm、300mm 为推荐发展规格，其性能、参数暂不做规定。

3.2　挤出机的基本参数应符合表 1 或表 2 的规定。表 1 以生产聚烯烃为主，也可以生产其他热塑性塑料；表 2 以生产硬、软聚氯乙烯为主，也可以生产聚烯烃等塑料。

3.3　基本参数中，主要考核合乎质量要求的产量、比流量、名义比功率及排气口真空度。

3.3.1　表 1 中最高产量的考核：试制挤出机鉴定时，应不低于表列最高产量值；成批生产的挤出机，考核 60%最高转速时的比流量应不小于规定值。

3.3.2　表 2 中：挤出硬聚氯乙烯 HPVC 时，当螺杆转速为最低转速 n_{min} 时，产量应不低于表列最低值；挤出软聚氯乙烯 SPVC 时，当螺杆转速为二倍最低转速时，产量应不低于表列最低值。

3.3.3　表 1 中螺杆最高转速 n_{max} 及电动机功率 P，表 2 中螺杆最低转速 n_{min} 及电动机功率 P 允许适当变动（选用电动机规格及其他设计原因），但名义比功率 P' 应不大于规定值，比流量 q 不小于相应值，产量不低于表列值。

表 1 基本参数

螺杆直径 D mm	长径比 L/D	螺杆最高转速 n_{max} r/min	产量 Q_{max} LDPE MI2-7 kg/h	电动机功率 P kW	名义比功率 P' kW/（kg/h）	比流量 q （kg/h)/(r/min）	排气口真空度 MPa
20	25 28 30	225	6.3	2.2	0.35	0.028	
	32 35 38	285	8.6	3		0.030	
30	25 28 30	210	21	7.5	0.36	0.100	
	32 35 38	255	28	10		0.110	
45	25 28 30	165	48	17	0.35	0.291	
	32 35 38	195	63	22		0.323	
65	25 28 30	145	108	37	0.34	0.745	
	32 35 38	160	130	45	0.35	0.813	
75	25 28 30	130	132	45	0.34	1.015	
	32 35 38	155	165	55	0.33	1.065	
90	25 28 30	110	162	55	0.34	1.472	≥0.08
	32 35 38	145	242	75	0.31	1.669	
100	25 28 30	110	210	70	0.33	1.909	
	32 35 38	135	288	95		2.133	
120	25 28 30	105	290	90	0.31	2.762	
	32 35 38	120	390	125	0.32	3.250	
150	25 28 30	80	500	160		6.250	
	32 35 38	90	605	200		6.722	
180	25 28 30	70	640	210	0.33	9.143	
	32 35 38	80	820	270		10.250	
200	25 28 30	60	735	250	0.34	12.250	
	32 35 38	75	955	315	0.33	12.733	

表 2 基本参数

螺杆直径 D mm		20		30		45		65		75		90		100		120		150		180		200	
长径比 L/D		25	28	25	28	25	28	25	28	25	28	25	28	25	28	25	28	25	28	25	28	25	28
螺杆转速 n r/min	HPVC	25~75		23~69		20~60		15~45		14~40		13~39		13~38		12~36		8~24		7~20		6~18	
	SPVC	25~150		23~138		20~120		15~90		14~80		13~78		13~76		12~72		8~48		7~40		6~36	
产量 Q kg/h	HPVC	1~2.5		2.5~6.5		8~20		18~44		26~58		38~76		54~110		86~172		102~205		142~286		169~338	
	SPVC	1.5~4		4~10		12~29		26~66		39~86		47~118		78~172		112~253		138~320		185~372		216~500	
电动机功率 P kW		1.1		3		7.5		18.5		22		30		45		75		90		110		125	
名义比功率 P' kW/(kg/h)	HPVC	0.44		0.46		0.38		0.42		0.38		0.39		0.41		0.44		0.44		0.38		0.37	
	SPVC	0.28		0.30		0.26		0.28		0.26		0.25		0.26		0.30		0.28		0.30		0.25	
比流量 q (kg/h)/(r/min)	HPVC	0.04		0.11		0.40		1.20		1.86		2.92		4.15		7.17		12.75		20.29		28.17	
	SPVC	0.03		0.09		0.30		0.87		1.39		1.81		3.00		4.67		8.63		13.21		18.00	
排气口真空度 MPa		≥0.08																				

注：表1和表2中对于技术引进或三资企业的产品，允许使用原型号规格和基本参数。

4 要求

挤出机应符合本标准的各项要求，并按照经规定程序批准的图样及技术文件制造。

4.1 整机技术要求

4.1.1 挤出机的结构应便于拆卸螺杆，进行清理和调换。

4.1.2 挤出机的结构应保证能在生产线中使用，并可视所加工物料不同更换螺杆，视所生产制品不同更换机头。

4.1.3 在规定的转速范围内螺杆应能平稳地进行无级调速，且有转速显示装置。

4.1.4 机筒加热应分区进行，在50℃～350℃（特殊要求为50℃～500℃）范围内可实现温度调节，满足工艺要求。

4.1.5 减速箱在连续负荷运转时，润滑油温升不得超过35℃。

4.1.6 在机器运转中真空系统的排气口真空度应符合表1和表2的规定。

4.1.7 整机噪声（声压级）不得大于85dB（A）。

4.2 主要零件技术要求

4.2.1 螺杆

4.2.1.1 材料、表面处理应符合JB/T 8061的规定。

4.2.1.2 螺杆外圆、螺槽底径的表面粗糙度 R_a 值不大于 0.8μm，螺棱两侧的表面粗糙度 R_a 值不大于 1.6μm。

4.2.2 机筒

4.2.2.1 材料、内孔表面处理应符合JB/T 8061的规定。

4.2.2.2 机筒内孔的表面粗糙度 R_a 值不大于 1.6μm。

4.2.3 排气室

4.2.3.1 机筒排气口在正常操作情况下应无冒料现象。

4.2.3.2 排气室结构应便于打开清理。

4.2.3.3 排气室所有密封件应耐高温，满足工艺要求。

4.2.3.4 排气室应装设真空表。

4.2.3.5 排气管应安装管路阀门，阀门关闭时不得有漏气现象。

4.2.3.6 排气室上须设便于观察排气口工作情况的视镜。

4.3 装配技术要求

4.3.1 螺杆与机筒的间隙在圆周上应均匀，在水平放置时，螺杆与机筒在机筒内允许接触，但在加润滑油后运转，螺杆与机筒不得有卡住或刮伤现象。

4.3.2 冷却系统的管路阀门应密封良好，通入0.3MPa自来水进行试验，持续5min不应有渗漏现象。

4.3.3 各润滑点须供油充分，润滑管路无渗漏现象。

4.4 安全要求

4.4.1 裸露在外对人身安全有危险的部位，如联轴器、带轮、机筒加热部分等，必须安装防护罩。

4.4.2 电加热器外接线端应有安全防护措施。

4.4.3 短接的动力电路与保护电路的绝缘电阻不得小于1MΩ。

4.4.4 电加热器的冷态绝缘电阻不得小于1MΩ。

4.4.5 电加热器应进行耐压试验。

4.4.6 保护导线端子与电路设备任何裸露导体零件的接体导体电阻不得大于0.1Ω。

4.4.7 挤出机整套机组必须可靠接地，接地电阻不得大于4Ω。

4.4.8 挤出机的电气设备应能用总电源开关切断电源。

4.4.9 挤出机操作柜上应有紧急停车按钮。

4.4.10 挤出机电气控制系统应具有下列功能：

a）主电动机过载报警停车；

b）对于装有油泵的减速箱，应有润滑油主要油路断油或少油报警；

c）机头料压超过许用值报警、停车；

d）对于装有油泵的减速箱，主电动机与油泵电动机连锁，即油泵电动机不起动，主电动机不能起动。

4.5 其他要求

4.5.1 挤出机外观应整洁，色彩和谐，外观质量应符合 HG/T 3120 的规定。

4.5.2 挤出机涂漆表面应符合 HG/T 3228－2001 中 3.4.5 的规定。

5 试验方法与检验规则

5.1 试验方法

5.1.1 试验条件

5.1.1.1 测试用原料

对表 1——LDPE（MI=2～7），对表 2——HPVC 或 SPVC。

5.1.1.2 测试用装置

测试用装置应符合 JB/T 8061 的规定。

5.1.2 测试方法

在稳定的工艺条件下，主要测量挤出产量、电动机功率、螺杆转速、机筒温度、机头压力及真空系统排气口真空度等。

5.1.2.1 产量、机筒温度、机头压力、转速、电动机功率、名义比功率、比流量、螺杆、机筒、电气、噪声及管路密封检测均应符合 JB/T 8061 的规定。

5.1.2.2 真空系统排气口真空度采用目测，直接读取排气室真空表的读数即可。

5.1.2.3 减速箱润滑油温升采用目测，分别读取设备起动前和设备运转过程中减速箱油温表的读数，两者相减即得润滑油温升值。

5.1.2.4 涂漆的表面采用目测。

5.1.2.5 空运转检测：

机器在总装合格后，在机筒内孔表面和螺杆表面涂上润滑剂，进行不小于 3min 的低速空运转试验，并检查下列项目：

a）螺杆旋转方向应正确；

b）螺杆与筒体间应无卡住或刮伤现象；

c）整机应无周期性冲击或异常振动。

5.1.2.6 负荷运转检测：

5.1.2.6.1 空运转试验合格后方能进行负荷运转试验。

5.1.2.6.2 负荷运转试验应在各工艺条件基本稳定、测试物料塑化良好的条件下进行，并检查下列项目：

a）所有操作控制开关、按钮应灵活有效；

b）螺杆转速调节应符合 4.1.3 的规定；

c）各管路、阀门等连接处应无渗漏；

d）排气口应无冒料现象；

e）整机运转过程应平稳、无冲击、无异常振动和声响；

f）各紧固件应无松动。

5.2 检验规则

5.2.1 每台产品须经制造厂质量检验部门检验合格后方能出厂，并附有产品合格证。

5.2.2 出厂检验:

每台产品出厂前,应进行空运转试验,并按 4.1、5.1.2.5 中各条检验。负荷运转试验也可根据用户要求,在出场前进行。

5.2.3 型式检验:

5.2.3.1 型式检验应按 5.1.1、5.1.2 进行检验。

5.2.3.2 型式检验应在下列情况之一时进行:

　　a)新产品或老产品转厂时的试制定型鉴定;

　　b)正式生产后,如结构、材料、工艺等有较大改变,可能影响产品性能时;

　　c)正常生产时,每年最少抽试一台;

　　d)产品停产超过一年恢复生产时;

　　e)出厂检验结果与上次型式检验有较大差异时;

　　f)国家质量监督机构提出型式检验要求时。

5.2.3.3 型式检验每次抽检一台,当检验不合格时,应再抽检一台,若再不合格,则型式检验判为不合格。

6 标志、包装、运输和贮存

6.1 每台产品应在明显位置固定产品标牌,标牌的形式、尺寸及技术要求应符合 GB/T 13306 的规定。

6.2 产品标牌应有下列基本内容:

　　a)产品名称、型号及执行标准号;

　　b)产品主要参数;

　　c)制造日期和产品编号;

　　d)制造厂名称和商标。

6.3 出厂前,对其他未经防腐处理的外露表面应均涂一层薄的防锈油脂。

6.4 产品包装应符合 GB/T 13384 的规定。

6.5 每台产品出厂时必须提供下列技术文件:

　　a)产品合格证;

　　b)产品使用说明书;

　　c)装箱单。

6.6 产品运输应符合 GB/T 191 和 GB/T 6388 的规定。

6.7 产品应贮存在通风、干燥、无火源、无腐蚀性气体处。如露天存放,必须有防雨措施。

ICS 71.120；83.200
G 95
备案号：51754—2015

中华人民共和国机械行业标准

JB/T 5418—2015
代替 JB/T 5418—1991

聚丙烯不织布机

Plastics nonwoven textile machine

2015-10-10 发布

2016-03-01 实施

中华人民共和国工业和信息化部 发布

前　言

本标准按照GB/T 1.1—2009给出的规则起草。

本标准代替JB/T 5418—1991《聚丙烯不织布机》，与JB/T 5418—1991相比主要技术变化如下：

——增加了标准的适用范围；

——增加了3项引用文件，并更新了原引用文件；

——修改了主要零件及装配的技术要求，并增加了检测方法；

——温度控制值精度提高到±2℃；

——增加了电气系统的技术要求及检测方法；

——提高了噪声要求，以保护操作者的健康；

——增加了噪声检测的具体内容；

——增加了整机外观的要求所执行的标准，并增加了外观质量检测；

——对产品贮存要求进行了修改。

本标准由中国机械工业联合会提出。

本标准由全国橡胶塑料机械标准化技术委员会塑料机械分技术委员会（SAC/TC71/SC2）归口。

本标准起草单位：大连塑料机械研究所、北京橡胶工业研究设计院。

本标准主要起草人：刘明达、于振海、苏红凤、何成。

本标准所代替标准的历次版本发布情况为：

——JB/T 5418—1991。

聚丙烯不织布机

1 范围

本标准规定了聚丙烯不织布机的术语和定义、基本参数、技术要求、试验方法、检验规则、标志、包装、运输和贮存。

本标准适用于聚丙烯不织布机及加工其他塑料等高分子材料的不织布机。

2 规范性引用文件

下列文件对于本文件的应用是必不可少的。凡是注日期的引用文件，仅注日期的版本适用于本文件。凡是不注日期的引用文件，其最新版本（包括所有的修改单）适用于本文件。

GB/T 191　包装储运图示标志

GB/T 1184—1996　形状和位置公差　未注公差值

GB 5226.1—2008　机械电气安全　机械电气设备　第 1 部分：通用技术条件

GB 6388　运输包装收发货标志

GB/T 9969　工业产品使用说明书　总则

GB/T 13306　标牌

GB/T 13384　机电产品包装通用技术条件

HG/T 3120　橡胶塑料机械外观通用技术条件

HG/T 3228　橡胶塑料机械涂漆通用技术条件

JB/T 5438　塑料机械　术语

3 术语和定义

JB/T 5438 界定的术语和定义适用于本文件。

4 基本参数

聚丙烯不织布机的基本参数参见附录 A。

5 技术要求

5.1 总则

聚丙烯不织布机应符合本标准的要求，并按经规定程序批准的图样及技术文件制造。

5.2 网纹辊技术要求

5.2.1 辊筒外圆径向圆跳动应不低于 GB/T 1184—1996 中 7 级的要求。

5.2.2 网纹深度为 0.3 mm±0.025 mm。

5.2.3 焊后水压试验压力应不小于 0.2 MPa，保压时间应不低于 5 min，试验后网纹辊无渗漏。

5.3 装配技术要求

各辊筒上素线对水平面的平行度误差应不大于 0.05 mm。

5.4 整机技术要求

5.4.1 温度控制值精度为±2℃。

5.4.2 气控系统密封应良好，无漏气现象。

5.4.3 电气系统应符合以下要求：

 a）应有安全可靠的接地装置和明显的接地标志；

 b）应有紧急停机按钮；

 c）外部保护联结电路与电气设备任何裸露导体零件之间的接地电阻不应大于 0.1 Ω；

 d）在动力电路导线与保护联结电路间施加 DC500 V 时，测得的绝缘电阻应不小于 1 MΩ；

 e）电气设备应进行耐电压试验，其试验条件应符合 GB 5226.1—2008 中 18.4 的规定。

5.4.4 整机运行应平稳可靠。

5.4.5 各出片装置的模唇间隙可调量应不小于 2 mm，各接合处不应漏料。

5.4.6 电镀辊筒外表面应无镀层剥落及划伤等缺陷。

5.4.7 整机负荷运转时，其 A 计权噪声声压级应不大于 85 dB。

5.4.8 整机外观应符合 HG/T 3120 的规定。

5.4.9 涂漆质量应符合 HG/T 3228 的规定。

6 试验方法

6.1 空运转试验

聚丙烯不织布机装配合格后，方能进行不少于 2 h 的空运转试验。

6.2 负荷运转试验

空运转试验合格后，在稳定的工作情况下进行不少于 2 h 的负荷运转试验。

6.3 辊筒外圆径向圆跳动检测

用百分表检测，应符合 5.2.1 的要求。

6.4 各辊筒上素线对水平面的平行度检测

用水平仪对各辊筒分别测量，应符合 5.3 的要求。

6.5 温度控制值精度检测

用温度计检测，测量位置在横向拉伸机各工艺段的中部，应符合 5.4.1 的规定。

6.6 电气系统检测

6.6.1 用接地电阻测试仪测量聚丙烯不织布机的接地电阻，应符合 5.4.3c）的规定。

6.6.2 用绝缘电阻表测量聚丙烯不织布机的绝缘电阻，应符合 5.4.3d）的规定。

6.6.3 用耐电压测试仪进行电气设备的耐电压试验，应符合 5.4.3e）的规定。

6.7 整机噪声检测

用噪声检测仪在机器的操作位置一侧，距机台 1.0 m、高 1.6 m 处进行测量，均布测 6 点，取其平均值，噪声应符合 5.4.7 的规定。

6.8 外观质量检测

整机外观、涂漆质量采用目测，应符合 5.4.8、5.4.9 的规定。

6.9 其他检测

对 5.4.2、5.4.4、5.4.5、5.4.6 的检测，采用目测。

7 检验规则

7.1 基本要求

每台聚丙烯不织布机应经制造厂质量检验部门检查合格后方能出厂，出厂时应附有产品质量合格证。

7.2 出厂检验

每台聚丙烯不织布机出厂前，应按 6.1 进行空运转试验，并按 5.3、5.4.8、5.4.9 进行检查。

7.3 型式检验

型式检验的项目内容包括本标准中的各项技术要求。型式检验应在下列情况之一时进行：
a）新产品或老产品转厂时的试制定型鉴定；
b）正式生产后，如结构、材料、工艺等有较大改变，可能影响产品性能；
c）正常生产时，每年最少抽试一台；
d）产品停产两年后，恢复生产；
e）出厂检验结果与上次型式检验有较大差异；
f）国家质量监督机构提出型式检验要求。

7.4 判定规则

型式检验项目全部符合本标准的规定，则为合格。型式检验每次抽检一台，当检验不合格时，应再抽检一台，若再不合格，则应逐台进行检验。

8 标志、包装、运输和贮存

8.1 标志

产品应在适当的明显位置固定产品标牌。标牌型式、尺寸及技术要求应符合 GB/T 13306 的规定，标牌上至少应标出下列内容：
a）产品的名称、型号及执行标准编号；
b）产品的主要技术参数；
c）制造企业的名称和商标；
d）制造日期和编号。

8.2 包装

产品包装应符合 GB/T 13384 的规定。包装箱内应装有下列技术文件（装入防水袋内）：

a）产品质量合格证；

b）使用说明书，其内容应符合 GB/T 9969 的规定；

c）装箱单；

d）备件清单；

e）安装图。

8.3 运输

产品运输应符合 GB/T 191 和 GB 6388 的规定。

8.4 贮存

产品应贮存在干燥、通风、无火源、无腐蚀性气（物）体处，如露天存放应有防雨措施。

附　录　A
（资料性附录）
基本参数

基本参数包括：

a）幅面，单位为毫米（mm）；

b）每台挤出量，单位为千克每小时（kg/h）；

c）工作速度，单位为米每分（m/min）；

d）温度范围，单位为摄氏度（℃）；

e）拉伸比；

f）总功率，单位为千瓦（kW）；

g）网布拉伸强度，单位为牛每五厘米（N/5 cm）；

h）纤度，单位为旦尼尔（D）。

———————————

ICS 83.200
G 95
备案号：24517—2008

中 华 人 民 共 和 国 机 械 行 业 标 准

JB/T 5419—2008
代替 JB/T 5419—2000

塑料挤出平膜扁丝辅机

Plastics filature fiber extrusion accessory

2008-06-04 发布　　　　　　　　　　　2008-11-01 实施

中华人民共和国国家发展和改革委员会 发布

前　言

本标准代替 JB/T 5419—2000《塑料挤出平膜扁丝辅机》。

本标准与 JB/T 5419—2000 相比，主要变化如下：

——提高了基本参数中生产速度、增加了模唇长的分档；

——按相关强制性标准完善安全要求；

——补充完善试验方法；

——补充和规范检验规则。

本标准由中国机械工业联合会提出。

本标准由全国橡胶塑料机械标准化技术委员会塑料机械分会（SAC/TC 71/SC 2）归口。

本标准负责起草单位：常州市恒力机械有限公司。

本标准参加起草单位：常州市永明机械制造有限公司、大连塑料机械研究所。

本标准主要起草人：王惠芬、金国兵、刘健玮、陈新、何敏、吴梦旦、吴兴勤。

本标准所代替标准的历次版本发布情况：

——JB/T 5419—1991，JB/T 5419—2000。

塑料挤出平膜扁丝辅机

1 范围

本标准规定了塑料挤出平膜扁丝辅机的基本参数、要求、试验方法、检验规则和标志、包装、运输、贮存。

本标准适用于塑料挤出平膜扁丝辅机（以下简称辅机）。

2 规范性引用文件

下列文件中的条款通过本标准的引用而成为本标准的条款。凡是注日期的引用文件，其随后所有的修改单（不包括勘误的内容）或修订版均不适用于本标准，然而，鼓励根据本标准达成协议的各方研究是否可使用这些文件的最新版本。凡是不注日期的引用文件，其最新版本适用于本标准。

GB/T 191—2000 包装储运图示标志（eqv ISO 780：1997）

GB/T 1184—1996 形状和位置公差 未注公差值（eqv ISO 2768-2：1989）

GB/T 1958—2004 产品几何量技术规范（GPS）形状和位置公差 检测规定

GB 2894 安全标志（GB 2894—1996，neq ISO 3864：1984）

GB 5226.1—2002 机械安全 机械电气设备 第1部分：通用技术条件（IEC 60204-1：2000，IDT）

GB/T 6388—1986 运输包装收发货标志

GB/T 13306—1991 标牌

GB/T 13384—1992 机电产品包装 通用技术条件

3 基本参数

基本参数应符合表1的规定。

表1 基本参数（高速机型）

项 目	数 值														
模唇长 mm	(600)	700	750	800	850	900	1000	1100	1150	1200	1350	1500	1600	1700	2000
生产速度 m/min	≥280（150）														
拉伸比	4～10														
卷绕筒管规格（内径×长度）mm×mm	（φ28～φ90）×（215～270）														
丝包最大卷绕直径 mm	φ160														
注：括号内尺寸为不推荐参数。															

4 要求

4.1 总则

辅机应符合本标准的规定，并按照经规定程序批准的图样和技术文件制造。

4.2 外观质量

4.2.1 整机外观应整洁、色彩和谐。

4.2.2 涂漆均匀，不得有明显的流挂、漏涂、橘皮、气泡、剥落等涂覆缺陷。

4.3 主要零部件要求

4.3.1 模头

a）模头流道型腔的表面粗糙度 R_a 值为 1.6μm；模头流道应圆滑过度；

b）模头密封平面度按 GB/T 1184—1996 中规定的 9 级。

4.3.2 引膜、拉伸钢辊

a）钢辊表面镀硬铬；镀层厚度为 0.03mm～0.05mm；

b）引膜辊径向圆跳动不大于 0.05mm，拉伸钢辊径向圆跳动不大于 0.15mm。

4.4 整机要求

4.4.1 模头的模唇不得有磕碰、划痕等缺陷；模唇间隙应可调。

4.4.2 模头及过滤器的结合面不得有漏料现象。

4.4.3 过滤器应采用长效过滤器、快速换网过滤器、或者不停机换网过滤器形式。

4.4.4 各级牵引、拉伸速度实现无级调速，辅机各部分既能单独分调速度，又能同步统调速度。

4.4.5 各传动系统运转平稳、协调、可靠。

4.4.6 运动部件运转应灵活、轻便、无阻滞现象。

4.4.7 热拉伸装置加热均匀，正常工作时温度波动不应大于±5℃。

4.4.8 收丝部分应具有可靠的张力自动调节装置。

4.4.9 卷绕丝包端面齐整，不得有掉扣包丝现象。

4.4.10 配有废丝吸取收集装置、废边丝回收装置和自动上料装置。

4.4.11 整机应设有可靠的安全防护装置。

4.4.12 整机各控制系统工作应正确、可靠。

4.5 装配要求

4.5.1 各压紧胶辊在工作长度范围内与各辊筒之间接触均匀、压合可靠。

4.5.2 水路、气路、密封可靠，无泄漏现象。

4.5.3 电气装配要求：

a）接线正确、牢固，行线排列整齐规范；

b）接线端子编码齐全正确；

c）控制指示的按钮、开关、指示灯、仪表应有指示功能和/或动作的标志，标志内容、功能一致，标志文字应正确、清晰、完整。

4.6 安全要求

4.6.1 辅机外部的安全标志应符合 GB 2894 的规定。

4.6.2 辅机外部应有醒目的接地标志。

4.6.3 辅机的电气及控制系统（包括电气柜和控制柜）与接地端子间应有可靠连续的保护接地电路。

4.6.4 保护接地端子与辅机外露可导电部分和设备间的接地电阻应不大于 0.1Ω。

4.6.5 按 GB 5226.1—2002 中 19.3 规定，电气系统中动力电路和保护接地电路间 500V DC 绝缘电阻应不小于 1MΩ，电加热器的 500V DC 冷态绝缘电阻应不小于 1MΩ。

4.6.6 电气系统中动力电路和保护接地电路间应按 GB 5226.1—2002 中 19.4 规定进行基本正弦波工频试验电压 1000V 历时 1s 以上的耐压试验，应无击穿和飞弧现象。

4.6.7 电加热器的耐压试验要求如下：当工作电压为 110V 时，加压 1000V；当工作电压为 220V 时，加压 1500V；当工作电压为 380V 时，加压 2000V；耐压 1min，工作电流 10mA，不得有击穿。

4.6.8 整机噪声（负载 A 计权声压级）不得超过 85dB（A）。

4.7 整机生产能力

以整机生产速度表示的生产能力应符合表 1 的规定。

5 试验方法

5.1 外观质量

目测、手感检查，应符合 4.2 要求。

5.2 主要零部件要求

5.2.1 模头

a）目测、手感检查模头流道和型腔，并用表面粗糙度样块（出厂检验）比对或表面粗糙度测试仪（出厂检验和型式检验）测量型腔表面粗糙度，应符合 4.3.1 a）要求；

b）模头密封平面度按 GB/T 1958—2004 测定，应符合 4.3.1 b）要求。

5.2.2 引模、拉伸钢辊

a）检查工艺规程和记录等相关文件，应符合 4.3.2 a）要求；

b）钢辊表面径向跳动以磁性表座和百分表按 GB/T 1958—2004 测定，以最大值为测量结果，应符合 4.3.2 b）要求。

5.3 整机要求

5.3.1 目测、手感检查并结合出厂前调整及空运转试验，应符合 4.4 要求。

5.3.2 热拉伸装置温度波动（4.4.7）在负荷试验时，在稳定的工艺条件下，横向实际测量 6 点，最高和最低温度读数的差值，应符合 4.4.7 要求。

5.3.3 卷绕丝要求（4.4.8、4.4.9）在负荷试验时目测检查。

5.4 装配要求

5.4.1 结合装配后调整及空运转试验检查，应符合 4.5.1、4.5.2 要求。

5.4.2 目测、手感并对照电气接线图检查及空运转试验，应符合 4.5.3 要求。

5.5 安全要求

5.5.1 目测检查安全标志和接地标志，目测、手感检查保护接地电路可靠连续性，应符合 4.6.1～4.6.3 要求。

5.5.2 以接地电阻测试仪测量接地电阻，应符合 4.6.4 要求。

5.5.3 以 500V DC 绝缘电阻表按 GB 5226.1—2002 中 19.3 测量绝缘电阻，应符合 4.6.5 要求。

5.5.4 以介质击穿装置或耐压试验仪进行耐压试验，应符合 4.6.6、4.6.7 要求。

5.5.5 整机噪声检测：按图 1 所示位置，离机 1m，高 1.5m 处测量 6 点，取其平均值。

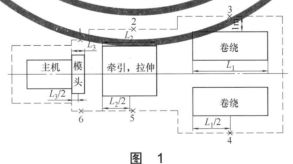

图 1

5.6 整机生产能力

在保持正常拉丝生产的稳定的工艺条件下，用测速仪测量收卷前最后一级拉伸辊筒的线速度。

6 检验规则

6.1 出厂检验

6.1.1 辅机须经制造厂质量检验部门检查合格后方能出厂，并附有产品质量合格证书。

6.1.2 每台辅机出厂前应进行不少于 2h 的连续空运转试验和负荷试验。

6.1.3 出厂检验项目为 4.2、4.3.2、4.4.3～4.4.6、4.4.10～4.4.12、4.5.1、4.5.3、4.6.1～4.6.6，出厂检验中应做好记录，所有项目均应合格。

6.2 型式检验

6.2.1 有下列情况之一时应进行型式检验：

    a）新产品或老产品转厂生产的试制定型或定型鉴定；

    b）正式生产后，如结构、材料、工艺有较大改变，可能明显影响产品性能时；

    c）正常生产时，每年进行一次；

    d）产品停产两年后，重新恢复生产时；

    e）出厂检验结果与上次型式检验有较大差异时；

    f）国家质量监督部门提出型式检验的要求时。

6.2.2 型式检验的样机应从出厂检验合格的产品中随机抽取，样机数量为一台。

6.2.3 型式检验项目为 4.1～4.7 规定的全部项目，部分项目可采取检查出厂检验记录方式进行，由承检机构和生产企业协商确定。

6.2.4 型式检验宜在用户生产现场进行，型式检验中应进行不少于 1h 的负荷试验，项目 4.4.2、4.4.7～4.4.9、4.5.2、4.6.7 应在负荷试验时测定。

6.2.5 型式检验中如有不合格项目，可由生产企业对产品进行一次调整并可更换使用说明书所列易损件后，对不合格项目进行复检，如仍有不合格项，则判该次型式检验不合格。

7 标志、包装、运输和贮存

7.1 标志

每台产品应在适当的明显位置固定相应的标牌，标牌的尺寸及要求应符合 GB/T 13306 的规定。产品标牌的内容应包括：

    a）产品名称、型号及执行标准号；

    b）产品的主要技术参数；

    c）制造厂名称和商标；

    d）制造日期和产品编号。

7.2 包装

产品包装应符合 GB/T 13384 的规定，在产品包装箱内应有下列技术文件（装入防水袋内）：

    a）产品合格证；

    b）产品使用说明书；

    c）装箱单；

    d）随机备件、附件清单。

7.3 运输

产品运输应符合 GB/T 191 和 GB/T 6388 的规定。

7.4 贮存

产品应采取防锈处理后水平贮存在通风、干燥、无火源、无腐蚀性气体的仓库内，如露天存放，存放前，精密电器元件应拆下装进原包装入室贮存，其他应有防雨避雷措施并将包装箱架空离地 10cm 以上。室外贮存时间不宜超过一个月。

ICS 71.120；83.200

G 95

备案号：45789—2014

中华人民共和国机械行业标准

J B/T 5420—2014
代替 JB/T 5420—2001

同向双螺杆塑料挤出机

Co-rotating twin-screw plastics extruder

2014-05-06 发布   2014-10-01 实施

中华人民共和国工业和信息化部 发布

前　言

本标准按照GB/T 1.1—2009给出的规则起草。

本标准代替JB/T 5420—2001《同向双螺杆塑料挤出机》，与JB/T 5420—2001相比主要技术变化如下：

——挤出机螺杆直径范围由原来的20 mm～180 mm修改为20 mm～380 mm，新增了螺杆直径为"180 mm～210 mm""210 mm～260 mm""260 mm～320 mm"和"320 mm～380 mm"的4组挤出机规格；

——对于螺杆直径为20 mm～60 mm的挤出机，其螺杆长径比由原来的24～48修改为32～64，螺杆最高转速由原来的≥400 r/min修改为≥500 r/min，相应的主电动机功率和最高产量都有所提高；

——对于螺杆直径为60 mm～120 mm的挤出机，其螺杆长径比由原来的24～48修改为32～64，螺杆最高转速由原来的≥300 r/min修改为≥500 r/min，相应的主电动机功率和最高产量都有所提高；

——对于螺杆直径为120 mm～150 mm的挤出机，其螺杆长径比由原来的24～48修改为32～64，螺杆最高转速由原来的≥250 r/min修改为≥500 r/min，相应的主电动机功率和最高产量都有所提高；

——对于螺杆直径为150 mm～180 mm的挤出机，其螺杆长径比不变，螺杆最高转速由原来的≥250 r/min修改为≥300 r/min，相应的主电动机功率和最高产量都有所提高；

——对于新增的螺杆直径为"180 mm～210 mm""210 mm～260 mm""260 mm～320 mm"和"320 mm～380 mm"的4组挤出机规格，确定了对应的螺杆长径比、螺杆最高转速、主电动机功率和最高产量；

——挤出机的安全要求引用了GB 25431.1的规定；

——挤出机控制系统的部分要求引用了GB 5226.1—2008和GB/T 24113.1的规定；

——挤出机螺杆和机筒的技术要求、检验方法引用了JB/T 8538的规定。

本标准由中国机械工业联合会提出。

本标准由全国橡胶塑料机械标准化技术委员会塑料机械分技术委员会（SAC/TC71/SC2）归口。

本标准起草单位：天华化工机械及自动化研究设计院有限公司、大连橡胶塑料机械股份有限公司、舟山市定海通发塑料有限公司、广东金明精机股份有限公司、张家港市贝尔机械有限公司、大连塑料机械研究所。

本标准主要起草人：娄晓鸣、杨宥人、贾朝阳、吴汉民、黄虹、梁晓刚、马建忠。

本标准所代替标准的历次版本发布情况为：

——JB/T 5420—1991、JB/T 5420—2001。

同向双螺杆塑料挤出机

1 范围

本标准规定了同向双螺杆塑料挤出机的术语和定义、规格、基本参数、组成、技术要求、试验方法与检验规则、标志、包装、运输和贮存。

本标准适用于塑料等高分子材料配料混炼造粒用的同向旋转的双螺杆挤出机（以下简称挤出机）。

本标准不适用于聚合反应、蒸发浓缩等特殊用途的同向旋转的双螺杆挤出机。

2 规范性引用文件

下列文件对于本文件的应用是必不可少的。凡是注日期的引用文件，仅注日期的版本适用于本文件。凡是不注日期的引用文件，其最新版本（包括所有的修改单）适用于本文件。

GB/T 191　包装储运图示标志
GB/T 1184—1996　形状和位置公差　未注公差值
GB 5226.1—2008　机械电气安全　机械电气设备　第 1 部分：通用技术条件
GB/T 6388　运输包装收发货标志
GB/T 9969　工业产品使用说明书　总则
GB/T 11336　直线度误差检测
GB/T 13306　标牌
GB/T 13384　机电产品包装通用技术条件
GB/T 24113.1　机械电气设备　塑料机械计算机控制系统　第 1 部分：通用技术条件
GB 25431.1　橡胶塑料挤出机和挤出生产线　第 1 部分：挤出机的安全要求
HG/T 3120　橡胶塑料机械外观通用技术条件
HG/T 3228　橡胶塑料机械涂漆通用技术条件
JB/T 5438　塑料机械　术语
JB/T 8538　塑料机械用螺杆、机筒

3 术语和定义

JB/T 5438 界定的术语和定义适用于本文件。

4 挤出机规格与基本参数及组成

4.1 挤出机规格

挤出机规格应按螺杆直径进行区分，螺杆直径：20 mm～380 mm。

4.2 基本参数

挤出机的基本参数应符合表 1 的规定。

表 1 挤出机基本参数

螺杆直径 mm	螺杆长径比	螺杆最高转速 r/min	主电动机功率 kW	最高产量 kg/h
>20~30	32~64	≥500	≥11	≥30
>30~40			≥22	≥60
>40~50			≥37	≥120
>50~60			≥55	≥160
>60~70			≥75	≥200
>70~80			≥110	≥300
>80~90			≥160	≥450
>90~100			≥315	≥900
>100~120			≥400	≥1 100
>120~150			≥560	≥1 500
>150~180	24~48	≥300	≥1 250	≥3 500
>180~210			≥2 000	≥6 000
>210~260			≥4 000	≥12 000
>260~320	20~32	≥160	≥5 000	≥15 000
>320~380			≥6 000	≥18 000
注：最高产量的测试原料为熔体流动速率（230℃，2.16 kg）为4 g/10 min~8 g/10 min的聚丙烯粒料。				

4.3 组成

挤出机一般由下列单机或系统组成：

a）供料装置；

b）主电动机；

c）联轴器；

d）传动箱；

e）机筒；

f）螺杆；

g）心轴；

h）螺杆元件；

i）螺杆密封；

j）机筒加热装置；

k）机筒冷却装置；

l）真空装置；

m）机头；

n）控制系统。

5 技术要求

5.1 总则

挤出机应符合本标准的要求，并按经规定程序批准的图样及技术文件制造。

5.2 主要零部件技术要求

5.2.1 供料装置

挤出机需配套可定量供料的供料装置。供料装置应能准确地控制进料量，供料的波动应在±3%以内。

5.2.2 螺杆

挤出机的螺杆应符合 JB/T 8538 的规定。

5.2.3 心轴

心轴用钢经热处理后力学性能应满足：

a）抗拉强度 $\sigma_b \geqslant 1\,000$ MPa；

b）屈服强度 $\sigma_s \geqslant 800$ MPa；

c）冲击韧度 $\alpha_k \geqslant 58$ J/cm^2。

心轴轴线在任意方向的直线度应不低于 GB/T 1184—1996 中 7 级的要求。

5.2.4 机筒

挤出机的机筒应符合 JB/T 8538 的规定。

5.3 装配技术要求

5.3.1 螺杆装配要求

螺杆元件套装在心轴上，应保证相互衔接的轮廓吻合，无明显凹凸错位现象并具有良好的互换性。对于不同物料、不同作业要求，应能更换螺杆组合。

心轴与螺杆元件正式装配前，须在干净的心轴表面均匀地涂抹一层耐高温（≥350℃）润滑脂。装入螺杆元件后将螺杆头拧紧，使各元件端面贴实靠紧。

螺杆组装后，螺杆轴线直线度应不低于 GB/T 1184—1996 中 8 级的要求。

5.3.2 机筒装配要求

机筒等受热元件组装时，连接螺纹表面应均匀地涂抹一层耐高温（≥350℃）润滑脂。

机筒组装后，机筒两内孔的轴线直线度应不低于 GB/T 1184—1996 中 8 级的要求。

5.3.3 螺杆与机筒之间的装配要求

组装前两螺杆外表面应均匀地涂抹一层润滑脂。

在水平放置时，单点支撑的螺杆的头部允许接触机筒底部，但在加入润滑剂运转时，螺杆与螺杆、螺杆与机筒应无刮伤或卡阻的现象。

5.3.4 传动箱装配要求

传动箱应配套强制润滑系统和润滑油冷却系统。

传动箱各喷油管、喷油嘴的喷油方向应能保证润滑油被喷到传动箱需润滑部位。

5.4 整机技术要求

5.4.1 控制系统要求

5.4.1.1 基本要求

挤出机控制系统应符合 GB/T 24113.1 的规定。

5.4.1.2 调速要求

螺杆在表 1 规定的转速范围内应能平稳地调速。

5.4.1.3 温度控制要求

挤出机具有温度自动调节装置,机筒的加热、冷却进行分段自动控制。在 20℃～300℃(特殊要求为 20℃～450℃)范围内,温度应可实现稳定控制,相对于设定值,温度的波动应在±3℃以内。

热电偶测温端部与机筒应可靠接触。

5.4.1.4 熔体压力控制要求

挤出机机头应有检测熔体压力的测试传感器,控制系统应有对应的显示或显示仪表。

5.4.1.5 报警和联锁要求

挤出机控制系统应具有下列报警、联锁功能:

a)主电动机过载报警、停机;

b)润滑油低油压报警;

c)机头熔体压力超过设定值报警、停机;

d)主电动机和润滑油泵电动机电气联锁,即润滑油泵电动机不起动,主电动机不能起动;

e)供料电动机和主电动机电气联锁,即主电动机不起动,供料电动机不能起动。

5.4.2 安全要求

5.4.2.1 基本要求

挤出机设计和制造的安全要求应符合 GB 25431.1 的规定。

5.4.2.2 电气系统安全

挤出机电气系统应符合以下要求:

a)应有安全可靠的接地装置和明显的接地标志;

b)应有紧急停机按钮;

c)接地电阻值不大于 4 Ω;

d)外部保护连接电路与电气设备任何裸露导体零件之间的接地电阻不大于 0.1 Ω;

e)在动力电路和外部保护连接电路之间施加 DC 500 V 时,绝缘电阻不小于 1 MΩ;

f)室温条件下,在机筒加热装置的动力电路和金属外壳之间施加 DC 500 V 时,绝缘电阻不小于 20 MΩ;

g)电加热系统应进行耐电压强度试验,其试验条件应符合 GB 5226.1—2008 中 18.4 的规定。

5.4.3 安装要求

挤出机应有安装校准的基准面。

挤出机和重量较大的零部件应设有吊装孔或吊装环。

挤出机应配套拆卸螺杆的专用工具。

5.4.4 其他要求

挤出机外观应符合 HG/T 3120 的规定。

挤出机的涂漆应符合 HG/T 3228 的规定。

挤出机所有未经防腐处理的外露加工面应涂抹防锈油脂,主要加工面应包防潮纸。

5.5 空运转要求

5.5.1 传动箱空运转要求

传动箱空运转要求如下：

a）输出轴的旋转方向正确；

b）传动箱各结合面、密封处密封良好，目视无渗漏或泄漏；

c）强制润滑系统密封良好，目视无渗漏或泄漏；

d）运转平稳，无卡阻，无周期性冲击声，无异常振动；

e）润滑油油温应不高于 70℃。

5.5.2 挤出机空运转要求

挤出机在总装完成后，应进行手动盘车。手动盘车时螺杆旋转应轻松、无阻碍。手动盘车合格后方可进行空运转测试，要求如下：

a）螺杆与螺杆、螺杆与机筒应无干涉、刮擦和卡阻现象；

b）整机应无异常振动和噪声；

c）各流体管路密封处应无渗漏或泄漏。

5.6 负载运转要求

负载运转要求如下：

a）所有开关、按钮应灵活有效；

b）螺杆转速调节应符合 5.4.1.2 的规定；

c）温度自动调节装置应准确可靠，温度控制应符合 5.4.1.3 的规定；

d）螺杆间、螺杆与机筒间应无干涉现象；

e）供料装置的供料量应与挤出机的产量匹配，其供料精度应符合 5.2.1 的规定；

f）各流体管路密封处应无渗漏或泄漏；

g）机筒冷却装置电磁阀动作应灵敏、准确、可靠；

h）传动箱的油箱油温应不大于 70℃；

i）机器运转时噪声及测定应符合 GB 25431.1 的规定；

j）整机运转过程应平稳、无冲击、无异常振动和噪声；

k）各紧固件应无松动。

6 试验方法与检验规则

6.1 试验方法

6.1.1 测试条件

测试原料：聚丙烯，粒料，熔体流动速率（230℃，2.16 kg）4 g/10 min～8 g/10 min。

测试装置：带有机头的挤出机。

6.1.2 电气测试

用接地电阻仪测量挤出机接地电阻，应符合 5.4.2.2 的规定。

用接地电阻仪测量外部保护连接电路与电气设备任何裸露导体零件之间的接地导体电阻，应符合 5.4.2.2 的规定。

动力电路和外部保护连接电路之间的绝缘电阻应符合 5.4.2.2 的规定。

机筒加热装置的动力电路和金属外壳之间的绝缘电阻应符合 5.4.2.2 的规定。

电加热系统的耐电压强度试验应符合 5.4.2.2 的规定。

6.1.3 心轴直线度的检测

心轴直线度的检测应符合 GB/T 11336 的规定。

6.1.4 螺杆的检测

螺杆的检测应符合 JB/T 8538 的规定。

6.1.5 机筒的检测

机筒的检测应符合 JB/T 8538 的规定。

6.1.6 传动箱空运转测试

传动箱连续空运转时间不少于 2 h 后测试,应符合 5.5.1 的规定。

6.1.7 挤出机空运转测试

挤出机空运转测试前,应进行手动盘车,手动盘车圈数应不小于 2 圈,应符合 5.5.2 的规定。

挤出机空运转测试时,须在机筒内孔表面和螺杆表面涂上润滑剂,测试时间不大于 10 min,螺杆转速不大于 50 r/min,应符合 5.5.2 的规定。

各流体管路按 1.5 倍的工作压力进行压力试验,保压 15 min,应符合 5.5.2 的规定。

6.1.8 负载运转测试

空运转测试合格后,在稳定的工况下进行不小于 30 min 的负载运转测试,负载运转测试应符合 5.6 的规定。

6.1.9 产量测试

在稳定的工况和物料塑化良好的条件下进行产量测试,取样时间不小于 1 min,测量 3 次,取其算术平均值,应符合表 1 的规定。

6.1.10 外观质量的检测

整机外观、油漆表面采用目测。

6.2 检验规则

6.2.1 基本要求

每台挤出机须经制造厂质量检验部门检查合格后方能出厂。出厂时应附有证明产品质量合格的文件。

6.2.2 出厂检验

每台挤出机出厂前,应进行空运转测试,并按 6.1.2、6.1.3、6.1.4、6.1.5、6.1.6、6.1.7、6.1.10 进行。负载运转测试也可根据用户要求在出厂前按 6.1.8、6.1.9 进行。

6.2.3 型式试验

型式试验按 6.1 进行。

型式试验应在下列情况之一时进行：

a）新产品或老产品转厂时的试制定型鉴定；

b）正式生产后，如结构、材料、工艺等有较大改变，可能影响产品性能时；

c）正常生产时，每年最少抽试 1 台；

d）产品停产 2 年后，恢复生产时；

e）出厂检验结果与上次型式试验有较大差异时；

f）国家质量监督机构提出型式试验要求时。

型式试验每次抽检 1 台，当检验不合格时，则应再抽试 1 台，若再不合格，则型式试验判为不合格。

7 标志、包装、运输和贮存

7.1 标志

产品应在适当的明显位置固定产品标牌。标牌型式、尺寸及技术要求应符合 GB/T 13306 的规定，标牌上至少应标出下列内容：

a）产品的名称、型号；

b）产品的主要技术参数；

c）制造企业的名称和商标；

d）制造日期和编号。

7.2 包装

产品包装应符合 GB/T 13384 的规定。包装箱内应装有下列技术文件（装入防水袋内）。

a）产品合格证；

b）使用说明书，其内容应符合 GB/T 9969 的规定；

c）装箱单；

d）备件清单；

e）安装图。

7.3 运输

产品运输应符合 GB/T 191 和 GB/T 6388 的规定。

7.4 贮存

产品应贮存在干燥、通风、无火源、无腐蚀性气（物）体处，如露天存放应有防雨措施。

ICS 71.120；83.200

G 95

备案号：44151—2014

中华人民共和国机械行业标准

JB/T 5421—2013

代替 JB/T 5421—1991

塑料薄膜回收挤出造粒机组

Plastics film recycling extrusion & granulation line

2013-12-31 发布

2014-07-01 实施

中华人民共和国工业和信息化部 发布

前　言

本标准按照 GB/T 1.1—2009 给出的规则起草。

本标准代替 JB/T 5421—1991《塑料薄膜回收挤出造粒机组》,与 JB/T 5421—1991 相比主要技术变化如下:

——增加了对外观质量的具体要求;

——增加了检测要求;

——修改了检测方法;

——增加了判定规则;

——原标准的第 3 章基本参数改为资料性附录;

——增加了四个螺杆规格;

——增加和修改了其他部分基本参数。

本标准由中国机械工业联合会提出。

本标准由全国橡胶塑料机械标准化技术委员会塑料机械分技术委员会(SAC/TC71/SC2)归口。

本标准起草单位:江苏联冠科技发展有限公司、张家港市贝尔机械有限公司、苏州大云塑料回收辅助设备有限公司、大连塑料机械研究所。

本标准主要起草人:韩勇、王国龙、何德方、陈伟、马建忠、郑军、吴丹。

本标准所代替标准的历次版本发布情况为:

——JB/T 5421—1991。

塑料薄膜回收挤出造粒机组

1 范围

本标准规定了塑料薄膜回收挤出造粒机组的规格系列、型号、组成、基本参数、要求、试验及检测方法、检验规则、标志、包装、运输和贮存。

本标准适用于塑料薄膜回收的异径单螺杆塑料薄膜回收挤出造粒机组（以下简称机组），不适用于双阶单螺杆挤出造粒机组及其他用途塑料挤出机。

2 规范性引用文件

下列文件对于本文件的应用是必不可少的。凡是注日期的引用文件，仅注日期的版本适用于本文件。凡是不注日期的引用文件，其最新版本（包括所有的修改单）适用于本文件。

GB/T 191　包装储运图示标志
GB/T 6388　运输包装收发货标志
GB/T 9969　工业产品使用说明书　总则
GB/T 12783　橡胶塑料机械产品型号编制方法
GB/T 13306　标牌
GB/T 13384　机电产品包装通用技术条件
HG/T 3228　橡胶塑料机械涂漆通用技术条件
JB/T 8538　塑料机械用螺杆、机筒
JB/T 10464　拉条式塑料切粒机

3 规格系列、型号、组成、基本参数

3.1 规格系列

螺杆直径［d/D，单位为毫米（mm）］：45/100、55/110、65/120、75/130、90/150、100/160、120/180、150/200。

3.2 型号

机组的型号应符合 GB/T 12783 的规定。

3.3 组成

机组由挤出机、挤出模头、模面切粒机或拉条式切粒机及电气控制系统组成。

3.4 基本参数

机组基本参数参见附录 A。

4 要求

4.1 总则

机组应符合本标准的要求，并按照经规定程序批准的图样及技术文件制造。

4.2 主要零件技术要求

4.2.1 螺杆

螺杆的材料、表面处理、几何公差、硬度及表面粗糙度的要求应符合 JB/T 8538 的规定。

4.2.2 机筒

机筒的材料、内孔表面处理、几何公差、硬度及表面粗糙度的要求应符合 JB/T 8538 的规定。

4.3 总装技术要求

4.3.1 螺杆与机筒的间隙在圆周上应均匀，其直径间隙应符合表 1 的规定。

表 1 螺杆与机筒直径间隙 单位为毫米

螺杆直径 d		45	55	65	75	90	100	120	150
直径间隙	最大	0.30	0.32	0.35	0.38	0.40	0.40	0.43	0.46
	最小	0.15	0.16	0.18	0.20	0.22	0.22	0.25	0.26
注：表中螺杆直径（d）指螺杆小头直径。									

4.3.2 在水平放置时，单点支撑的螺杆头部允许接触机筒底部，但在加入润滑油后运转时，螺杆与机筒不能有刮伤或卡阻的现象。

4.3.3 冷却系统的管路、阀门应密封良好无渗漏。

4.3.4 润滑系统应密封良好，无渗漏现象。油泵运转应平稳无异常噪声，各润滑点应供油充分。

4.4 整机技术要求

4.4.1 机组的结构应便于装卸螺杆。

4.4.2 裸露在外对人身安全有危险的部位，如联轴器、带轮、机筒加热部分等，应设置防护罩。

4.4.3 在挤出机头后部应装有快速换网装置。

4.4.4 螺杆和切粒刀的旋转方向应正确。

4.4.5 在设计的转速范围内，螺杆应能平稳无级调速。

4.4.6 加热系统：螺杆直径不大于 120 mm，应在 2 h 内将机筒加热到 180℃；螺杆直径大于 120 mm，应在 3 h 内将机筒加热到 180℃。导热油加热除外。

4.4.7 齿轮传动箱内油的温升不超过 45℃，系统油温不得超过 65℃。其他传动箱内油的温升不应超过有关标准规定。

4.4.8 拉条式塑料切粒机应符合 JB/T 10464 的规定。

4.4.9 电气应达到以下的安全保护要求，以保证操作者和生产的安全：

    a）短接的动力电路与保护电路导线（挤出机外壳体）之间的绝缘电阻不得小于 1 MΩ。

    b）电热圈的冷态绝缘电阻不得小于 1 MΩ。

    c）电热圈应进行耐压试验，当工作电压为 110 V 时，在 1 min 内平稳加压至 1 000 V；当工作电压为 220 V 时，在 1 min 内平稳加压至 1 500 V；当工作电压为 380 V 时，在 1 min 内平稳加压至 2 000 V，耐压 1 min，工作电流 10 mA，不得击穿。

d）外部保护导线端子与电气设备任何裸露导体零件的接地电阻不得大于 0.1 Ω。

4.4.10 整机噪声（声压级）应不大于 85 dB（A）。

4.5 外观质量

4.5.1 各外露焊接件应平整，不允许存在焊渣及明显的凹凸粗糙面。

4.5.2 非涂漆的金属及非金属表面应保持其原有本色。

4.5.3 漆膜应色泽均匀，光滑平整，不允许有杂色斑点、条纹及黏附污物、起皮、发泡及油漆剥落等影响外观质量的缺陷，并应符合 HG/T 3228 的规定。

5 试验及检测方法

5.1 抽样

产品出厂检验时，应进行全数检查。型式试验时进行抽样检查，每次抽一台。

5.2 试验条件

5.2.1 测试用原料

除了按附录 A 的表 A.1 中注明的低密度聚乙烯（LDPE）外，也可选用其他物料。试验时应记录树脂名称、配方、牌号、商品名称和熔体流动速率等参数。

5.2.2 测试用装置

测试用装置如下：

a）与挤出机相适应的辅机；

b）专用测试机头装置。

测试机头结构示意图如图 1 所示，出口直径按表 2 的规定。

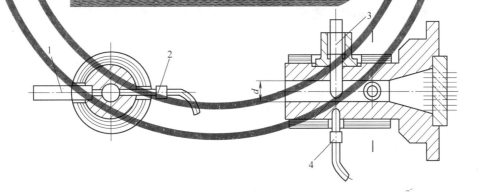

1——高温熔体压力传感器；   3——节流阀；

2——测料温热电偶（阻）；   4——控温热电偶（阻）。

图 1 测试机头

表 2 测试机头出口直径

产量（Q） kg/h	≤50	>50~150	>150~400	>400~700	>700
测试机头出口直径（d） mm	15~20	30	40	50	80

5.2.3 检测用仪器仪表

检测用仪器仪表参见附录 B。

5.3 试验时检测项目及方法

5.3.1 检测要求

在挤出机试制鉴定和批量生产抽检时，应对样机进行负荷试验，在试验中检测有关参数。

对于不同的物料，螺杆的转速要求也不同。对于 LDPE、LLDPE、HDPE、PP 等物料，按照螺杆最高转速的 60%即 $0.6\ n_{max}$，测定产量基数；对于 HPVC，按照螺杆的最低转速即 n_{min}，测定产量基数；对 SPVC，按照螺杆最低转速的 2 倍即 $2n_{min}$ 测定产量基数。最后分别换算出单位时间［单位为小时（h）］内的产量［单位为千克（kg）］。

5.3.2 试验项目

在稳定的工艺条件下，试验挤出产量、螺杆转速、物料温度及机头压力、电动机功率等项目，并按要求记录数据。

注：稳定的工艺条件是指在一定的温度、压力和螺杆转速下，主机对物料的塑化达到要求。

5.3.3 检测方法

5.3.3.1 产量检测

主辅机联动时，在稳定的工艺条件下，对制品在相同的时间段内（60 s 或更长时间）分别取样，用衡器分别称出重量，至少进行三次，取算术平均值，换算为小时产量作为本机的产量。

当用测试机头测试时，在稳定的工艺条件下，对机头内挤出的物料，在相同的时间段内分别取样，用衡器分别称出重量，至少进行三次，取算术平均值，换算为小时产量作为本机的产量。

5.3.3.2 螺杆转速检测

用测速装置直接或间接对螺杆转速进行测量，与控制柜上的转速指示表（盘）对照，误差小于 2%。

5.3.3.3 物料温度检测

用热电偶（阻）和温度计测量塑料温度。

在螺杆转速达到最高转速的 80%时运行 30 min 以上，各区段实测温度与设定温度差应不大于±3℃。

5.3.3.4 机头压力检测

用高温熔体压力传感器检测。测试前应对仪器进行校正，传感器应有良好的稳定性。

5.3.3.5 电动机功率检测

对直流电动机，用直流电压表和直流电流表测定，对交流变速电动机，用三相功率表进行测定，并统一按式（1）进行计算。

用直流电动机时，实测输出功率：

$$P_{实测}=UI\eta_1 \quad\cdots\cdots\cdots\cdots\cdots\cdots\cdots\cdots\cdots\cdots\cdots\cdots\cdots\cdots\cdots（1）$$

式中：

$P_{实测}$——电动机实测输出功率，单位为千瓦（kW）；

U——电动机输入电压，单位为伏（V）；

I——电动机输入电流，单位为安（A）；

η_1——电动机高速时的效率。

$$\eta_1 = \frac{\text{电动机额定功率}}{\text{电动机额定电压} \times \text{电动机额定电流}}$$

用交流变速电动机时，电动机实测输出功率按式（2）计算：

$$P_{\text{实测}} = \text{实测输入功率} \times \eta_2 \cdots\cdots\cdots\cdots\cdots\cdots\cdots\cdots\cdots\cdots\cdots\cdots\cdots\cdots \text{（2）}$$

式中：

η_2——电动机高速时的效率（以电动机的技术资料为准）。

5.4 其他主参数的计算

5.4.1 名义比功率

名义比功率按式（3）计算：

$$P' = P/Q_{\text{max}} \cdots\cdots\cdots\cdots\cdots\cdots\cdots\cdots\cdots\cdots\cdots\cdots\cdots\cdots\cdots\cdots \text{（3）}$$

式中：

P'——名义比功率，单位为千瓦每（千克每小时）[kW/（kg/h）]；

P——电动机额定功率，单位为千瓦（kW）；

Q_{max}——当 $P_{\text{实测}}$ 小于或等于 P 时的实测最高产量，单位为千克每小时（kg/h）。

5.4.2 比流量

比流量按式（4）计算：

$$q = Q_{\text{实测}} / n_{\text{实测}} \cdots\cdots\cdots\cdots\cdots\cdots\cdots\cdots\cdots\cdots\cdots\cdots\cdots\cdots \text{（4）}$$

式中：

q——比流量，单位为（kg/h）/（r/min）；

$Q_{\text{实测}}$——实测的产量，单位为千克每小时（kg/h）；

$n_{\text{实测}}$——实测的转速，单位为转每分（r/min）。

5.5 关键件及有关检测

5.5.1 螺杆检测

螺杆应按 JB/T 8538 的规定进行检测。

5.5.2 机筒检测

机筒应按 JB/T 8538 的规定进行检测。

5.5.3 电气安全保护检测

电气安全保护检测如下：

a）短接的动力电路与保护电路导线（挤出机外壳体）之间的绝缘电阻用 500 V 绝缘电阻表（兆欧表，摇表）测量；

b）电热圈应先进行加热干燥，然后在冷态（室温）时，用 500 V 绝缘电阻表测量其绝缘电阻；

c）电热圈应先进行加热干燥，然后在冷态（室温）时进行耐压试验，并用耐压测试仪测量；

d）外部保护导线端子与电气设备任何裸露导体零件的接地电阻，用接地电阻测试仪测量。

5.5.4 噪声检测

用声级计在操作者位置（离机体 1 m 远、高 1.5 m 处）选三点测量，取平均值。

5.5.5 管路密封检测

冷却系统的管路进行 1.5 倍系统设计压力的耐压试验，持续 30 min，不得渗漏。

5.5.6 加热系统检测

用秒表检测机筒加热至 180℃ 所用的时间应符合 4.4.6 的要求。

5.5.7 油温检测

用温度计检测齿轮传动箱内油的温升及系统油温应符合 4.4.7 的要求。

5.5.8 外观质量检测

采用目测法检测。

6 检验规则

6.1 出厂检验

6.1.1 每台产品须经制造厂质量检验部门检验合格后，并附有产品质量合格证方能出厂。

6.1.2 每台产品出厂前应进行不少于 1 h 的连续空运转试验（抽出螺杆），其中带螺杆进行不少于 3 min 的空运转试验，并按 4.3、4.4.2、4.4.6 及 4.5 检验。

6.2 型式试验

6.2.1 型式试验应进行不少于 2 h 的负荷运转试验，并按 4.4 及附录 A 的表 A.1 检验。

6.2.2 型式试验应在下列情况之一时进行：

　　a）新产品或老产品转厂生产的试制定型鉴定；

　　b）正式生产后，如结构、材料、工艺有较大改变，可能影响产品性能；

　　c）正常生产时，每年最少抽试一台；

　　d）产品长期停产后，恢复生产；

　　e）出厂检验结果与上次型式试验有较大差异；

　　f）国家质量监督机构提出进行型式试验要求。

6.3 判定规则

经型式检验若有不合格项时，需进行复检，复检若仍有不合格项，则判定为不合格。

7 标志、包装、运输和贮存

7.1 标志

机组应在适当的明显位置固定产品标牌。标牌型式、尺寸及技术要求应符合 GB/T 13306 的规定。产品标牌应有下列内容：

a）产品名称、型号；

b）产品的主要技术参数；

c）制造厂名称和商标；

d）制造日期和产品编号。

7.2 包装

产品包装应符合 GB/T 13384 的规定。包装箱内应装有技术文件（装入防水袋内）：

a）产品合格证；

b）使用说明书，其内容应符合 GB/T 9969 的规定；

c）装箱单；

d）备件清单；

e）安装图。

7.3 运输

产品运输应符合 GB/T 191 和 GB/T 6388 的规定。

7.4 贮存

产品应放置在干燥通风处，避免受潮腐蚀，不能与有腐蚀性气（物）体一起存放，露天存放应有防雨措施。

附　录　A

（资料性附录）

基本参数

A.1　基本参数应符合表 A.1 的规定。表 A.1 以加工低密度聚乙烯为主（低密度聚乙烯薄膜的含水率≤7%，薄膜材料中低密度聚乙烯含量≥85%），目前市场上废旧薄膜种类较多，成分也比较复杂，加工其他薄膜时基本参数以此为参考。

A.2　基本参数中，主要考核合乎质量要求的产量、名义比功率及比流量。

A.3　表 A.1 中最高产量的考核，挤出机试制鉴定时，应不低于表列最高产量值；成批生产时，挤出机考核 60%最高转速时的比流量应不小于规定值。

A.4　表 A.1 中螺杆最高转速 n_{max} 及电动机功率 P，允许适当变动（选用电动机规格及其他设计原因），但名义比功率 P' 应不大于规定值，比流量 q 不小于相应值，产量不低于表列值。

表 A.1　加工低密度聚乙烯（LDPE）挤出机的基本参数

螺杆直径 mm		长径比	螺杆最高转速 r/min	产量 kg/h	主电动机功率 kW	名义比功率 kW/（kg/h）	比流量（kg/h）/（r/min）	机筒加热段数（推荐）	机筒加热功率 kW	挤出机中心高	塑化质量	切粒规格（直径×长度）mm
d	D											
45	100	26	130	≥32	18.5	0.58	0.252	4	≤8	1 000	塑化良好均匀无明显气孔	≤4×4
		28		≥35	22	0.61	0.291		≤10			
55	110	26		≥43	22	0.5	0.333		≤10			
		28		≥52	30	0.54	0.415		≤13			
65	120	26		≥61	30	0.5	0.501		≤14			
		28		≥71	37	0.49	0.583		≤18			
75	130	26		≥84	37	0.43	0.667		≤21			
		28		≥103	45	0.41	0.833		≤25			
90	150	28	120	≥116	45	0.37	1.000	5	≤30	1 100		
		30		≥133	55	0.39	1.300		≤30			
100	160	28		≥172	55	0.31	1.564		≤31			
		30		≥194	75	0.31	1.764		≤38			
120	180	28		≥235	90	0.34	2.136	6	≤40			
		30		≥255	90	0.34	2.319		≤50			
150	200	30	100	≥410	132	0.29	4.556	8	≤65			
		32		≥485	160	0.29	5.389		≤80			

注：如需要，螺杆规格可适当增加优选系列如：80、95、110 等。其中名义比功率及比流量按表中数值进行插入法计算。

附　录　B

（资料性附录）

检测用仪器仪表名称

检测用仪器仪表名称参见表 B.1。

表 B.1　检测用仪器仪表名称

名　称	测试项目	量程及范围	精度等级
衡器	挤出物料重	0 kg～20 kg	最小分度值 10 g
秒表	时间	0 min～30 min	分度值 0.2 s/格
测速装置	转速	0 r/min～999.9 r/min	分度值 0.1 r/ min
高温熔体压力传感器	高温熔融物料压力	0 MPa～29.4MPa，0 MPa～49 MPa	1.5%
声级计	整机噪声	25 dB（A）～140 dB（A）	±1 dB（A）
三相功率表	电动机功率	0.01 kW～600 kW	0.5 级
直流电压表	直流电动机电压	0 V～500 V	0.5 级
直流电流表	直流电动机电流	0 mA～75 mA（附 200 A 分流器）	0.5 级
绝缘电阻表	绝缘电阻	200 MΩ～1 000 MΩ	0.5 级
耐压测试仪	耐压试验		
接地电阻测试仪	接地电阻	0 Ω～25 Ω	0.5 级

ICS 83.200
G 95
备案号：24518—2008

中华人民共和国机械行业标准

JB/T 5438—2008
代替 JB/T 5438—1991

塑料机械　术语

Plastics machinery—Terminology

2008-06-04 发布　　　　　　　　　　　　2008-11-01 实施

中华人民共和国国家发展和改革委员会 发布

前　言

本标准代替JB/T 5438—1991《塑料机械　术语》。

本标准与JB/T 5438—1991相比，主要变化如下：

——增加了若干新的术语，如快速打开装置、塑料双转子连续混炼挤出机等；

——更改了若干术语的名称，使之更准确地表达概念；

——对若干术语的定义作了重新定义或修改，力求更准确、更简明；

——删去了若干机械专业的通用术语，如辊筒轴承等。

本标准由中国机械工业联合会提出。

本标准由全国橡胶塑料机械标准化技术委员会塑料机械分会（SAC/TC 71/SC 2）归口。

本标准负责起草单位：大连塑料机械研究所。

本标准参加起草单位：轻工业塑料加工应用研究所、大连橡胶塑料机械股份有限公司、宁波海天塑机集团有限公司、常州市恒力机械有限公司。

本标准主要起草人：李香兰、张玉霞、何桂红、高世权、王惠芬。

本标准所代替标准的历次版本发布情况：

——JB/T 5438—1991。

塑料机械　术语

1　范围

本标准规定了有关塑料机械的术语和定义。

本标准适用于塑料机械行业在教学、科研、设计、制造、制修订标准、编写相关技术文件和书刊、及技术交流时使用。

2　术语和定义

2.1　塑料捏合机械

2.1.1

塑料捏合机　plastics kneader

由一对平行配置的螺旋叶片桨对塑料原料及其配料进行捏合或搅拌，使之均匀混合的机械。

2.1.2

卸料装置　discharge device

位于捏合室或密炼室下部、能启闭卸料的装置。

2.1.3

捏合室　kneading chamber

包容捏合桨工作部分、具有加热或冷却结构的部件。

2.1.4

捏合桨　kneading blade

对物料起分散、混炼、捏合、搅拌作用，具有特定形状的旋转体零件。

2.1.5

捏合室总容积　net volume of kneading chamber

加料门关闭后，捏合室与捏合桨之间的空腔容积。

2.1.6

捏合室工作容积　working volume of kneading chamber

捏合机实际的工作容积，即每次可捏合或搅拌物料的体积。

2.2　密闭式炼塑机械

2.2.1

密闭式炼塑机　plastics internal mixer

具有一对特定形状并相向旋转的转子，在可调温度和压力的密闭状态下，间歇进行塑料的塑炼或塑料原料与配料混炼的机械。

2.2.2

塑料加压式捏炼机　plastics dispersion mixer

采用翻转密炼室方法卸料的密闭式炼塑机。

2.2.3

捏合总容积　net volume of kneading chamber

压砣底面下落至接料口位置时，密炼室与转子之间的空腔容积。

2.2.4

密炼室总容积　net volume of mixing chamber

压砣下落至最低极限位置时，密炼室与转子之间的空腔容积。

2.2.5

密炼室工作容积 **working volume of mixing chamber**

密炼室实际的工作容积，即每次可塑炼或混炼的物料体积。

2.2.6

填充系数 **filled coefficient; charging coefficient**

密炼室中填充物料的体积与密炼室总容积之比。

2.2.7

转子速比 **rotor friction ratio; speed ratio; friction ratio of rotors**

密炼机两个转子的转速之比。

2.2.8

右传动 **right-hand drive**

操作者面对密炼机加料门，传动装置位于其右侧的传动形式。

2.2.9

左传动 **left-hand drive**

操作者面对密炼机加料门、传动装置位于其左侧的传动形式。

2.2.10

密炼室 **mixing chamber**

包容转子工作部分，具有加热或冷却结构的部件。

2.2.11

钻孔式密炼室 **drilled mixing chamber; drilled-type mixing chamber**

在内壁沿轴向钻有若干个孔用以通加热或冷却介质的密炼室。

2.2.12

夹套式密炼室 **jacketed mixing chamber**

设有通加热或冷却介质的夹套的密炼室。

2.2.13

正面壁 **chamber side**

包容转子工作部分外周面的密炼室内壁。

2.2.14

侧面壁 **chamber end**

包容转子工作部分轴向端面的密炼室内壁。

2.2.15

压料装置 **floating weight device**

位于密炼室上部，对被加工物料进行加压的部件。

2.2.16

压砣 **float weight; ram**

压料装置中，直接施压于被加工物料的零件。

2.2.17

翻转装置 **tilting device; dumping device**

使密炼室以固定转子为轴翻转卸料的装置。

2.2.18

滑动式卸料装置 **slide door discharge device**

卸料门往复移动而启闭的卸料装置。

2.2.19

摆动式卸料装置 swinged drop door discharge device

卸料门绕固定轴摆动而启闭的卸料装置。

2.2.20

转子 rotor

工作部分具有特定形状、能在密炼室中作旋转运动的零件。

2.2.21

四棱转子 four-wing rotor

工作部分表面具有四个凸棱,两个长棱和两个短棱分别对称、交错配置,横断面为十字形的转子。

2.2.22

圆柱形转子 cylindrical rotor

工作部分为圆柱形,表面有螺旋状凸棱的转子。

2.2.23

椭圆形转子 elliptical rotor

工作部分表面具有凸棱,其横断面近似于椭圆形的转子。

2.2.24

前转子 front rotor

靠近操作位置的转子。

2.2.25

后转子 rear rotor, back rotor

前转子后面的转子。

2.2.26

转子凸棱 wing of rotor

转子工作部分凸出的棱。

2.2.27

转子密封装置 dust stop

位于密炼机转子工作部分两端轴颈处,用于防止漏料的装置。

2.2.28

加料门 feeding hopper door

用于加入物料的启闭门。

2.2.29

卸料门 discharge door

卸料装置中,打开后可排除接触的被加工物料的零件。

2.3 塑料混合机械

2.3.1

塑料混合机 plastics mixer; plastics blender

使塑料原料及其配料均匀混合的机械。

2.3.2

塑料热炼混合机 plastics hot mixer; plastics hot mill

在热状态下,塑料原料及其配料在混合室内进行搅拌、混合的机械。

2.3.3

塑料冷却混合机 plastics cold mixer; plastics cold mill

在水冷却状态下,塑料原料及其配料在混合室内进行搅拌、混合的机械。

2.3.4

搅拌桨　agitating blade

对物料进行混合、搅拌，具有特定形状的旋转体零件。

2.3.5

混合室　mixing chamber；blending chamber

包容搅拌桨工作部分，具有加热或冷却结构的部件。

2.3.6

夹套式混合室　jacketed mixing chamber；jacketed blending chamber

设有通加热或冷却介质的夹套的混合室。

2.3.7

混合室总容积　net volume of mixing chamber；net volume of blending chamber

加料门关闭后，混合室与搅拌桨之间的空腔容积。

2.3.8

投料量　batch capacity；loading capacity

有效容积与树脂表观密度的乘积。

2.3.9

混合时间　mixing time；blending time

将物料进行搅拌、混合均匀所需的时间。

2.4　开放式炼塑机械

2.4.1

开放式炼塑机　plastics mill

具有两个水平放置、相互平行的辊筒，在要求的温度和速度下相向旋转，在辊隙中对塑料进行塑炼、混炼、压片等作业的机械。

2.4.2

塑料压片机　plastics sheeting mill

将塑炼和混炼好的塑料压制成片材的机械。

2.4.3

辊距调节装置　roll-nip adjustment device

装在开炼机或压延机左右机架上并与辊筒轴承体相连接，用以调节辊距的装置。

2.4.4

辊筒温度调节装置　roll temperature adjustment device

辊筒内通过冷热介质调节辊筒工作表面温度的装置。

2.4.5

紧急停车装置　emergency stop device

为防止人身和设备事故而设置的安全装置。

2.4.6

安全装置　safety device

装在开炼机前辊筒轴承体上，当横压力超过给定值时，起到保护机器不受损坏的装置。

2.4.7

辊筒　roll

开炼机、压延机等机械中，工作部分为圆柱形、进行旋转运动，具有炼塑或压延作用的零件。

2.4.8

中空辊筒　bored roll；chambered roll

辊筒芯部空腔内流通冷热介质的辊筒。

2.4.9

钻孔辊筒　drilled roll

在接近辊筒工作表面，按圆周分布若干个流通加热或冷却介质的轴向钻孔的辊筒。

2.4.10

前辊筒　front roll

靠近操作位置，可前后移动的辊筒。

2.4.11

机架　frame

位于开炼机或压延机辊筒两侧，用以支承辊筒轴承体的零件。

2.4.12

压盖　frame housing；frame cap

装在开炼机的机架上，使机架形成封闭结构的零件。

2.4.13

底座　base；bed plate

位于开炼机或压延机底部、用于安装机架等零件的基础座。

2.4.14

挡料板　stock guide

开炼机或压延机辊筒上，使堆积物料保持在辊筒给定位置内的挡板。

2.4.15

安全片　breaker pad；safety plate

当开炼机的横压力超过给定值时，为保护机器的主要零件不损坏而先破坏的铸铁件。

2.4.16

速比齿轮副　connecting gears；velocity ratio gears

装在辊筒传动端或非传动端，形成速比的齿轮副。

2.4.17

辊筒速比　speed ratio of rolls；friction ratio of rolls

两辊筒工作表面线速度的比值。

2.4.18

辊面宽度　roll working face width

辊筒上能进行各种作业的辊面轴向宽度。

2.4.19

辊面温差　temperature difference on the roll surface

辊筒工作表面两端与辊筒中间部位的温度差。

2.4.20

辊距　roll gap

开炼机或压延机相邻的两个辊筒工作表面之间的径向间距。

2.4.21

横压力　separating force

开炼机或压延机工作时，辊隙中的物料对辊筒的作用力。

2.4.22

右传动　right-hand drive

操作者面对开炼机前辊筒，传动装置位于其右侧的传动形式。

2.4.23

左传动　left-hand drive

操作者面对开炼机前辊筒，传动装置位于其左侧的传动形式。

2.5　塑料压延机械

2.5.1

塑料压延机　plastics calender

具有两个或两个以上的辊筒，排列成一定的型式，在要求的温度和速度下相向旋转，能使热塑性塑料连续压延成型为膜或片的机械。

2.5.2

I 型塑料两辊压延机　I-type two-roll plastics calender

两个辊筒垂直排列的塑料压延机。

2.5.3

I 型塑料三辊压延机　I-type three-roll plastics calender

三个辊筒垂直排列的塑料压延机。

2.5.4

Г型塑料三辊压延机　inverted "L"-type three-roll plastics calender

三个辊筒排列成倒"L"型的塑料压延机。

2.5.5

L 型塑料三辊压延机　L-type three-roll plastics calender

三个辊筒排列成"L"型的塑料压延机。

2.5.6

Г型塑料四辊压延机　inverted "L"-type four-roll plastics calender

四个辊筒排列成倒"L"型的塑料压延机。

2.5.7

S 型塑料四辊压延机　S-type four-roll plastics calender

四个辊筒排列成"S"型的塑料压延机。

2.5.8

L 型塑料四辊压延机　L-type four-roll plastics calender

四个辊筒排列成"L"型的塑料压延机。

2.5.9

塑料异径辊压延机　plastics calender with different roll diameter

辊筒直径不同的塑料压延机。

2.5.10

辊距调节装置　roll-nip adjustment device

（定义见 2.4.3）

2.5.11

辊筒温度调节装置　roll temperature adjustment device

（定义见 2.4.4）

2.5.12

紧急停车装置　emergency stop device

（定义见 2.4.5）

2.5.13

辊筒的预负荷装置　preloading device

为消除辊筒的浮动，在辊筒的轴承外侧两端施以外加负荷，使辊筒保持在预定位置运转的装置。

2.5.14

辊筒交叉装置　axis-crossing device

一个辊筒对于另一个相邻辊筒可形成轴线交叉，使这两个辊筒的辊距由中间向两端逐渐增大，用以补偿辊筒挠度的装置。

2.5.15

辊筒反弯装置　roll prebending device

为补偿辊筒挠度，在辊筒轴承外侧两端施以外加负荷，使辊筒产生微量弯曲的调节装置。

2.5.16

快速打开装置　quick roll draw-away device

为防止工作时两个辊筒之间由于没有物料产生碰撞而使辊筒迅速分离的装置。

2.5.17

辊筒　roll

（定义见 2.4.7）

2.5.18

中空辊筒　bored roll；chambered roll

（定义见 2.4.8）

2.5.19

钻孔辊筒　drilled roll

（定义见 2.4.9）

2.5.20

压花辊筒　embossed roll；profilled roll

工作表面带有给定花纹或沟纹的辊筒。

2.5.21

机架　frame

（定义见 2.4.11）

2.5.22

横梁　top link

装于压延机上部，用以连接两个机架的零件。

2.5.23

底座　base；bed plate

（定义见 2.4.13）

2.5.24

挡料板　stock guide

（定义见 2.4.14）

2.5.25

速比齿轮副　connecting gears；velocity ratio gears

（定义见 2.4.16）

2.5.26

辊筒速比　speed ratio of rolls；friction ratio of rolls

（定义见 2.4.17）

2.5.27

辊面宽度　roll working face width

（定义见 2.4.18）

2.5.28

辊面温差　temperature difference on the roll surface

（定义见 2.4.19）

2.5.29

辊距　roll gap

（定义见 2.4.20）

2.5.30

横压力　separating force

（定义见 2.4.21）

2.5.31

辊筒中高度　camber of roll

辊筒工作部分中间半径与两端半径之差值。

2.5.32

右传动　right-hand drive

操作者面对压延机出料端口，传动装置位于其右侧的传动形式。

2.5.33

左传动　left-hand drive

操作者面对压延机出料端口，传动装置位于其左侧的传动形式。

2.5.34

塑料压延辅机　plastics calender accessory

与压延机配套使用，压延薄膜、片材、人造革等制品的机械。

2.5.35

塑料压延机组　calendering line

由压延机及其辅机组成的压延塑料制品的生产线。

2.5.36

塑料压延膜辅机　plastics film calendering accessory

与压延机配套使用，能连续生产塑料薄膜的机械。

2.5.37

塑料压延钙塑片辅机　calcium -plastics sheet calendering accessory

与压延机配套使用，能连续生产钙塑片的机械。

2.5.38

塑料压延拉伸拉幅膜片辅机　film/sheet biaxial orientation calendering accessory

与压延机配套使用，能对压延的薄膜或薄片进行双向拉伸的机械。

2.5.39

塑料压延人造革辅机　leatherette calendering accessory

与压延机配套使用，能连续生产人造革的机械。

2.5.40

塑料压延硬片辅机　calendering accessory for hard plastics sheet

与压延机配套使用，能连续生产硬质塑料片的机械。

2.5.41

塑料压延透明片辅机　calendering accessory for transparent plastics sheet

与压延机配套使用，能连续生产塑料透明片的机械。

2.5.42

塑料压延壁纸辅机　**calendering accessory for plastics wall paper**

与压延机配套使用，能连续生产塑料壁纸的机械。

2.5.43

塑料压延复合膜辅机　**calendering accessory for plastics multi-layer film**

与压延机配套使用，能将两种或两种以上的薄膜材料复合成一种制品或材料的机械。

2.5.44

导开装置　**let-off unit**

将衬布、衬纸或需贴合的薄膜导开的装置。

2.5.45

压花装置　**emboss device；profilled device**

将引离下来尚未冷却的薄膜或片材表面压印成给定花纹的装置。

2.5.46

牵引装置　**take-off device**

用以牵引成型制品的装置。

2.5.47

干燥装置　**dryer；drying plant；drying device**

对衬布、衬纸等在压延前进行预热和干燥的装置。

2.5.48

冷却装置　**cooling device**

用以冷却制品或半成品的装置。

2.5.49

卷取装置　**wind-up unit；take-up unit**

收卷成型膜片的装置。

2.5.50

预热装置　**preheating device**

对衬布、衬纸等在压延前进行预热的装置。

2.5.51

测厚装置　**thickness gauge；thickness measuring device**

自动检测薄膜或片材厚度并进行显示或发出调节信号的装置。

2.5.52

贮布装置　**accumulator；compensator**

辅机中，贮存贴合好衬布、衬纸的薄膜，以保证其连续作业的装置。

2.5.53

切割装置　**cutting device**

将制品或半成品裁切成所需长度的装置。

2.6　塑料挤出机械

2.6.1

单螺杆塑料挤出机　**plastics single-screw extruder**

单根螺杆在机筒内转动，将塑料粒料或粉料等连续熔融挤出的机械。

2.6.2

塑料排气挤出机　**plastics vented extruder；vent-type extruder**

设有排气口以便使所加工的塑料中的气体或挥发物得以排除的挤出机。

2.6.3

塑料发泡挤出机 **plastics foam extruder；extruder for foamed plastics**

用于加工发泡塑料制品的挤出机。

2.6.4

塑料喂料挤出机 **plastics feed extruder**

用于给压延机等加工设备喂入塑料的挤出机。

2.6.5

塑料挤出转盘制鞋机 **rotary-table extruder for shoes**

用于挤出塑料鞋底与各种帮面制成鞋制品的多工位转盘挤出机。

2.6.6

阶式串联塑料挤出机 **plastics cascade extruder，plastics stepped extruder**

由两台或多台挤出装置串联成阶式的挤出机。

2.6.7

双螺杆塑料挤出机 **plastics twin-screw extruder；double screw extruder**

由两根并排配置的啮合型或非啮合型、整体或组合、同向旋转或异向旋转的圆柱形或圆锥形螺杆在截面呈∞字形的机筒内转动，将塑料粒料或粉料等连续熔融挤出的机械。

2.6.8

平行双螺杆塑料挤出机 **plastics parallel twin-screw extruder**

两根螺杆轴线平行排列的双螺杆挤出机。

2.6.9

塑料双转子连续混炼挤出机 **plastics twin-rotor continuous-mixing extruder**

由两根并排配置的，驱动端及排料端均有轴承支撑，啮合型或非啮合型、整体或组合、同向旋转或异向旋转的转子在截面呈∞字形的机筒内转动，将塑料粒料或粉料等连续混合熔融挤出的机械。

2.6.10

锥形双螺杆塑料挤出机 **plastics conical twin screw extruder**

螺杆呈圆锥形的双螺杆挤出机。

2.6.11

多螺杆塑料挤出机 **plastics multi-screw extruder；plastics multiple screw extruder**

有三根或三根以上的螺杆在机筒内转动，将塑料粒料或粉料等连续熔融挤出的机械。

2.6.12

行星式螺杆塑料挤出机 **plastics planetary screw extruder**

由若干根螺杆安装在中心螺杆周围而组成的多螺杆挤出机。

2.6.13

供料装置 **feed device**

向挤出螺杆连续定量供料的装置。

2.6.14

加热装置 **heating device**

能使物料达到工艺操作所需温度的装置。

2.6.15

螺杆 **screw**

具有特殊形状螺纹沟槽，在机筒内旋转的杆形零件。

2.6.16

机筒 **barrel；cylinder**

包容螺杆工作部分的筒形零件。

2.6.17

螺杆直径　screw diameter

螺杆上螺纹部分的外径，用 D 表示。

2.6.18

螺杆工作部分长度　screw effective length

自螺杆加料段螺纹部分开始处至螺杆头部的长度，用 L 表示。

2.6.19

螺杆长径比　screw length/ diameter ratio

螺杆工作部分长度与螺杆直径之比，用 L/D 表示。

2.6.20

异径螺杆长径比　screw length/small end diameter ratio

螺杆工作部分长度与小头直径之比。

2.6.21

螺杆转速　screw speed

螺杆每分钟的转数。

2.6.22

压缩比　compression ratio

螺杆加料段第一个导程螺槽的容积与计量段最后一个导程螺槽的容积之比。

2.6.23

加料段　feed zone，feed section

螺杆上接收喂入的塑料，使之形成料团并向熔融段输送的区段。

2.6.24

熔融段　plasticizing zone

螺杆上对加料段送来的料团进行压实、塑化、混合的区段。

2.6.25

均化段　metering zone；homogenizing zone

螺杆上对熔融段送来的熔体进一步加压、混炼、均化挤出的区段。

2.6.26

挤出量　extrusion output

单位时间内挤出的最大物料量，单位为 kg/h。

2.6.27

比流量　specific rate

螺杆每转的生产能力，单位为（kg/h）/（r/min）。

2.6.28

名义比功率　nominal specific power；theoretical specific power

每小时加工 1kg 物料所需驱动电机的额定功率，单位为 kW/（kg/h）。

2.6.29

中心高　center height

螺杆轴线至挤出机底平面的距离。

2.6.30

螺杆小端公称直径　nominal diameter of the small end of a screw

以螺杆轴线为基准的螺杆外锥面小端公称直径。

2.6.31

螺杆大端公称直径 **nominal diameter of the big end of a screw**

以螺杆轴线为基准的螺杆外锥面大端公称直径。

2.6.32

实际比功率 **actual specific power**

实际消耗的驱动电机功率与实测挤出量之比。

2.6.33

双锥形螺杆 **twin-conical screw**

螺纹外径锥度大于底径锥度的螺杆。

2.6.34

塑料挤出机辅机 **plastics extrusion accessory**

与挤出机配套使用，将挤出的熔体制成各种制品或半成品的机械。

2.6.35

塑料挤出机机组 **plastics extrusion line**

由塑料挤出机及其辅机组成的挤出塑料制品的生产线。

2.6.36

塑料挤出吹塑薄膜辅机 **plastics blown-film extrusion accessory**

与挤出机配套使用，能将挤出的熔体吹制成塑料薄膜的成型机械。

2.6.37

塑料挤出平吹薄膜辅机 **plastics flat-blown film extrusion accessory**

与挤出机配套使用，能将挤出的熔体水平吹制成塑料薄膜的成型机械。

2.6.38

塑料挤出下吹薄膜辅机 **plastics downward blown-film extrusion accessory；**
  plastics bottom blown-film extrusion accessory

与挤出机配套使用，能将挤出的熔体向下吹制成塑料薄膜的成型机械。

2.6.39

塑料挤出重包装膜辅机 **plastics heavy duty film extrusion accessory**

与多台挤出机配套使用，能将多台挤出机挤出的熔体吹制成多层复合膜的成型机械。

2.6.40

塑料挤出复合膜辅机 **plastics laminate film extrusion accessory**

与挤出机配套使用，能将流延薄膜和其他基材复合在一起的机械。

2.6.41

塑料挤出拉伸拉幅膜辅机 **plastics biaxial orientation film extrusion accessory**

与挤出机配套使用，能对挤出的膜片进行双向拉伸的成型机械。

2.6.42

塑料挤出吹塑膜制袋辅机 **plastics blown-film bag-making extrusion accessory**

与挤出机配套使用，能将挤出熔体吹塑成膜并能熔接，冲切成各种包装袋的成型机械。

2.6.43

塑料挤出吹塑印刷薄膜辅机 **plastics blown-film printing accessory**

与挤出机配套使用，能将挤出熔体吹塑成膜并能进行印刷的成型机械。

2.6.44

塑料挤出双吹薄膜辅机 **plastics double die blown-film accessory**

与挤出机配套使用，可将一台挤出机挤出的熔料，通过两套辅机同时吹制成两种规格薄膜的机械。

2.6.45

塑料挤出吹塑印刷制袋辅机 **plastics extrusion blown-film bag-making printing accessory**

与挤出机配套使用，能将挤出成型的薄膜同时印刷并制成包装袋的机械。

2.6.46

塑料挤出板辅机 **plastics sheet extrusion accessory**

与挤出机配套使用，能将挤出熔体制成板材的成型机械。

2.6.47

塑料挤出低发泡板辅机 **plastics skin foam sheet extrusion accessory**

与挤出机配套使用，能将挤出的低发泡熔体制成板材的成型机械。

2.6.48

塑料挤出瓦楞板辅机 **plastics corrugated sheet extrusion accessory**

与挤出机配套使用，能将挤出的熔体制成瓦楞板的成型机械。

2.6.49

塑料挤出硬管辅机 **plastics pipe extrusion accessory**

与挤出机配套使用，能将挤出的熔体制成硬质塑料管的成型机械。

2.6.50

塑料挤出软管辅机 **plastics hose extrusion accessory**

与挤出机配套使用，能将挤出的熔体制成软质塑料管的成型机械。

2.6.51

塑料挤出波纹管辅机 **plastics corrugated pipe extrusion accessory**

与挤出机配套使用，能将挤出的熔体制成波纹状管材的成型机械。

2.6.52

塑料挤出异型材辅机 **plastics profile extrusion accessory**

与挤出机配套使用，能将挤出的熔体制成异型材制品的成型机械。

2.6.53

塑料挤出造粒辅机 **plastics pelletizing extrusion accessory**

与挤出机配套使用，能将挤出的熔体制成粒料的成型机械。

2.6.54

塑料挤出拉丝辅机 **plastics fiber spinning extrusion accessory**

与挤出机配套使用，能将挤出的熔体拉伸成丝的成型机械。

2.6.55

塑料挤出吹塑撕裂膜辅机 **plastics tearing film extrusion accessory**

与挤出机配套使用，能将挤出的熔体吹塑成膜并撕裂成带或扁丝的成型机械。

2.6.56

塑料挤出平膜扁丝辅机 **plastics flat fiber extrusion accessory**

与挤出机配套使用，能将挤出的熔体成膜制成扁丝的成型机械。

2.6.57

塑料挤出带辅机 **plastics belt extrusion accessory**

与挤出机配套使用，能将挤出的熔料经单向拉伸成带的成型机械。

2.6.58

塑料挤出打包带辅机 **plastics packaging tape extrusion accessory**

与挤出机配套使用，能将挤出的熔体制成宽带，再经热拉伸卷取成打包带的成型机械。

2.6.59

    塑料挤出电缆包覆辅机　**plastics cable covering extrusion accessory**

与挤出机配套使用，用以包覆电缆绝缘层的机械。

2.6.60

    静态混合器　**static mixer**

固定在挤出机与机头之间起分流混合作用的混合器。

2.6.61

    机头　**head**

位于挤出机机筒（螺杆）末端、用于成型塑料制品的模具。

2.6.62

    分流板　**spread plate；retainer plate**

位于机筒前端、使物料由旋转运动变为直线运动、增加反压、支撑过滤网的多孔板。

2.6.63

    模芯　**core**

位于机头出料处，使挤出熔体横截面达到要求的内腔轮廓尺寸的部件。

2.6.64

    口模　**die**

位于机头出料处，使挤出熔体横截面达到要求外形轮廓尺寸的部件。

2.6.65

    定径装置　**sizing system，calibrator**

挤出过程中，当挤出物尚未完成冷却时，用以调整从口模中挤出的高温成型制品的形状和尺寸并使其冷却定型的装置。

2.6.66

    牵引辊　**nip roll**

对塑料制品进行夹持和牵引的辊筒。

2.6.67

    牵引速度　**take-off speed**

牵引装置牵引制品的线速度。

2.6.68

    牵引装置　**take-off device**

（定义见 2.5.46）

2.6.69

    冷却装置　**cooling device**

（定义见 2.5.48）

2.6.70

    卷取装置　**wind-up unit；take-up unit**

（定义见 2.5.49）

2.6.71

    切割装置　**cutting device**

（定义见 2.5.53）

2.6.72

    熔体混炼度调节装置　**throttle device**

与挤出机配套使用，根据物料的不同牌号和产量，调控熔体混炼程度的装置。

2.6.73

开车阀装置 start-up valve device

与挤出机配套使用，在开车阶段先将物料或熔料直接排放到机体外，待到正常生产时，再将熔料引到下游设备的装置。

2.6.74

熔体齿轮泵装置 melt gear pump

与挤出机配套使用，用以定量、平稳挤出熔融物料的齿轮泵装置。

2.6.75

换网装置 screen changer

在挤出辅机中，用以更换已经受到熔体中杂质堵塞的过滤网的装置。

2.6.76

离心干燥装置 pellet centrifugal dryer

在挤出造粒辅机中，利用离心力，实现产品粒子与水分分离的干燥装置。

2.6.77

振动筛分装置 vibrating screen classifier

在挤出造粒辅机中，依靠筛网的分筛与振动，将粒子分成不同规格与品质的装置。

2.7 塑料注射成型机械

2.7.1

塑料注射成型机 plastics injection moulding machine

由注塑、合模两部件组成，具有启、闭模运动和锁紧模具功能并能完成物料塑化、熔融—注射、充模—定型、冷却—制件顶出、落下等程序的自动化成型机械。

2.7.2

立式塑料注射成型机 plastics vertical injection moulding machine

注塑装置轴线与合模装置轴线呈一铅垂线排列的注射成型机。

2.7.3

角式塑料注射成型机 plastics angle-type inection moulding machine

注塑装置轴线与合模装置轴线相互垂直或呈一锐角排列的注射成型机。

2.7.4

柱塞式塑料注射成型机 plastics plunger injection moulding machine

注塑装置以柱塞式部件实现注射功能的注射成型机。

2.7.5

塑料低发泡注射成型机 plastics skin foam injection moulding machine

具有能成型含有物理、化学发泡剂的高分子材料泡沫结构制品功能的注射成型机。

2.7.6

塑料精密注射成型机 plastics precision injection moulding machine

具有成型精度高、成型稳定的注射成型机。

2.7.7

塑料排气注射成型机 plastics vented injection moulding machine

注塑装置具有能排除物料内各种气体及挥发物功能的注射成型机。

2.7.8

塑料反应注射成型机 plastics reaction injection moulding machine （RIM）

具有使聚合物单体在模具中完成聚合反应，成型出制品的注射成型机。

2.7.9

热固性塑料注射成型机　injection moulding machine for thermosetting plastics

注塑装置具有使热固性塑料在模具中完成热固反应、成型出制品的注射成型机。

2.7.10

塑料鞋用转盘注射成型机　rotary injection moulding machine for plastics shoes

具有安装多模具功能立轴式转盘的合模装置与多头注塑装置组成的成型鞋制品的注射成型机。

2.7.11

塑料多模注射成型机　plastics multi-mold injection moulding machine

合模装置具有安装两个以上模具功能的注射成型机。

2.7.12

塑料多组分注射成型机　plastics multi-component injection moulding machine

具有成型两种或两种以上材料且注射有明显界面的组分制件功能的注射成型机。

2.7.13

全电动塑料注射成型机　plastics all-electric injection moulding machine

合模装置与注塑装置的各执行部件是由电动机—机械传动链实现的注射成型机。

2.7.14

合模装置　clamping unit

在成型机中，具有固定模具，实现启闭模运动，锁紧模具，顶出制件的装置。

2.7.15

注射装置　injection unit

在成型机中，具有使物料塑化、熔融—注射、充模等功能的装置。

2.7.16

螺杆　screw

（定义见 2.6.15）

2.7.17

机筒　barrel；cylinder

（定义见 2.6.16）

2.7.18

柱塞　plunger

注射装置中推挤熔料注入模腔的圆柱形零件。

2.7.19

分流梭　spreader

在柱塞式塑化装置中，置于机筒中，具有使塑料提高传热、传质，强化剪切、塑化功能的流线体零件。

2.7.20

注射喷嘴　nozzle

在机筒前端，具有压紧模具主浇套，形成密封，加速熔体充模功能的锥孔形零件。

2.7.21

顶出杆　ejection pin；ejection bar

在顶出装置上，具有从模具中顶出制件功能的零件。

2.7.22

动模板　moving platen；movable retainer platen

在合模装置中，固定模具，沿导向运动的模板。

2.7.23

定模板　stationary platen；fixed platen

在合模装置中，安装模具，固定在机架上的模板。

2.7.24

型芯　core

供模具成型出塑料制品内孔的零件。

2.7.25

锁模力　clamping force

合模机构作用于模具分型面上的弹性变形锁紧力。

2.7.26

拉杆间距　distance between tie rods；tie bar clearance

合模装置拉杆内侧之间的水平、垂直距离。

2.7.27

模板行程　closing stroke

动模板最大移动行程。

2.7.28

启闭模时间　opening and closing mould time

动模板实现启、闭模运动的时间。

2.7.29

启闭模速度　opening and closing mould speed

动模板实现启、闭模运动的速度。

2.7.30

最大模厚　maximum mould thickness

动模板与固定模板间所允许安装的最大模具厚度。

2.7.31

最小模厚　minimum mould thickness

动模板与固定模板间所允许安装的最小模具厚度。

2.7.32

理论注射容积　calculated injection capacity；theoretical injection capacity

最大注射行程的几何容积。

2.7.33

实际注射量　practical injection mass

一次对空注射最大行程的熔体重量。

2.7.34

塑化能力　plasticizing capacity

注射装置单位时间可塑化物料的最大重量。

2.7.35

注射速率　injection rate

注塑装置单位时间内可注射熔体的最大重量。

2.7.36

注射压力　injection pressure

注塑装置在注射时，可作用于熔体的最大压力。

2.7.37

模板最大开距　platen open daylight；maximum daylight of opening platen

合模装置动模板与定模板间的最大距离。

2.7.38

保压时间　hold up time

注塑装置在注射充模后注射压力所保持的时间。

2.7.39

背压　back pressure

注塑装置在螺杆预塑时熔体施于螺杆的反压力。

2.7.40

空循环时间　dry cycle time

注塑机在空运转时完成单位成型周期所需的时间。

2.7.41

鞋模锁紧力　clamping force of shoe mould

鞋用合模机构作用于鞋用模具上的锁模力。

2.7.42

鞋楦锁紧力　clamping force of shoetree

鞋用合模机构作用于鞋楦模具上的锁模力。

2.8　塑料中空成型机械

2.8.1

塑料中空成型机　plastics blow moulding machine

将由挤出机或注射机等机器成型的型坯放入模具内，再将空气或液体介质吹入型坯内腔，使之成型得到中空制品的机械。

2.8.2

塑料挤出吹塑中空成型机　plastics extrusion-blow moulding machine

用挤出法将熔体挤入型腔，然后再经吹塑而制成中空制品的机械。

2.8.3

塑料挤拉吹中空成型机　plastics extrusion-stretch-blow moulding machine

用挤出法将熔体挤入坯腔形成型坯，并用顶杆在坯内进行纵向拉伸，然后吹气成型，最后冷却脱模而制成中空制品的机械。

2.8.4

塑料注射吹塑中空成型机　plastics injection-blow moulding machine

用注射法将熔体注入坯腔形成型坯，然后再经吹塑而制成中空制品的机械。

2.8.5

塑料注拉吹中空成型机　plastics injection-stretch-blow moulding machine

用注射法将熔体注入坯腔形成型坯，并用顶杆在坯内进行纵向拉伸，然后吹气成型，最后冷却脱模而制成中空制品的机械。

2.8.6

塑料多工位挤吹中空成型机　plastics multi-station extrusion-blow moulding machine

用挤出法将熔体注入各坯腔，然后再经吹塑而制成中空制品的机械。

2.8.7

塑料多工位挤拉吹中空成型机　multi-station extrusion-stretch-blow moulding machine

用挤出法将熔体注入各坯腔形成型坯，并用顶杆进行纵向机械拉伸，然后吹气成型，最后冷却脱模而制成中空制品的机械。

2.8.8

塑料多工位注吹中空成型机　plastics multi-station injection-blow moulding machine

用注射法将熔体注入各坯腔，然后再经吹塑而制成中空制品的机械。

2.8.9

塑料多工位注拉吹中空成型机　plastics multi-station injection-stretch-blow moulding machine

用注射法将熔体注入各坯腔形成型坯，并用顶杆做纵向拉伸，然后吹气成型，最后冷却脱模而制成中空制品的机械。

2.8.10

塑料多层挤吹中空成型机　multi-layer plastics container extrusion-blow moulding machine

用共挤法将多种熔体挤入多层储料头形成多层坯料，然后进入坯腔，并吹塑成多层中空制品的机械。

2.8.11

塑料多层挤拉吹中空成型机　multi-layer plastics container extrusion-stretch-blow moulding machine

用共挤法将多种熔体挤入多层储料头形成多层坯料，然后进入型腔，经拉伸并吹塑成多层中空制品的机械。

2.8.12

塑料多层注吹中空成型机　multi-layer plastics container injection blow moulding machine

用共注法将多种熔体注入多层储料头形成多层坯料，然后进入型腔，吹塑成多层中空制品的机械。

2.8.13

塑料多层注拉吹中空成型机　multi-layer plastics container injection-stretch-blow moulding machine

用共注法将多种熔体注入多层储料头形成多层坯料，然后进入型腔，吹塑并经拉伸成多层中空制品的机械。

2.8.14

合模装置　clamping unit

（定义见 2.7.14）

2.8.15

注射装置　injection unit

（定义见 2.7.15）

2.8.16

螺杆　screw

（定义见 2.6.15）

2.8.17

机头　head

（定义见 2.6.61）

2.8.18

螺杆直径　screw diameter

（定义见 2.6.17）

2.8.19

螺杆长径比　screw length/diameter ratio

（定义见 2.6.19）

2.8.20

型芯　core

（定义见 2.7.24）

2.8.21

锁模力　clamping force

（定义见 2.7.25）

2.8.22

启闭模时间　opening and closing mould time

（定义见 2.7.28）

2.8.23

塑化能力　plasticizing capacity

（定义见 2.7.34）

2.8.24

注射速率　injection rate

（定义见 2.7.35）

2.8.25

注射压力　injection pressure

（定义见 2.7.36）

2.8.26

空循环时间　dry cycle time

（定义见 2.7.40）

2.8.27

口模　die

（定义见 2.6.64）

2.8.28

储料头　storage head；accumulator

储存熔体，以备成型的部件。

2.8.29

最大制品容量　maximum container volume

成型制品最大的容积。

2.8.30

模板尺寸　platen size

定模板或动模板的模具安装面的外形尺寸。

2.8.31

口模开口量　die vertical moving distance

机头模芯相对于口模的垂直移动距离。

2.9　塑料压力成型机械

2.9.1

塑料压力成型机　plastics moulding press

将塑料放入模腔，在成型机中加压制成制品的机械。

2.9.2

塑料多层压力成型机　plastics multi-daylight press；plastics day-light press；multi-platen press

具有两块或两块以上的热板，使半成品或预先置于模型中的物料在热板间受压的机械。

2.9.3

塑料多工位压力成型机　plastics multi-station moulding press

将多个相同的压力成型装置排列在一起，由共同的装置依次在各工位进行装料、卸制品的机械。

2.9.4

顶出装置 ejector；ejection unit；knockout unit

能将制品从模腔中顶出的装置。

2.9.5

滑块 slide

用于固定工件、模具或热板的滑动零件。

2.9.6

顶出杆 ejection pin；ejection bar

（定义见 2.7.21）

2.9.7

上横梁 cross-head

位于成型机上部与立柱或框板连接，用于传递压力的零件。

2.9.8

立柱 strain rod

用于连接上横梁和工作台并起滑块导向作用的圆柱形杆件。

2.9.9

公称力 nominal force

滑块施加在工件或模具上的最大载荷。

2.9.10

滑块行程 slide stroke

将塑料加压成型时滑块移动的距离。

2.9.11

滑块速度 slide speed

启闭模时，滑块移动的速度。

2.9.12

滑块下平面 lower surface of slide；bottom face of slide

滑块可直接安装工件、模具或热板的工作表面。

2.9.13

开口高度 opening height

滑块和工作台之间的最大开距。

2.9.14

顶出力 ejector force

顶出装置的顶出杆施加在工件或模具上的最大载荷。

2.9.15

顶出速度 ejector speed

单位时间内，顶出杆或顶出装置满载时移动的距离。

2.9.16

顶出行程 ejector stroke

顶出杆的移动距离。

2.9.17

压力降 pressure drop

液压系统保压一定时间，液压油工作压力降低的最大实际数值。

2.9.18

层数　hot plate layer number

热板之间空档的数量，其值等于热板数量减1。

2.9.19

工作台有效尺寸　bolster effective size

左右和前后两个垂直方向上，工作台面可实际使用的最大轮廓尺寸。

2.10　泡沫塑料成型机械

2.10.1

泡沫塑料成型机　foam plastics moulding press

将经过预发泡的塑料颗粒在模腔内加热、膨胀、熔融加压成型制品的机械。

2.10.2

泡沫塑料预发泡机　plastics prefoaming moulding press

将经过发泡剂处理的聚苯乙烯粒子进行预先发泡的机械。

2.10.3

泡沫塑料包装成型机　packaging foam moulding press

将经过预发泡的塑料颗粒在模具中加热、冷却定型后，制成用于包装的泡沫塑料制品的机械。

2.10.4

泡沫塑料板材成型机　plastics foam sheet moulding press

将经过预发泡的塑料颗粒在模具中加热、冷却定型后，制成泡沫塑料板材的机械。

2.10.5

聚氨酯泡沫塑料成型机　polyurethane foam moulding machine

用反应注射等成型法生产聚氨酯结构泡沫塑料制品的机械。

2.10.6

可发性聚苯乙烯泡沫塑料成型机　fully automatic expandable polystyrene foam moulding machine

采用经预发泡的PS塑料颗粒在模腔内加热、膨胀、熔融加压冷却制成用于包装的泡沫制品的机械。

2.10.7

腔模气室　cavity chamber

与芯模气室配合并相对运动，使聚苯乙烯珠粒形成制品的部件。

2.10.8

芯模气室　plunger chamber

与模腔气室配合相对运动，使聚苯乙烯珠粒形成制品的部件。

2.10.9

锁模力　clamping force

（定义见2.7.25）

2.10.10

最大成型尺寸　maximum moulding size

成型制品的最大长度和宽度。

2.10.11

制品最大厚度　maximum thickness of product

成型制品的最大厚度。

2.10.12

模板尺寸　platen size

（定义见2.8.30）

2.10.13

出料口　outlet hole

物料从料斗进入模具的出口。

2.11　人造革机械

塑料人造革机　plastics leatherette machine

用于生产塑料人造革的机械。

2.12　塑料滚塑成型机械

塑料滚塑成型机　plastics rotational moulding machine

将塑料干粉料装入模具中加热熔融并作旋转运动，借助于离心力使之均匀贴于模腔内壁，经冷却成型为空心制品的机械。

2.13　塑料编织机械

2.13.1

塑料圆织机　plastics circular loom；plastics circular braider

用于织造塑料圆筒坯布的编织机械。

2.13.2

梭子数　shuttle number，number of shuttle

圆织机具有梭子的数量。

2.13.3

折径　lay flat width

圆筒型塑料编织布叠成双层的横向尺寸。

2.13.4

聚丙烯无纺布机　plastics nonwoven textile machine

采用经丝、纬丝同步成型拉伸，纬丝涂胶、交叉粘合，制成网状制品的机械。

2.13.5

拉伸比　stretch ratio

第二牵伸辊与第一牵伸辊线速度之比。

2.13.6

横向拉伸　transversal stretching

拉伸方向与运动方向垂直的拉伸。

2.14　塑料热成型机械

2.14.1

塑料热成型机　plastics hot-moulding machine

将塑料片夹在框架上热压使其在模腔内成型，制成立体状制品的机械。

2.14.2

塑料真空成型机　plastics vacuum moulding machine

利用真空使受热软化的片材紧贴模具表面进行成型的机械。

2.14.3

成型室　moulding room

安装模具并供真空成型的型腔。

2.14.4

最大成型面积　maximum moulding area

成型室的最大有效面积。

2.14.5

夹片框　clamping frame

夹持塑料片材的框架。

2.14.6

单循环周期　single cycle

完成制品一次生产的时间。

2.15　塑料复合机械

2.15.1

塑料复合机　plastics laminating machine

将塑料薄膜与其他基材复合在一起的机械。

2.15.2

多层塑料复合机　multi-layer film laminating machine

将两层以上的塑料薄膜与其他基材复合在一起的机械。

2.15.3

钙塑瓦楞板复合机组　calcium-plastics corrugated sheeting composite line

将三层或五层钙塑片成型热合成钙塑瓦楞板的机械。

2.15.4

复合压力　laminated pressure

复合制品时所施加的压力。

2.15.5

复合厚度　laminated thickness

复合制品上复合薄膜的厚度。

2.16　塑料制袋机械

2.16.1

塑料制袋机　plastics bag-making machine

用于生产塑料袋的机械。

2.16.2

制袋规格　bag specification

袋制品的最大长度和宽度。

2.16.3

制袋速度　bag-making speed

每分钟制袋动作次数。

2.16.4

最高生产线速度　maximum line speed

每分钟最高制袋总长度。

2.17　扩口机械

2.17.1

塑料扩口机　plastics tube expander

用来扩张塑料管插口的机械。

2.17.2

扩口模头　expansion head

能把管材端部扩大的装置。

2.18 塑料印刷机械

塑料印刷机 **plastics printing machine**

把塑料薄膜压到印版上进行印刷的机械。

2.19 塑料焊接机械

塑料焊接机 **plastics welder**

对两块或多块塑料体在连接处或靠近接触面上，用或不用另外的塑料做焊料，借熔化的方法进行焊接的机械。

2.20 塑料异型材拼装机械

塑料异型材拼装机 **plastics profile splicing machine**

将挤出好的异型材裁切成一定规格并拼接成异型材制品的机械。

2.21 塑料切粒机械

2.21.1

塑料切粒机 **pelletizer**

将条状或片状料切成粒子的机械。

2.21.2

生产能力 **capacity**

单位时间内能切割物料的重量。

2.21.3

旋转切刀 **rotating** **knife**

围绕固定轴旋转进行切粒的切刀。

2.21.4

牵引速度 **drawing speed**

切粒时，切粒机的进条（片）的速度。

2.21.5

进料辊 **draw roll**

牵引塑料条（片）的主辊。

2.21.6

压料辊 **rubber roll**

牵引塑料条（片）的副辊。

2.21.7

定刀 **fixed knife**

切粒机工作时静止的切刀。

2.22 塑料回收机械

2.22.1

塑料薄膜回收挤出造粒机组 **scrap plastics pelleter**

利用挤出造粒法回收废塑料膜、丝、生产成圆柱颗粒的设备。

2.22.2

比流量 **specific rate**

（定义见 2.6.27）

2.22.3

名义比功率 **nominal specific power；theoretical specific power**

（定义见 2.6.28）

2.22.4

塑料破碎机 **plastics breaker；plastics crusher**

用来使固体物料破碎成粒料的机械。

2.22.5

旋转刀刃直径 **rotating knife edge diameter**

旋转刀刃口绕刀轴中心旋转的圆周直径。

2.22.6

破碎能力 **breaking capacity；crushing capacity**

单位时间内破碎物料的重量。

2.22.7

塑料团粒机 **plastics aggregate machine**

利用物料间摩擦热使其轻微塑化，然后加水激冷团成颗粒的设备。

2.23 其他机械

2.23.1

上料附机 **feed accessory**

用于给主机喂料的附属装置。

2.23.2

料斗式塑料干燥机 **plastics funnel dryer；plastics funnel type dryer**

利用热风气流在树脂颗粒中进行热交换，使其干燥的附属装置。

2.23.3

干燥能力 **drying capacity**

干燥机在连续干燥条件下，单位时间内所能干燥的物料的重量。

英 文 索 引

A

B

C

ICS 71.120;83.200
G 95
备案号：45788—2014

中华人民共和国机械行业标准

JB/T 6489—2014
代替 JB/T 6489—1999

塑料捏合机

Plastics kneader

2014-05-06 发布　　　　　　　　　　　　　　　2014-10-01 实施

中华人民共和国工业和信息化部 发布

前　言

本标准按照GB/T 1.1—2009给出的规则起草。

本标准代替JB/T 6489—1999《塑料捏合机》，与JB/T 6489—1999相比主要技术变化如下：

——增加和修改了基本参数；

——增加和修改了技术要求；

——增加和修改了试验方法；

——增加和修改了检验规则；

——修改了贮存方式。

本标准由中国机械工业联合会提出。

本标准由全国橡胶塑料机械标准化技术委员会塑料机械分技术委员会（SAC/TC71/SC2）归口。

本标准起草单位：如皋市第一塑料机械技术开发有限公司、如皋市中航捏合机械厂、大连塑料机械研究所。

本标准主要起草人：袁彤、袁伟、宋颖薇、郑军。

本标准所代替标准的历次版本发布情况为：

——JB/T 6489—1992、JB/T 6489—1999。

塑料捏合机

1 范围

本标准规定了塑料捏合机的基本参数、技术要求、试验方法与检验规则、标志、包装、运输及贮存。

本标准适用于塑料等高分子原料及其他材料捏合、搅拌用的双桨平行配置的卧式捏合机（以下简称捏合机）。

2 规范性引用文件

下列文件对于本文件的应用是必不可少的。凡是注日期的引用文件，仅注日期的版本适用于本文件。凡是不注日期的引用文件，其最新版本（包括所有的修改单）适用于本文件。

GB 150（所有部分） 压力容器

GB/T 191 包装储运图示标志

GB/T 6388 运输包装收发货标志

GB/T 9969 工业产品使用说明书 总则

GB/T 13306 标牌

GB/T 13384 机电产品包装通用技术条件

3 基本参数

捏合机的基本参数应符合表1的规定。

表 1 基本参数

总容积 L（±4%）	工作容积 L	捏合桨转速 r/min（±5%）		捏合桨配用电动机功率 kW	电加热功率 kW	蒸汽加热压力 MPa
		n_1	n_2			
1	0.6	250～5	140～3	0.5～0.75	0.8	
2	1.2	250～5	140～3	0.5～1.1	1	
5	3	250～5	140～3	0.75～1.5	1.5	
10	6	80～5	50～3	1.1～2.2	1.5	
20	12	80～5	50～3	1.1～3.0	1.8	
40	25	60～5	38～3	1.5～5.5	3	
100	60	50～5	32～3	3.0～11.0	6.0	≤0.6
200	120	50～5	32～3	5.5～22.0	9.0	
300	200	50～5	32～3	7.5～30.0	15.0	
500	300	50～5	32～3	7.5～45.0	18.0	
600	400	50～5	32～3	11.0～55.0	18.0	
800	500	45～5	30～3	15.0～75.0	24.0	
1 000	650	45～5	30～3	15.0～90.0	30.0	

表 1 基本参数（续）

总容积 L（±4%）	工作容积 L	捏合桨转速 r/min（±5%）		捏合桨配用电动机功率 kW	电加热功率 kW	蒸汽加热压力 MPa
		n_1	n_2			
1 200	800	45～5	30～3	18.5～90.0	36.0	
1 500	1 000	45～5	30～3	18.5～110.0		
2 000	1 200	45～5	30～3	22.0～132.0	45.0	
2 500	1 500	45～5	30～3	30.0～160.0		
3 000	2 000	40～5	25～3	37.0～200.0	60.0	≤0.6
4 000	2 500	40～5	25～3	45.0～200.0		
5 000	3 000	40～5	25～3	55.0～250.0	75.0	
6 000	3 600	40～5	25～3	75.0～250.0	90.0	
8 000	4 800	30～5	20～3	90.0～315.0	105.0	
10 000	6 500	30～5	20～3	90.0～315.0	120.0	

4 技术要求

4.1 总则

捏合机应符合本标准的要求，并按照经规定程序批准的图样及技术文件制造。

4.2 整机技术要求

4.2.1 捏合机应具备手动、半自动或自动操作方式。

4.2.2 用蒸汽加热、导热油循环加热和其他有压力的导热介质进行控温的捏合机，应按 GB 150 规定的方法对夹套内进行水压试验；用油浴电加热的捏合机夹套内导热油温度应小于规定值。

4.2.3 捏合桨密封装置的总漏料量应符合表 2 的规定。

表 2 总漏料量

总容积 L	1，2，5， 10，20，35	100，200， 300，500	800，1 000， 1 200，1 500	2 000，2 500， 3 000，4 000	5 000，6 000， 8 000，10 000
总漏料量 cm³/h	≤6	≤12	≤20	≤30	≤40

4.2.4 捏合室的结构形状和尺寸应符合图 1 及下列规定：

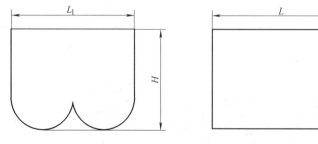

$H =（0.75～0.95）L_1$；$L =（0.95～1.15）L_1$。

图 1 捏合室的结构形状和尺寸

4.2.5 捏合浆为Σ型、Z型、切割型或鱼尾型浆等。

4.2.6 捏合浆应有正、反旋转的功能和明显的正转旋向标记。

4.2.7 整机工作时的噪声应符合表3的规定。

表3 噪声

总容积 L	1，2，5，10，20，40	100，200，300，500	800，1 000，1 200，1 500	2 000，2 500，3 000，4 000 5 000，6 000，8 000，10 000
噪声 dB（A）	≤81	≤83	≤84	≤85

4.2.8 捏合机应具有可靠的安全保护装置。

4.2.9 捏合机外观整洁，油漆表面色泽均匀，漆层牢固，无起泡、流痕、剥落等缺陷。

4.3 总装配技术要求

4.3.1 捏合浆回转面与捏合室内壁之间的间隙应符合表4的规定。

表4 捏合浆回转面与捏合室内壁的间隙

总容积 L	1，2，5，10，20，40	100，200，300，500，600	800，1 000，1 200，1 500	2 000，2 500，3 000，4 000	5 000，6 000，8 000，10 000
间隙 mm	0.2～2.0	0.4～3.0	0.6～4.0	0.8～6.0	1.0～8.0

4.3.2 卸料机构启闭灵活，卸料门密封良好。

4.4 电气安全要求

4.4.1 主机及电气控制装置的金属外壳体应有接地装置，接地端应位于接线位置，并标有保护接地符号或字母PE。

4.4.2 主机及电气控制装置的金属外壳体与接地螺钉间，应保证具有可靠的电气连接，其与接地螺钉间的连接电阻实测值不大于0.1 Ω。

4.4.3 电气装置中，不接地电器件的绝缘电阻不小于1 MΩ。

5 试验方法与检验规则

5.1 试验方法

5.1.1 总容积检测

用计算或实测容纳水的体积方法检测。

5.1.2 夹套检测

用蒸汽加热、导热油循环加热和其他有压力的导热介质进行控温的捏合机，按GB 150的规定，对夹套内进行水压试验检测。

5.1.3 密封装置漏料量检测

向捏合室内添加工作容积等量的水，在机器运转不少于10 min时的漏水量用量杯测量。

5.1.4 噪声检测

在距机四周 1 m、高 1.5 m 的位置测四个点，取其平均值，用 A 声级计检测。

5.1.5 电动机功率检测

用三相电功率表检测。

5.1.6 可靠性检测

用经规定程序批准的方法，在分析使用参数的基础上检测。

5.2 检验规则

每台捏合机应经制造厂质量检验部门检验合格后，并附有产品质量合格证方能出厂。

5.2.1 出厂检验

每台捏合机出厂前应进行不少于 30 min 的连续空运转试验，并按 4.2.1、4.2.2、4.2.6、4.2.9、4.3.1 及 4.3.2 检查。

5.2.2 型式试验

型式试验应进行不少于 2 h 的负荷运转试验，并按表 1、4.2.1、4.2.2、4.2.3、4.2.6、4.2.7、4.2.8 及 4.2.9 检查。

型式试验应在下列情况之一时进行：

　　a）新产品或老产品转厂生产的试制定型鉴定；

　　b）正式生产后，如结构、材料、工艺有较大改变，可能影响产品性能时；

　　c）正常生产时，每年最少抽试一台；

　　d）产品停产两年后，恢复生产时；

　　e）出厂检验结果与上次型式检验有较大差异时；

　　f）国家质量监督机构提出型式检验要求时。

5.2.3 判定规则

型式检验从出厂检验合格的产品中随机抽检一台，若检验不合格时再抽检一台，若再不合格，则型式检验判为不合格。

6 标志、包装、运输和贮存

6.1 标志

产品应在适当的明显位置固定产品标牌。标牌型式、尺寸及技术要求应符合 GB/T 13306 的规定，标牌上至少应标出下列内容：

　　a）产品的名称、型号；

　　b）产品的主要技术参数；

　　c）制造企业的名称和商标；

　　d）制造日期和编号。

6.2 包装

产品包装应符合 GB/T 13384 的规定。包装箱内应装有下列技术文件（装入防水袋内）。

a）产品合格证；

b）使用说明书，其内容应符合 GB/T 9969 的规定；

c）装箱单；

d）备件清单；

e）安装图。

6.3　运输

产品运输应符合 GB/T 191 和 GB/T 6388 的规定。

6.4　贮存

产品应贮存在干燥、通风、无火源、无腐蚀性气（物）体处，如露天存放应有防雨措施。

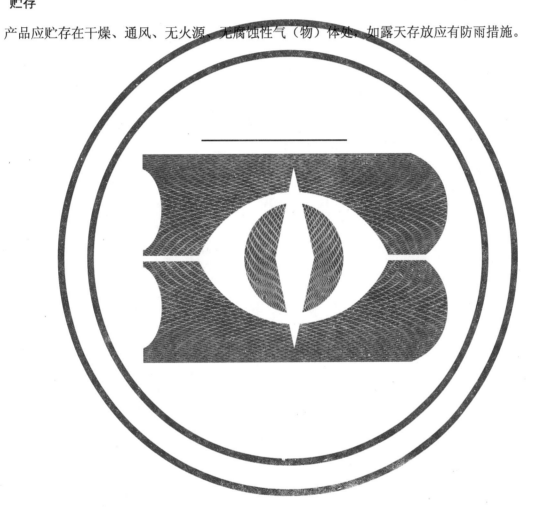

ICS 71.120；83.200

G 95

备案号：51755—2015

中 华 人 民 共 和 国 机 械 行 业 标 准

JB/T 6490—2015
代替 JB/T 6490—1992

塑料压力成型机

Plastics moulding press

2015-10-10 发布

2016-03-01 实施

中华人民共和国工业和信息化部 发布

前　　言

本标准按照GB/T 1.1—2009给出的规则起草。

本标准代替JB/T 6490—1992《塑料压力成型机》，与JB/T 6490—1992相比主要技术变化如下：

——增加了5项引用文件，并更新了原引用文件，取消了3项引用文件；

——增加了对液压系统渗油的控制要求；

——增加了电气系统的具体要求，并增加了相应的检测方法；

——将原表3拆分成表3、表4和表5，并相应增加条的题目和内容，使得与装配技术要求条款相吻合；

——增加了整机外观的要求所执行的标准，并增加了外观质量检测；

——增加了判定规则；

——增加了对运输所执行GB/T 6388的要求；

——对产品贮存要求进行了修改。

本标准由中国机械工业联合会提出。

本标准由全国橡胶塑料机械标准化技术委员会塑料机械分技术委员会（SAC/TC71/SC2）归口。

本标准起草单位：大连塑料机械研究所、福建省闽旋科技股份有限公司、北京橡胶工业研究设计院。

本标准主要起草人：何桂红、吴俊功、朱斌、刘健玮、何成。

本标准所代替标准的历次版本发布情况为：

——JB/T 6490—1992。

塑料压力成型机

1 范围

本标准规定了塑料压力成型机的术语和定义、型式与基本参数、技术要求、试验方法、检验规则、标志、包装、运输和贮存。

本标准适用于塑料压力成型机。

2 规范性引用文件

下列文件对于本文件的应用是必不可少的。凡是注日期的引用文件,仅注日期的版本适用于本文件。凡是不注日期的引用文件,其最新版本(包括所有的修改单)适用于本文件。

GB/T 191 包装储运图示标志

GB/T 3766 液压传动 系统及其元件的通用规则和安全要求

GB 5091 压力机用安全防护装置技术要求

GB 5226.1—2008 机械电气安全 机械电气设备 第1部分:通用技术条件

GB 6388 运输包装收发货标志

GB/T 8170 数值修约规则与极限数值的表示和判定

GB/T 9969 工业产品使用说明书 总则

GB/T 13306 标牌

GB/T 13384 机电产品包装通用技术条件

GB/T 23281 锻压机械噪声声压级测量方法

HG/T 3120 橡胶塑料机械外观通用技术条件

HG/T 3228 橡胶塑料机械涂漆通用技术条件

JB/T 3843—2014 液压机 紧固模具用槽、孔的分布形式与尺寸

JB/T 5438 塑料机械 术语

JB/T 9954 锻压机械液压系统 清洁度

3 术语和定义

JB/T 5438 界定的术语和定义适用于本文件。

4 型式与基本参数

4.1 型式

塑料压力成型机按其结构分为框式和四柱式两种型式;按顶出方式分为无顶出装置与有顶出装置两种型式,如图1的a)和b)、图2的a)和b)所示。

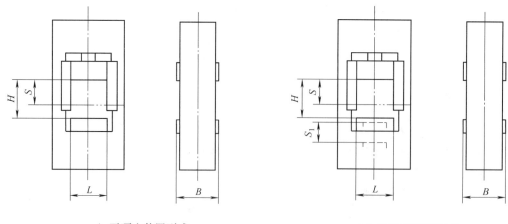

a）无顶出装置型式   b）有顶出装置型式

图1 框式结构型式

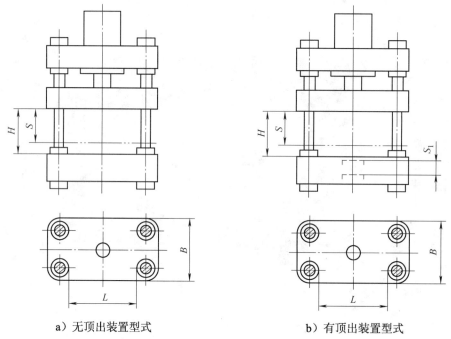

a）无顶出装置型式   b）有顶出装置型式

图2 四柱式结构型式

4.2 基本参数

塑料压力成型机的基本参数参见附录 A。

5 技术要求

5.1 总则

塑料压力成型机应符合本标准的要求，并按经规定程序批准的图样及技术文件制造。

5.2 主要零部件技术要求

5.2.1 工作台面及滑块下平面的平面度公差为 δ_1。

$$\delta_1 = 0.02 + \frac{0.045}{1\,000}L_1 \quad (L \leqslant 1 \text{ m}) \quad \cdots\cdots\cdots\cdots\cdots\cdots\cdots\cdots\cdots\cdots\cdots\cdots\cdots\cdots \text{（1）}$$

$$\delta_1 = 0.03 + \frac{0.06}{1\,000}L_1 \quad (1 \text{ m} < L \leqslant 2 \text{ m}) \quad \cdots\cdots\cdots\cdots\cdots\cdots\cdots\cdots\cdots\cdots\cdots \text{（2）}$$

式中：

δ_1——工作台面及滑块下平面的平面度公差（只允许凹），单位为毫米（mm）；

L_1——工作台面被测平面的最大实际检测长度，$L_1 = L - 2l$（l 为不检测长度，当 $L \leqslant 1$ m 时，$l =$ 25 mm，当 $L > 1$ m 时，$l = 50$ mm），单位为毫米（mm）；

L——工作台面的最大长度，单位为毫米（mm）。

5.2.2 主缸体要求如下：

a）内滑动表面直径公差为 H9；

b）内滑动表面的表面粗糙度 Ra 不应大于 0.8 μm。

5.2.3 导轨、镶条的工作表面最后采用刮研法加工时，刮研点应均匀，每 25 mm×25 mm 面积内的接触点数不少于 8 点，采用其他加工方法时，接触面累计值在全长上不少于 70%，全宽上不少于 50%。

5.3 装配技术要求

5.3.1 滑块下平面对工作台面的平行度公差为 δ_2。

$$\delta_2 = 0.05 + \frac{0.20}{1\,000}L_2 \quad (L \leqslant 1 \text{ m}) \quad \cdots\cdots\cdots\cdots\cdots\cdots\cdots\cdots\cdots\cdots\cdots\cdots \text{（3）}$$

$$\delta_2 = 0.07 + \frac{0.20}{1\,000}L_2 \quad (1 \text{ m} < L \leqslant 2 \text{ m}) \quad \cdots\cdots\cdots\cdots\cdots\cdots\cdots\cdots\cdots\cdots \text{（4）}$$

式中：

δ_2——滑块下平面对工作台面的平行度公差，单位为毫米（mm）；

L_2——滑块下平面的最大实际检测长度，单位为毫米（mm）。

5.3.2 滑块运动轨迹对工作台面的垂直度公差为 δ_3。

$$\delta_3 = 0.03 + \frac{0.025}{100}L_3 \quad (L \leqslant 1 \text{ m}) \quad \cdots\cdots\cdots\cdots\cdots\cdots\cdots\cdots\cdots\cdots\cdots\cdots \text{（5）}$$

$$\delta_3 = 0.04 + \frac{0.025}{100}L_3 \quad (1 \text{ m} < L \leqslant 2 \text{ m}) \quad \cdots\cdots\cdots\cdots\cdots\cdots\cdots\cdots\cdots\cdots \text{（6）}$$

式中：

δ_3——滑块运动轨迹对工作台面的垂直度公差，单位为毫米（mm）；

L_3——检测垂直度的实际行程长度，其长度等于滑块行程 S 的 1/3，单位为毫米（mm）。

5.3.3 由偏载引起滑块下平面对工作台面的倾斜度公差应为 δ_4 和 δ_5 中的较小值。

$$\delta_4 = \frac{L_4}{1\,000} \quad \cdots\cdots\cdots\cdots\cdots\cdots\cdots\cdots\cdots\cdots\cdots\cdots\cdots\cdots\cdots\cdots\cdots\cdots\cdots\cdots\cdots\cdots \text{（7）}$$

$$\delta_5 = \frac{L_5}{1\,000} \quad \cdots\cdots\cdots\cdots\cdots\cdots\cdots\cdots\cdots\cdots\cdots\cdots\cdots\cdots\cdots\cdots\cdots\cdots\cdots\cdots\cdots\cdots \text{（8）}$$

式中：

δ_4、δ_5——由偏载引起滑块下平面对工作台面的倾斜度公差，单位为毫米（mm）；

L_4——左右滑块中心距支撑杆中心的距离，其长度等于工作台面最大长度 L 的 1/3，单位为毫米（mm）；

L_5——前后滑块中心距支撑杆中心的距离，其长度等于工作台面最大宽度 L_6 的 1/3，单位为毫米（mm）。

5.4 整机技术要求

5.4.1 塑料压力成型机应具备合模后的保压功能，保压时间可灵活调整，保压 10 min 时的压力降应不大于液压系统额定压力的 12%。

5.4.2 塑料压力成型机应具备调整和显示热板加热温度的装置。

5.4.3 工作台面与滑块下平面设置紧固模具用 T 形槽时，其分布形式和尺寸参见附录 B。

5.4.4 操纵系统零部件的动作应安全可靠，操纵灵活方便，手操纵力不大于 50 N，脚踏力不大于 80 N。

5.4.5 滑块的运动动作应准确平稳，当液压系统实际工作压力不低于额定压力的 30%时，不应发生爬行、卡滞和明显冲击现象。

5.4.6 塑料压力成型机在连续负荷运转时，液压系统油箱的油温应不超过 60℃。

5.4.7 液压系统应设置可调整压力的安全阀（包括可起安全阀作用的溢流阀），其开启压力不大于工作压力的 1.1 倍。

5.4.8 液压系统油液的清洁度应符合 JB/T 9954 的规定。

5.4.9 液压系统在额定工作压力下，应无漏油现象。在塑料压力成型机空负荷运转 4 h 后再负荷运转 2 h，渗油处应不多于 2 处。

5.4.10 液压系统应符合 GB/T 3766 的规定。

5.4.11 液压元件、电气元器件和仪表的工作应灵敏、正确、可靠。

5.4.12 塑料压力成型机应充分考虑安全，至少应设有机械、电气和液压三种联锁安全保护装置中的两种。其安全要求应符合 GB 5091 的要求。

5.4.13 电气系统应符合以下要求：

    a）应有安全可靠的接地装置和明显的接地标志；

    b）应有紧急停机按钮；

    c）外部保护联结电路与电气设备任何裸露导体零件之间的接地电阻应不大于 0.1 Ω；

    d）在动力电路导线与保护联结电路间施加 DC500 V 时，测得的绝缘电阻应不小于 1 MΩ；

    e）电气设备应进行耐电压试验，其试验条件应符合 GB 5226.1—2008 中 18.4 的规定。

5.4.14 整机负荷运转时，其 A 计权噪声声压级应不大于 85 dB。

5.4.15 整机外观应符合 HG/T 3120 的规定。

5.4.16 涂漆质量应符合 HG/T 3228 的规定。

6 试验方法

6.1 一般要求

6.1.1 工作台面是装配精度检测和整机性能检测的基准面。

6.1.2 试验条件：

    a）装配精度检测在空运转试验后进行，工作台面及滑块下平面平面度的检测在零件加工后装配前进行，并应以实测数值为实际检测数据；

    b）检测前，应调整整机呈水平状态，其工作台面沿 L 与 B 向水平偏差不大于 0.2 mm/1 000 mm（见图 1、图 2）；

    c）检测过程中，不允许调整影响精度的零部件。

6.1.3 检测时公差应采用 5.2、5.3 所列公式计算，计算结果按 GB/T 8170 规定的数值修约规则，修约至小数点后两位数字。

6.1.4 检测可采用其他等效方法，但应以本标准规定的检测方法和公式作为仲裁依据。

6.2 空运转试验

6.2.1 空运转试验中，滑块在全行程上连续往返运行应不少于20次。

6.2.2 空运转试验中检查项目如下：
a) 按5.4.2、5.4.5、5.4.11、5.4.16的要求进行检查；
b) 目测各相互运动零部件的运动是否灵活、平稳；
c) 用长度尺测量滑块行程、开口高度及顶出行程；
d) 用秒表或其他更精确的计时装置检测滑块速度和顶出速度，做不少于5次的检测，分别计算，然后去掉5次检测结果中的最大值和最小值，取3次检测结果的算术平均值作为实际检测数据。

6.2.3 试验中发生故障时，试验次数均从排除故障后重新计算。

6.3 负荷运转试验

6.3.1 空运转试验合格后，进行负荷运转试验，试验中开合模次数应不少于5次。

6.3.2 负荷运转试验中检查项目如下：
a) 用塑料压力成型机本身设置的压力表检查油液最大工作压力；
b) 用秒表配合塑料压力成型机本身设置的压力表按5.4.1进行检查；
c) 运转1h后，用温度计按5.4.6检测油箱内液压泵进口处的油箱油温；
d) 用塑料压力成型机本身设置的压力表按5.4.7检查开启压力。

6.4 工作台面及滑块下平面平面度检测

工作台面及滑块下平面平面度的检测应符合表1的规定。

表1 工作台面及滑块下平面平面度检测

检测项目	简 图	检测方法
工作台面及滑块下平面的平面度（只允许凹）	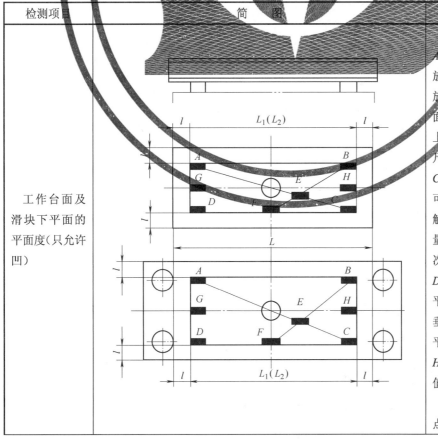	把三个等高量块放在被测平面A、B、C三个基准点上，把平尺放在A、C两点的量块上。在E处放一可调量块，使其与平尺下表面接触，再把平尺放在B、E量块上，在F处放一可调量块使其与平尺下表面接触，并再将平尺放在C和F两点的量块上，在D处放一可调量块，使其与平尺下表面接触，这时，A、B、C、D、E、F量块的上平面同在一平面内。依次把平尺放在A与B、D与C、A与D、B与C点的量块上，即可测量平尺下表面与被测平面之间各点垂直距离偏差（必要时，应去除平尺挠度）。以同样的方法在G、H点检测，以各测点偏差的最大值作为该平面的平面度误差 中间无孔时，应将E点移至中央点处，此时，D、F两点位置重合

表 1 工作台面及滑块下平面平面度检测（续）

检测项目	简　图	检测方法
工作台面及滑块下平面的平面度（只允许凹）		把A、B、C三点作为被测平面上的基准点。水平仪按测距d被测素线依箭头方向移动，并记录各测点读数，用作图法或计算法求出各测点相对基准平面的偏差，其最大读数差值作为该平面的平面度误差 $d \approx (0.1 \sim 0.25) L$，且不大于500 mm 中间有孔时，中央点以跨距为2d的桥板横跨孔并取其值之半计

6.5 滑块下平面对工作台面平行度检测

滑块下平面对工作台面平行度的检测应符合表2的规定。

表 2 滑块下平面对工作台面平行度检测

检测项目	简　图	检测方法
滑块下平面对工作台面平行度		在工作台面上放一平尺和百分表，使百分表测头触到滑块下表面上。在滑块处于最大行程下限位置前1/3行程处和下限位置时，按左右和前后方向分别在四角和四边中点3处测量。平行度误差由百分表移动时的最大实际读数差值确定 允许在使用不影响实测精度的工具支承滑块自重的状态下测量

6.6 滑块运动轨迹对工作台面垂直度检测

滑块运动轨迹对工作台面垂直度的检测应符合表3的规定。

6.7 由偏载引起滑块下平面对工作台面倾斜度检测

由偏载引起滑块下平面对工作台面倾斜度的检测应符合表4的规定。

表3 滑块运动轨迹对工作台面垂直度检测

检测项目	简 图	检测方法
滑块运动轨迹对工作台面垂直度	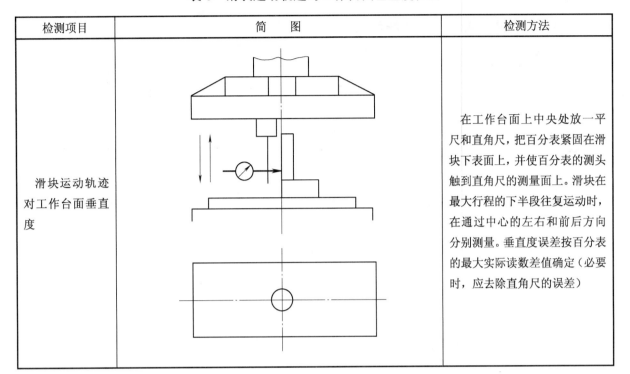	在工作台面上中央处放一平尺和直角尺,把百分表紧固在滑块下表面上,并使百分表的测头触到直角尺的测量面上。滑块在最大行程的下半段往复运动时,在通过中心的左右和前后方向分别测量。垂直度误差按百分表的最大实际读数差值确定(必要时,应去除直角尺的误差)

表4 由偏载引起滑块下平面对工作台面倾斜度检测

检测项目	简 图	检测方法
由偏载引起滑块下平面对工作台面倾斜度	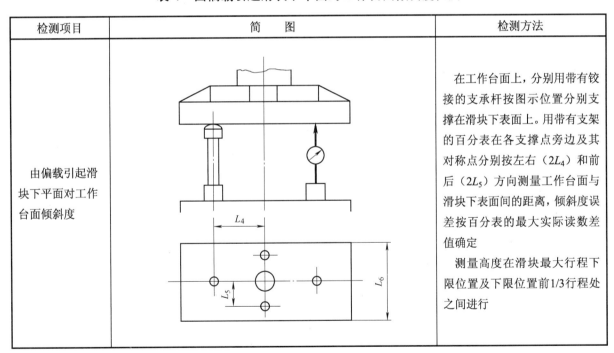	在工作台面上,分别用带有铰接的支承杆按图示位置分别支撑在滑块下表面上。用带有支架的百分表在各支撑点旁边及其对称点分别按左右($2L_4$)和前后($2L_5$)方向测量工作台面与滑块下表面间的距离,倾斜度误差按百分表的最大实际读数差值确定 测量高度在滑块最大行程下限位置及下限位置前1/3行程处之间进行

6.8 电气系统检测

6.8.1 用接地电阻测试仪测量塑料压力成型机的接地电阻,应符合 5.4.13c)的规定。

6.8.2 用绝缘电阻表测量塑料压力成型机的绝缘电阻,应符合 5.4.13d)的规定。

6.8.3 用耐电压测试仪进行电气设备的耐电压试验,应符合 5.4.13e)的规定。

6.9 噪声检测

整机噪声按 GB/T 23281 的规定进行检测，应符合本标准中 5.4.14 的规定。

6.10 外观质量检测

整机外观、油漆表面采用目测，应符合 5.4.15、5.4.16 的规定。

7 检验规则

7.1 基本要求

每台塑料压力成型机应经制造厂质量检验部门检查合格后方能出厂，出厂时应附有产品质量合格证。

7.2 出厂检验

每台塑料压力成型机出厂前，应进行空运转试验，并按 6.2.2、6.2.3 进行检查。

7.3 型式检验

型式检验的项目内容包括本标准中的各项技术要求。型式检验应在下列情况之一时进行：
a）新产品或老产品转厂时的试制定型鉴定；
b）正式生产后，如结构、材料、工艺等有较大改变，可能影响产品性能；
c）正常生产时，每年最少抽试一台；
d）产品停产两年后，恢复生产；
e）出厂检验结果与上次型式检验有较大差异；
f）国家质量监督机构提出型式检验要求。

7.4 判定规则

型式检验项目全部符合本标准的规定，则为合格。型式检验每次抽检一台，当检验不合格时，应再抽检一台，若再不合格，则应逐台进行检验。

8 标志、包装、运输和贮存

8.1 标志

产品应在适当的明显位置固定产品标牌。标牌型式、尺寸及技术要求应符合 GB/T 13306 的规定，标牌上至少应标出下列内容：
a）产品的名称、型号及执行标准编号；
b）产品的主要技术参数；
c）制造企业的名称和商标；
d）制造日期和编号。

8.2 包装

产品包装应符合 GB/T 13384 的规定。包装箱内应装有下列技术文件（装入防水袋内）：
a）产品质量合格证；
b）使用说明书，其内容应符合 GB/T 9969 的规定；

c）装箱单；

d）备件清单；

e）安装图。

8.3 运输

产品运输应符合 GB/T 191 和 GB 6388 的规定。

8.4 贮存

产品应贮存在干燥、通风、无火源、无腐蚀性气（物）体处，如露天存放应有防雨措施。

附 录 A

（资料性附录）

基本参数

基本参数见表 A.1。

表 A.1　基本参数

项目名称		单位	基 本 参 数										
公称力		kN	400[a]	500[a]	630[a]	1 000[a]	1 600[a]	2 500[a]	3 150	4 000[a]	5 000[a]	6 300[a]	10 000
油液最大工作压力		MPa	31.5（25）										
滑块行程		mm	315	315	400	400	500	630	630	630	630	800	1 250
开口高度			630	630	630	630	800	1 000	1 250	1 250	1 400	1 600	2 000
顶出力		kN	40	50	63	100	160	250	315	400	500	630	1 000
顶出行程		mm	125	160	160	160	200	250	250	315	315	400	400
滑块速度	高速工作行程	mm/s	80	50	50	50	50	50	50	50	50	40	40
	低速工作行程		4	4	4	2	2	2	2	2	2	2	2
	高速回程		100	63	63	50	50	50	40	40	40	40	40
顶出速度			25	25	25	25	25	25	25	15	15	15	15
工作台有效尺寸 L×B	360×400	mm	○										
	400×400		○	○									
	500×500		○	○	○	○							
	600×600			○	○	○	○						
	700×700				○	○	○	○					
	800×800						○	○	○				
	900×900							○	○	○			
	1 000×1 000								○	○	○		
	1 120×1 120									○	○	○	
	1 400×1 400										○	○	○
	1 600×1 600											○	○
	2 000×2 000												○

注1：括号内为新设计、新投产时不再采用的数据。

注2：带○号的为允许选用的工作台尺寸。

　　[a]　新设计时优先选用的规格。

附　录　B

（资料性附录）

工作台面与滑块下平面设置紧固模具用 T 形槽的分布形式和尺寸

B.1　工作台面与滑块下平面设置紧固模具用 T 形槽及其间距的尺寸应符合表 B.1 的规定。

表 B.1　工作台面与滑块下平面设置紧固模具用 T 形槽及其间距的尺寸

公称力 kN	槽宽A mm	间距P mm
≤1 000	22	—
1 600～4 000	28	200
5 000～10 000	36	250

B.2　工作台面与滑块下平面设置紧固模具用 T 形槽的分布形式应符合图 B.1～图 B.3 的规定。

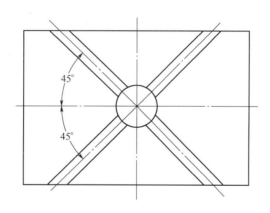

图 B.1　公称力为 400 kN～500 kN 时，工作台面与滑块下平面设置
紧固模具用 T 形槽的分布形式

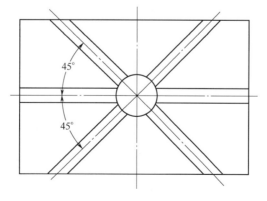

图 B.2　公称力为 630 kN～1 600 kN 时，工作台面与滑块下平面设置
紧固模具用 T 形槽的分布形式

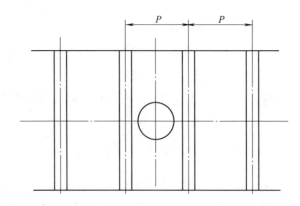

图 B.3 公称力为 2 500 kN～1 000 kN 时，工作台面与滑块下平面设置
紧固模具用 T 形槽的分布形式

B.3 T 形槽的分布形式和尺寸应符合 JB/T 3843—1999 中第 1 章的规定。

ICS 71.120；83.200

G 95

备案号：51759—2015

中华人民共和国机械行业标准

JB/T 6491—2015

代替 JB/T 6491—2001

异向双螺杆塑料挤出机

Counter-rotating twin-screw plastics extruder

2015-10-10 发布

2016-03-01 实施

中华人民共和国工业和信息化部 发布

前　言

本标准按照GB/T 1.1—2009给出的规则起草。

本标准代替JB/T 6491—2001《异向双螺杆塑料挤出机》，与JB/T 6491—2001相比主要技术变化如下：

——增加了7项引用文件；

——对挤出机的规格系列进行了增加，由原来的40 mm～140 mm增加到40 mm～200 mm；

——新增了螺杆公称直径为"150 mm""200 mm"2个规格；

——修改了螺杆长径比，使其更加宽泛；

——修改并添加了不同规格系列的挤出机的挤出量、比能耗、比功率、中心高的要求；

——取消了挤出机螺杆与机筒装配间隙的要求规定，使挤出机具有更广阔的性能空间；

——增加了"采用组合式机筒的结构形式"的技术要求；

——增加了"控制系统"的技术要求及检测方法；

——修改了电气系统的技术要求及检测方法。

本标准由中国机械工业联合会提出。

本标准由全国橡胶塑料机械标准化技术委员会塑料机械分技术委员会（SAC/TC71/SC2）归口。

本标准起草单位：大连橡胶塑料机械股份有限公司、舟山市定海通发塑料有限公司、大连塑料机械研究所。

本标准主要起草人：洛少宁、何桂红、吴汉民、吴信聪、李香兰。

本标准所代替标准的历次版本发布情况为：

——JB/T 6491—1992、JB/T 6491—2001。

异向双螺杆塑料挤出机

1 范围

本标准规定了异向双螺杆塑料挤出机的术语和定义、型号与基本参数、技术要求、试验方法、检验规则、标志、包装、运输和贮存。

本标准适用于加工 PVC 塑料制品为主的异向双螺杆塑料挤出机（以下简称挤出机）。

2 规范性引用文件

下列文件对于本文件的应用是必不可少的。凡是注日期的引用文件，仅注日期的版本适用于本文件。凡是不注日期的引用文件，其最新版本（包括所有的修改单）适用于本文件。

GB/T 191　包装储运图示标志

GB/T 1184—1996　形状和位置公差　未注公差值

GB 5226.1—2008　机械电气安全　机械电气设备　第 1 部分：通用技术条件

GB 6388　运输包装收发货标志

GB/T 9969　工业产品使用说明书　总则

GB/T 12783　橡胶塑料机械产品型号编制方法

GB/T 13306　标牌

GB/T 13384　机电产品包装通用技术条件

GB 25431.1　橡胶塑料挤出机和挤出生产线　第 1 部分：挤出机的安全要求

HG/T 3120　橡胶塑料机械外观通用技术条件

HG/T 3228　橡胶塑料机械涂漆通用技术条件

JB/T 5438　塑料机械　术语

JB/T 8538　塑料机械用螺杆、机筒

3 术语和定义

JB/T 5438 界定的以及下列术语和定义适用于本文件。

异向双螺杆塑料挤出机　**counter-rotating twin-screw plastics extruder**

由两根轴线水平平行排列、啮合型或非啮合型、整体或组合式、向内异向旋转的圆柱形螺杆在截面呈∞字形的机筒内转动，将塑料粒料或粉料等连续熔融塑化挤出的机械。

4 型号与基本参数

4.1 型号

挤出机的型号应符合 GB/T 12783 的规定。

4.2 基本参数

挤出机的基本参数参见附录 A。

5 技术要求

5.1 总则

挤出机应符合本标准的要求,并按经规定程序批准的图样及技术文件制造。

5.2 主要零件技术要求

5.2.1 螺杆

挤出机的螺杆应符合 JB/T 8538 的规定。

5.2.2 机筒

挤出机的机筒应符合 JB/T 8538 的规定。

5.3 装配技术要求

5.3.1 采用悬臂单支撑结构的两根螺杆在机筒内水平放置时,允许与机筒有接触,但在进行空运转时,不得有卡住或刮伤现象。

5.3.2 挤出机采用组合式机筒的结构形式,机筒的内孔直线度公差应不低于 GB/T 1184—1996 中 7 级的规定;机筒两端面对内孔中心线的垂直度公差应不低于 GB/T 1184—1996 中的 6 级规定。机筒组装后相邻机筒的内孔无明显台阶,台阶最大应不超过 0.15 mm。

5.3.3 在空运转时,减速器应传动平稳,无异常杂音,各润滑点润滑油供给充足。

5.3.4 各管路在工作压力下应无渗漏。

5.4 整机技术要求

5.4.1 挤出机应便于螺杆拆卸及内部流道清洗。

5.4.2 控制系统应符合以下要求:

　　a)控制系统应保证挤出机平稳运行。

　　b)应具有温度调节装置,具备分区控制功能。在 80℃～300℃范围内,温度应实现稳定控制。

　　c)测温热电阻端部与机体应可靠接触。

　　d)机筒排料端至机头间应设置检测熔体温度与压力的传感器。

5.4.3 挤出机设计和制造的安全要求应符合 GB 25431.1 的规定。

5.4.4 电气系统应符合以下要求:

　　a)应有安全可靠的接地装置和明显的接地标志;

　　b)应有紧急停机按钮;

　　c)外部保护联结电路与电气设备任何裸露导体零件之间的接地电阻应不大于 0.1 Ω;

　　d)在动力电路导线与保护联结电路间施加 DC500 V 时,测得的绝缘电阻应不小于 1 MΩ;

　　e)电气设备应进行耐电压试验,其试验条件应符合 GB 5226.1—2008 中 18.4 的规定。

5.4.5 挤出机正常空负荷运转时,其 A 计权噪声声压级应不大于 85 dB。

5.4.6 挤出机外观应符合 HG/T 3120 的规定。

5.4.7 涂漆质量应符合 HG/T 3228 的规定。

6 试验方法

6.1 螺杆检测

螺杆的检测应符合 5.2.1 的规定。

6.2 机筒检测

机筒的检测应符合 5.2.2 的规定。

6.3 控制系统检测

控制系统采用目测,应符合 5.4.2 的规定。

6.4 电气系统检测

6.4.1 用接地电阻测试仪测量挤出机的接地电阻,应符合 5.4.4c)的规定。

6.4.2 用绝缘电阻表测量挤出机的绝缘电阻,应符合 5.4.4d)的规定。

6.4.3 用耐电压测试仪进行电气设备的耐电压试验,应符合 5.4.4e)的规定。

6.5 空运转试验

挤出机装配合格后,在机筒内孔表面和螺杆表面涂上润滑油,进行不少于 3 min 的低速空运转试验。空运转时,检查螺杆间、螺杆与机筒间有无干涉现象。必要时,空运转停机后,卸下螺杆,目测检查螺杆和机筒有无刮伤现象。

6.6 负荷运转试验

6.6.1 空运转试验合格后方能进行负荷运转试验。

6.6.2 负荷运转试验应在各工艺条件基本稳定的条件下进行,对各种参数进行测试。

6.6.3 对新产品试制鉴定时的负荷运转,挤出机应同生产某种制品的辅机一起联动,辅机性能不做考核,连续运转不得少于 2 h;各测试参数应是在制品质量合格的基础上测得的。

6.6.4 挤出机批量生产后进行型式检验时的负荷运转,根据制造厂的实际情况可以与辅机联动,也可以用测试机头进行负荷试验。

6.7 试验条件

6.7.1 测试用原料

采用 PVC 粉料。

6.7.2 测试用装置

推荐使用的测试机头装置结构示意图如图 1 所示,测试机头出口直径按表 1 的规定(挤出量大于 2 000 kg/h 的挤出机可直接利用原配机头进行测试)。

表 1 测试机头出口直径

挤出量 Q kg/h	≤100	>100~300	>300~500	>500~2 000
测试机头出口直径 d mm	10~15	15~25	20~30	25~35

6.8 挤出量检测

采用产品机头或测试机头,在稳定的工况和物料塑化良好的条件下进行挤出量的测试,取样时间不小于 1 min,测量 3 次,取其算术平均值,应符合附录 A 的要求。

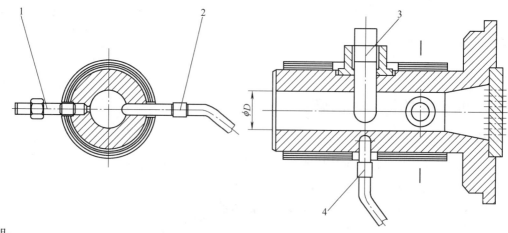

说明:
1——高温熔体压力传感器；   3——节流阀；
2——测料温热电偶（阻）；   4——控温热电偶（阻）。

图 1　测试机头

6.9　比流量检测

比流量按公式（1）计算。

$$q = Q_{实测} / n_{实测} \quad\text{……………………………………………（1）}$$

式中:

q——比流量，单位为千克每小时每转每分 [（kg/h）/（r/min）]；

$Q_{实测}$——实测的挤出量，单位为千克每小时（kg/h）；

$n_{实测}$——实测的转速，单位为转每分（r/min）。

6.10　实际比功率检测

实际比功率按公式（2）计算。

$$N' = N_{实测} / Q_{实测} \quad\text{……………………………………………（2）}$$

式中:

N'——实际比功率，单位为千瓦时每千克（kW·h/kg）；

$N_{实测}$——电动机实测输入功率，单位为千瓦（kW）。

6.11　噪声检测

空运转试验合格后，抽出螺杆，方能进行噪声检测。

用噪声检测仪在机器的操作位置一侧，距机台 1.0 m、高 1.6 m 处进行测量，均布测 6 点，取其平均值（关闭辅机），噪声应符合 5.4.5 的规定。

6.12　外观质量检测

挤出机外观、油漆表面采用目测，应符合 5.4.6、5.4.7 的规定。

7　检验规则

7.1　基本要求

每台挤出机应经制造厂质量检验部门检查合格后方能出厂，出厂时应附有产品质量合格证。

7.2 出厂检验

每台挤出机出厂前，应按 6.5 进行空运转试验，并按 5.3、5.4.6 及 5.4.7 进行检验。

7.3 型式检验

型式检验的项目内容包括本标准中的各项技术要求。型式检验应在下列情况之一时进行：

a）新产品或老产品转厂时的试制定型鉴定；

b）正式生产后，如结构、材料、工艺等有较大改变，可能影响产品性能；

c）正常生产时，每年最少抽试一台；

d）产品停产两年后，恢复生产；

e）出厂检验结果与上次型式检验有较大差异；

f）国家质量监督机构提出型式检验要求。

7.4 判定规则

型式检验项目全部符合本标准的规定，则为合格。型式检验每次抽检一台，当检验不合格时，应再抽检一台，若再不合格，则应逐台进行检验。

8 标志、包装、运输和贮存

8.1 标志

产品应在适当的明显位置固定产品标牌。标牌型式、尺寸及技术要求应符合 GB/T 13306 的规定，标牌上至少应标出下列内容：

a）产品的名称、型号及执行标准编号；

b）产品的主要技术参数；

c）制造企业的名称和商标；

d）制造日期和编号。

8.2 包装

产品包装应符合 GB/T 13384 的规定。包装箱内应装有下列技术文件（装入防水袋内）：

a）产品质量合格证；

b）使用说明书，其内容应符合 GB/T 9969 的规定；

c）装箱单；

d）备件清单；

e）安装图。

8.3 运输

产品运输应符合 GB/T 191 和 GB 6388 的规定。

8.4 贮存

产品应贮存在干燥、通风、无火源、无腐蚀性气（物）体处，如露天存放应有防雨措施。

附　录　A

（资料性附录）

基本参数

A.1　基本参数见表 A.1。

表 A.1　基本参数

挤出机系列		螺杆直径 mm	螺杆长径比	挤出量 kg/h	比流量 （kg/h）/（r/min）	实际比功率 kW·h/kg	中心高 mm
40	管材	>35~45	12~34	≥30	≥0.50	≤0.16	1 000, 1 150, 1 250, 1 400
	异型材			≥15	≥0.35		
	板材			≥25	≥0.45		
	造粒　PVC-U			≥30	≥0.60		
	SPVC			≥40	≥0.75		
60	管材	>55~65		≥110	≥1.89		
	异型材			≥80	≥1.55		
	板材			≥90	≥1.72		
	造粒　HPVC-U			≥110	≥1.90		
	SPVC			≥130	≥2.20		
80	管材	>75~85		≥160	≥5.71		
	异型材			≥110	≥3.65		
	板材			≥130	≥4.50		
	造粒　HPVC-U			≥170	≥6.07		
	SPVC			≥230	≥6.20		
90	管材	>85~95		≥240	≥6.36		
100	造粒（HPVC-U）	>95~105		≥280	≥8.00		
110	管材	>105~110		≥300	≥7.88		
	异型材			≥260	≥10.40		
	板材			≥200	≥5.26		
	造粒　HPVC-U			≥300	≥6.25		
	SPVC			≥400	≥7.31		
120	管材	>115~125		≥260	≥7.00		
130	管材	>125~135		≥400	≥10.50		
140	管材	>135~145		≥460	≥11.50		
	板材			≥360	≥9.00		
	造粒　HPVC-U			≥520	≥13.00		
	SPVC			≥800	≥13.30		
150	管材	>155~155		≥1 000	≥13.00		
	板材			≥600	≥10.00		
	造粒　HPVC-U		8~16	≥800	≥14.00		
	SPVC			≥1 000	≥14.50		
200	造粒（PVC）	>195~205		≥2 000	≥15.00		

注：本表中，挤出量、比流量、实际比功率，采用测试机头进行检测。

　　产品主要考核符合制品质量要求的挤出量、比流量、实际比功率。试制鉴定时，挤出量应不低于表A.1 所列值；挤出机批量生产时，按最高转速的 70 %对挤出量进行考核（采用测试机头时，应将机头压力调节到表 A.2 规定的压力以上），其挤出量应达到表 A.1 中规定挤出量的 70 %，但比流量应不小于表 A.1 中的规定值，实际比功率应不大于表 A.1 中的规定值。

A.2　机头压力见表 A.2。

表 A.2　机头压力

挤出制品	异型材	管材	板材	硬粒	软粒
机头压力 MPa	≥20	≥15	≥20	≥8	≥5

ICS 71.120;83.200

G 95

备案号：45790—2014

中华人民共和国机械行业标准

JB

JB/T 6492—2014
代替 JB/T 6492—2001

锥形异向双螺杆塑料挤出机

Conical counter-rotating twin screw plastics extruder

2014-05-06 发布　　　　　　　　　　2014-10-01 实施

中华人民共和国工业和信息化部 发布

前　言

本标准按照GB/T 1.1—2009给出的规则起草。

本标准代替JB/T 6492—2001《锥形双螺杆塑料挤出机》，与JB/T 6492—2001相比主要技术变化如下：

——增加了工作表面采用烧结双金属、镀涂硬铬或耐磨合金等工艺的螺杆，并规定了相应的表面处理性能要求（见5.2.1.1，5.2.1.2）；

——增加了工作表面采用镶嵌或烧结耐磨合金衬套、镀涂硬铬或耐磨合金等工艺的机筒，并规定了相应的表面处理性能要求（见5.2.2.1，5.2.2.2）；

——在主要零部件要求中增加了主电动机效率规定（见5.2.3）；

——增加了挤出机加热系统的温度调节与控制性能要求［见5.4.1.3a），b），c）］；

——增加了润滑油的温升控制、底座和机架有基准面、可调定量喂料装置的要求（见5.4.1.4，5.4.1.5，5.4.1.6）；

——修改了电气强度试验的耐压时间，由原来的"耐压1 s"修改为"历时1 min"（见5.4.2.4）；

——增加了挤出机电气控制系统的报警、联锁功能要求（见5.4.2.9）；

——第5章增加了空运转试验和负荷运转试验要求（见5.4.3和5.4.4）；

——增加了烧结双金属、耐磨合金衬套、表面镀涂硬铬、耐磨合金螺杆机筒的表面硬度、耐磨层厚度检测方法［见6.2.1.1b），c）］；

——空运转试验中增加了传动箱单独进行空运转检测（见6.4.1.1）；

——明确了挤出机整机噪声测量的布点方式、测试声学环境基本要求、声级计选取、噪声声压级平均值计算公式（见6.4.4）；

——增加了出厂检验及型式试验的检验项目一览表（见表4）；

——在采用测试机头进行比流量、实际比功率检测过程中，增加了挤出机运行参数可在规定条件下进行调整，以便获取最佳值的规定（见6.10，6.11）；

——删除了电动机的实测输出功率的相关内容，增加了主电动机输入电功率和效率的测量方法（见6.9）；

——实测比功率检测修改为实际比功率检测，并将实际比功率计算公式中的原实测输出功率调整为实测输入功率（见6.11）；

——增加了出厂检验不合格品修复、检验的规定（见7.1.4）；

——修改了型式试验的判定规则（见7.3）；

——修改了考核条件和产量、实际比功率、比流量限定值（见A.2及表A.1）。

本标准由中国机械工业联合会提出。

本标准由全国橡胶塑料机械标准化技术委员会塑料机械分技术委员会（SAC/TC71/SC2）归口。

本标准起草单位：舟山市定海通发塑料有限公司、大连橡胶塑料机械股份有限公司、广东金明精机股份有限公司、山东通佳机械有限公司、苏州金纬机械制造有限公司、张家港市贝尔机械有限公司、大连塑料机械研究所。

本标准主要起草人：吴汉民、杨宥人、潘渊、黄虹、吴信聪、张建群、汪发兵 、马建忠。

本标准所代替标准的历次版本发布情况为：

——JB/T 6492—1992、JB/T 6492—2001。

锥形异向双螺杆塑料挤出机

1 范围

本标准规定了锥形异向双螺杆塑料挤出机的术语和定义、型号与基本参数、技术要求、试验方法、检验规则、标志、包装、运输和贮存。

本标准适用于异向向外旋转的锥形双螺杆塑料挤出机（以下简称挤出机）。

2 规范性引用文件

下列文件对于本文件的应用是必不可少的。凡是注日期的引用文件，仅注日期的版本适用于本文件。凡是不注日期的引用文件，其最新版本（包括所有的修改单）适用于本文件。

GB/T 191 包装储运图示标志

GB/T 1032—2012 三相异步电动机试验方法

GB/T 1311—2008 直流电机试验方法

GB/T 4340.1 金属材料 维氏硬度试验 第 1 部分：试验方法

GB/T 6388 运输包装收发货标志

GB/T 9969 工业产品使用说明书 总则

GB/T 11354 钢铁零件 渗氮层深度测定和金相组织检验

GB/T 11379 金属覆盖层 工程用铬电镀层

GB/T 12783 橡胶塑料机械产品型号编制方法

GB/T 13306 标牌

GB/T 13384 机电产品包装通用技术条件

GB 18613—2006 中小型三相异步电动机能效限定值及能效等级

HG/T 3228 橡胶塑料机械涂漆通用技术条件

JB/T 2985 工程机械用双金属轴套

JB/T 5438 塑料机械 术语

JB/T 6316—2006 Z4 系列直流电动机技术条件（机座号 100~450）

3 术语和定义

JB/T 5438 界定的术语和定义适用于本文件。

4 型号与基本参数

4.1 型号

挤出机的型号应符合 GB/T 12783 的规定。

4.2 基本参数

挤出机的基本参数见附录 A。

5 技术要求

5.1 总则

挤出机应符合本标准的要求，并按照经规定程序批准的图样及技术文件制造。

5.2 主要零部件技术要求

5.2.1 螺杆

5.2.1.1 材料

宜采用氮化钢，也可采用其他合金结构钢、特种金属材料为基体材料，通过烧结双金属、镀涂硬铬或耐磨合金等工艺，提高其强度、耐磨、耐腐蚀等综合力学性能。

5.2.1.2 表面处理

采用氮化钢表面氮化处理的螺杆，氮化层深度不应小于 0.4 mm；螺杆外圆表面氮化硬度不应小于 740 HV；脆性不应大于 2 级。

铁基耐磨合金烧结双金属螺杆的表面硬度不应小于 58 HRC，耐磨层厚度不应小于 1.5 mm；镍基耐磨合金烧结双金属螺杆的表面硬度不应小于 48 HRC，耐磨层厚度不应小于 1.5 mm。

表面镀涂硬铬或耐磨合金的螺杆，螺杆外圆表面硬度不应小于 750 HV，其耐磨层厚度不应小于 0.06 mm。

5.2.1.3 表面粗糙度

螺杆外径、外圆、螺槽底径的表面粗糙度 Ra 不应大于 0.8 μm，螺棱两侧的表面粗糙度 Ra 不应大于 1.6 μm。

5.2.1.4 螺杆大、小端外径偏差

螺杆小端和螺杆大端外径与公称直径的偏差应符合表 1 的规定。

表 1 螺杆小端和螺杆大端外径与公称直径的允许偏差 单位为毫米

螺杆小端公称直径		25	35	45	（50）51	55	60	65	80	92
螺杆大、小端外径与公称直径的允许偏差	上	0								
	下	−0.04	−0.05	−0.06			−0.08		−0.10	−0.12

5.2.2 机筒

5.2.2.1 材料

宜采用氮化钢，也可采用以其他合金结构钢为基体材料，内孔表面镶嵌或烧结耐磨合金衬套、镀涂硬铬或耐磨合金等。

5.2.2.2 内孔表面处理

采用氮化钢内表面氮化处理的机筒，氮化层深度不应小于 0.4 mm；内孔表面氮化硬度不应小于 850 HV；脆性不应大于 2 级。

铁基耐磨合金衬套的表面硬度不应小于 58 HRC，耐磨层厚度不应小于 1.0 mm；镍基耐磨合金衬

套的表面硬度不应小于 48 HRC，耐磨层厚度不应小于 1.0 mm。

表面镀涂硬铬或耐磨合金的机筒，内孔表面硬度不应小于 750 HV，其耐磨层厚度不应小于 0.06 mm。

5.2.2.3 表面粗糙度

机筒内孔的表面粗糙度 Ra 不应大于 0.8 μm。

5.2.3 主电动机效率

5.2.3.1 采用三相异步电动机驱动的主电动机能效限定值应达到或优于 GB 18613—2006 中表 1 里 2 级的规定。

5.2.3.2 采用 Z4 系列直流电动机驱动的主电动机效率应达到或优于 JB/T 6316—2006 中表 14 的规定。

5.2.3.3 采用其他系列直流电动机驱动的主电动机效率应达到相应标准的规定。

5.3 装配技术要求

5.3.1 安装调试完毕，螺杆与机筒的径向间隙应符合表 2 的规定。

表 2 螺杆与机筒的径向间隙

单位为毫米

螺杆小端公称直径 d	25	35	45	（50）	51	55	60	65	80	92
螺杆与机筒的径向间隙 a	0.08～0.20		0.10～0.30			0.12～0.35		0.14～0.40	0.16～0.50	0.18～0.60

5.3.2 两根螺杆在水平放置时，机筒与螺杆表面彼此允许接触。但在短时间空运转时，螺杆与螺杆、螺杆与机筒不应有卡住或干涉现象。

5.3.3 冷却系统的管路、阀门应密封良好，不应有渗漏。

5.3.4 润滑系统应密封良好，不应有渗漏。油泵运转应平稳，无异常响声，各润滑点工作应良好。

5.4 整机技术要求

5.4.1 结构及控制

5.4.1.1 挤出机的结构应便于装卸螺杆，易于清理或调换。

5.4.1.2 螺杆在规定的转速范围内应能平稳地进行无级调速。

5.4.1.3 挤出机的加热系统应能在 2.5 h 内将机筒加热到 200℃，其温度调节与控制性能如下：

　　a）挤出机应具有温度自动调节装置，机筒的加热、冷却宜采用分段自动控制；

　　b）在 20℃～300℃的范围内，温度应可实现稳定控制；

　　c）相对于设定值，控制温度的波动应在 ±3℃ 之内。

5.4.1.4 齿轮传动箱内润滑油的温升不应超过 40℃，其他传动箱内润滑油的温升不应超过有关标准的规定。

5.4.1.5 底座、机架应有基准面，以便在安装挤出机时用校准仪对挤出机进行水平校准。

5.4.1.6 挤出机应配有可调节的定量喂料装置。

5.4.2 安全

5.4.2.1 挤出机的联轴器、各加热部分等裸露在外对人身安全有危险的部位应有防护外罩或明显的永久性警示标识。

5.4.2.2 短接的动力电路与保护电路的绝缘电阻不应小于 1 MΩ。

5.4.2.3 电加热器的冷态绝缘电阻不应小于 1 MΩ。

5.4.2.4 电加热器应先进行加热，然后在冷态（室温）时经受工作频率为 50 Hz、工作电压为 1 000 V、工作电流不大于 20 mA 并历时 1 min 的电气强度试验，不应有击穿。

5.4.2.5 保护导线端子与电路设备任何裸露导体零件的接地导体电阻不应大于 0.1 Ω。

5.4.2.6 挤出机整套机组必须可靠接地，接地电阻不应大于 4 Ω。

5.4.2.7 挤出机的电气设备应能用总电源开关切断电源。

5.4.2.8 挤出机操作柜上应有紧急停车按钮。

5.4.2.9 挤出机电气控制系统应具有下列报警、联锁功能：

    a）主电动机过载报警、停车；

    b）润滑油主要油路断油或少油报警，无强制润滑系统的挤出机的减速箱和分配箱应在醒目位置配备带有警示线的油位计；

    c）机头料压超过设定值报警、停车；

    d）主电动机和油泵电动机电气联锁，即油泵电动机不起动，主电动机不能起动（无强制润滑系统的除外）；

    e）喂料电动机和主电动机电气联锁，即主电动机不起动，喂料电动机不能起动。

5.4.3 空运转试验

5.4.3.1 传动箱按 6.4.1.1 进行空运转试验，性能要求如下：

    a）输出轴的旋转方向应正确；

    b）润滑系统在工作压力下应无渗漏现象，箱体各结合面、密封处应无渗漏现象；

    c）应无周期性冲击、异常振动和异常响声。

5.4.3.2 机筒、螺杆按 6.4.1.2 进行空运转试验，螺杆间、杆筒间应无干涉、卡住现象，整机应无异常。

5.4.4 负荷运转试验

    挤出机按 6.4.2 进行负荷运转试验，性能要求如下：

    a）所有操作控制开关、按钮应灵活有效；

    b）螺杆转速调节应符合 5.4.1.2 的规定；

    c）温度自动调节装置应准确可靠，温度调节应符合 5.4.1.3 的规定；

    d）螺杆间、杆筒间应无干涉现象；

    e）喂料机供料量应与主机产量范围协调、匹配；

    f）各管路、阀门等连接处应无渗漏，电磁阀动作应灵敏、准确、可靠；

    g）齿轮传动箱内润滑油的温升不应超过 40℃，其他传动箱内润滑油的温升不应超过有关标准规定；

    h）整机运转过程应平稳，无冲击、无异常振动和声响；

    i）各紧固件应无松动。

5.4.5 噪声

    挤出机正常运转时，其 A 计权噪声声压级不应大于 85 dB。

5.4.6 过扭矩保护

    挤出机应设有过扭矩保护装置。

5.4.7 外观质量

5.4.7.1 各外露焊接件应平整，不应存在焊渣及明显的凹凸粗糙面。

5.4.7.2 非涂漆的金属及非金属表面应保持其原有本色。

5.4.7.3 漆膜应色泽均匀，光滑平整，不应有杂色斑点、条纹、粘附污物、起皮、发泡及油漆剥落等影响外观质量的缺陷，并应符合 HG/T 3228 的规定。

6 试验方法

6.1 试验条件

6.1.1 测试原料

采用硬聚氯乙烯干混粉料。

6.1.2 测试用装置

与挤出机相适应的辅机或专用测试机头装置。测试机头结构示意图如图 1 所示，出口直径按表 3 的规定。

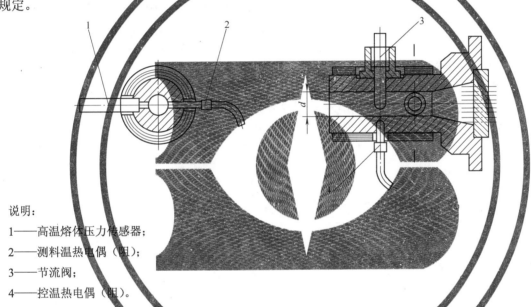

说明：

1——高温熔体压力传感器；

2——测料温热电偶（阻）；

3——节流阀；

4——控温热电偶（阻）。

图 1　测试机头

表 3　测试机头出口直径

挤出产量 Q kg/h	≤100	>100～300	>300～500	>500
测试机头出口直径 d mm	10～15	15～25	20～30	25～35

6.1.3 检测用仪器仪表

检测用仪器仪表均应经计量检定合格并在有效期内，仪器仪表的测量范围和准确度等级参见附录 B。

6.2 零部件检测

6.2.1 螺杆检测

6.2.1.1 表面处理检测：

a）氮化螺杆用同炉试样，并按 GB/T 11354 和 GB/T 4340.1 检测其氮化层深度、硬度及脆性；

b）烧结双金属螺杆的表面硬度、耐磨层厚度按 JB/T 2985 规定的方法检测；

c）表面镀涂硬铬或耐磨合金的螺杆的表面硬度、耐磨层厚度按 GB/T 11379 规定的方法检测。

6.2.1.2　螺杆表面粗糙度用比较样块对比法，或采用粗糙度仪检测。

6.2.1.3　螺杆的大端外径极限偏差检测如图 2 所示：

a）按螺杆的大端外径和小端外径以及螺杆的有效螺纹工作长度，计算出沿螺纹轴向长度增加或缩小的固定值；

b）制一测量专用锥形套筒，其大端内径小于螺杆大端外径，使套筒与螺杆配合后保持一个 h 距离；

c）用测量专用套筒按图 2 套至螺杆大端上使其配合良好，并达到螺杆外径口处，使 h 距离在 A、B 两个端面内；

d）用量具测出 A 端面至 B 端面距离 h 的数值；

e）将测得的 h 距离值，根据式（1）及式（2）计算出螺杆大端外径 D 的极限偏差。

$$h_{min} = \frac{(D_{min} - D_{测套})/2}{\tan \alpha} \quad\quad\quad\quad\quad\quad\quad (1)$$

式中：

h_{min}——A 端面、B 端面最小距离，单位为毫米（mm）；

D_{min}——螺杆大端最小直径，单位为毫米（mm）；

$D_{测套}$——专用锥形套筒大端内孔尺寸，单位为毫米（mm）；

α——螺杆半锥角，单位为度（°）。

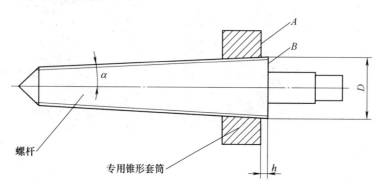

图 2　螺杆的大小端外径极限偏差检测

$$h_{max} = \frac{(D_{max} - D_{测套})/2}{\tan \alpha} \quad\quad\quad\quad\quad\quad\quad (2)$$

式中：

h_{max}——A 端面、B 端面最大距离，单位为毫米（mm）；

D_{max}——螺杆大端最大直径，单位为毫米（mm）。

6.2.1.4　螺杆小端外径极限偏差检测如图 3 所示：

a）按照锥形螺杆小端外径和大端外径尺寸极限偏差制造两个测量专用锥形套筒（测量大端的专用锥形套筒也可用）

b）将大端、小端两个测量套筒按图 3 分别套入螺杆大端外径 D 处和小端外径 d 处，使两个套筒在螺杆两个部位配合良好；

c）用量具测出大端套筒端面处至小端套筒端面处的距离 L；

d）将测得的 L 值，根据式（3）及式（4）计算出尺寸 d 的极限偏差。

$$L_{max} = \frac{(d_{max} - d_{测套})/2}{\tan\alpha} + L' - h_{max} \quad\cdots\cdots\cdots\cdots\cdots\cdots\cdots\cdots\cdots\cdots\cdots (3)$$

$$L_{min} = \frac{(d_{min} - d_{测套})/2}{\tan\alpha} + L' - h_{min} \quad\cdots\cdots\cdots\cdots\cdots\cdots\cdots\cdots\cdots\cdots\cdots (4)$$

式中：

L_{max}——大、小端测量专用锥形套筒的最大端面距离，单位为毫米（mm）；

$d_{测套}$——专用锥形套筒小端内孔尺寸，单位为毫米（mm）；

L'——图样上标注的螺杆螺纹两端面间的距离，单位为毫米（mm）；

L_{min}——大、小端测量专用锥形套筒的最小端面距离，单位为毫米（mm）。

6.2.2 机筒检测

6.2.2.1 表面处理检测按 6.2.1.1 的规定检测。

6.2.2.2 内孔表面粗糙度按 6.2.1.2 的规定检测。

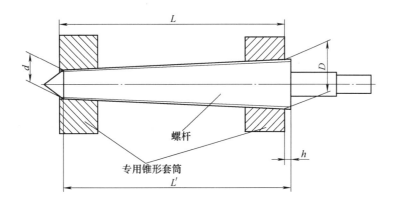

图 3 螺杆小端外径极限偏差检测

6.3 装配

6.3.1 机筒与两根螺杆之间的径向间隙检测

将螺杆尾部和减速器输出轴之间的连接套拆开，并向减速箱方向推移，然后将螺杆向机筒小端方向推足，测量螺杆尾部连接接头端面与减速箱端面的距离，径向间隙按式（5）计算：

$$a = 2c\sin\alpha \quad\cdots\cdots\cdots\cdots\cdots\cdots\cdots\cdots\cdots\cdots\cdots\cdots\cdots\cdots\cdots\cdots\cdots (5)$$

式中：

a——径向双面间隙，单位为毫米（mm）；

c——螺杆尾部连接接头端面与减速箱输出轴端面的距离，单位为毫米（mm）。

6.3.2 管路密封

6.3.2.1 水路进行 1.5 倍工作压力的压力试验，保压 5 min，用白色滤纸检验系统密封部位有无渗漏现象。

6.3.2.2 油路用工作压力试验，用白色滤纸检验系统密封部位有无渗漏现象。

6.3.2.3 油泵运转平稳性及各润滑点供油状况用感观法检验。

6.4 整机

6.4.1 空运转试验

6.4.1.1 传动箱应单独进行空运转试验。传动箱连续空运转时间不得少于 2 h，用感观法检验 5.4.3.1

规定的项目。

6.4.1.2 机器在总装合格后，在机筒内孔表面和螺杆表面涂上润滑剂，进行不大于 3 min 的低速空运转试验，用感观法检验 5.4.3.2 规定的项目。

6.4.2 负荷运转试验

6.4.2.1 空运转试验合格后方能进行负荷运转试验。

6.4.2.2 负荷运转试验应采用辅机联动或测试机头，并应在各工艺条件基本稳定，测试物料塑化良好，连续运转时间不得少于 2 h 的基础上，对各参数进行测试。

6.4.2.3 齿轮传动箱内润滑油的温升用符合附录 B 规定的温度计检验，5.4.4 规定的其他项目用感观法检验。

6.4.3 电气安全性能试验

6.4.3.1 短接的动力电路与保护电路导线（或挤出机外壳体）之间的绝缘电阻用500 V 兆欧表测量。

6.4.3.2 电加热器应先进行加热干燥，然后在冷态（室温）时，用500 V 兆欧表测量其绝缘电阻。

6.4.3.3 电加热器应先进行加热干燥，然后在冷态（室温）时用耐压测试仪按5.4.2.4的规定进行电气强度试验。

6.4.3.4 接地电阻用接地电阻仪测量。

6.4.4 噪声检测

6.4.4.1 挤出机按 6.4.2.2 规定的条件运行 2 h 后，关闭辅机，螺杆转速按最高转速的70%运行时，声级计的传声器置于水平距离挤出机外包络面 1.0 m 且离地高度为 1.5 m 的前端、挤出端、左侧、右侧 4 个对称中心位置和操作者位置，共 5 个测量点测量噪声。

6.4.4.2 测量过程中各测点测到的噪声声压级与背景噪声声压级之差应大于 10 dB，并且大于或等于 1 m^2 的声反射面距离各噪声测量点的最小距离应大于或等于 2 m。

6.4.4.3 测量时声级计的传声器应正对被测挤出机螺杆轴心线方向，声级计指示表应采用 A 计权测量，取观测时最大值与最小值的算术平均值作为被测点的噪声值。

6.4.4.4 测量用声级计应符合附录 B 的规定。

6.4.4.5 由上述方法测试的 5 个测点的 A 计权噪声值，按公式（6）计算其平均值，以该数值作为被测挤出机的 A 计权噪声声压级值。

$$L_{\mathrm{m}} = 10 \lg \left(\frac{1}{5} \sum_{i=1}^{n} 10^{0.1L_i} \right) \quad\cdots\cdots\cdots\cdots\cdots\cdots\cdots\cdots\cdots\cdots\cdots\cdots\cdots \text{（6）}$$

式中：

L_{m}——5 测点声压级的对数平均噪声值，单位为分贝（dB）；

n——测点总数；

L_i——第 i 个测点噪声值，单位为分贝（dB）。

6.4.5 外观质量

在光照良好的条件下采用目测。

6.5 产量检测

6.5.1 在稳定的工艺条件下，塑料从机头内挤出时，用秒表计时，60 s 切断料条一次，共进行两次，用衡器称出塑料的重量，取平均值，计算出每小时内挤出塑料的重量即为挤出产量。

6.5.2 采用测试机头测试时，机头节流阀应调节压力在大于或等于 15 MPa 的位置上，料温应小于或等于200℃，塑化应良好。

6.6 温度检测

用熔体温度测量装置测量物料温度。

6.7 机头压力检测

使用高温熔体压力传感器，测试前应校正，传感器应有良好的再现性。

6.8 转速检测

用测速装置直接或间接对螺杆转速进行测量，与控制柜上的转速指示表（盘）对照，误差应小于2%。

6.9 主电动机输入功率、效率检测

6.9.1 三相异步电动机的输入功率用一台三相功率表或三台单项功率表测量，电动机效率按 GB/T 1032—2012 中的损耗分析法确定，其中杂散损耗按额定输入功率的 0.5% 计算。

6.9.2 直流电动机的输入功率用直流电压表、直流电流表测量计算，电动机效率按 GB/T 1311—2008 的规定测量确定。

6.10 比流量检测

采用测试机头进行比流量检测中，在满足6.5的条件下，允许对挤出机的运行参数在按附录A规定的范围内进行调整，以获取最佳值，比流量按式（7）计算：

$$q=Q_{实测}/n_{实测} \quad\quad (7)$$

式中：

q——比流量，单位为六十分之一千克每转 $[(kg/h)/(r/min)]$；

$Q_{实测}$——实测产量，单位为千克每小时（kg/h）；

$n_{实测}$——实测转速，单位为转每分（r/min）。

6.11 实际比功率检测

采用测试机头进行实际比功率检测中，在满足6.5.1、6.5.2的条件下，允许对挤出机的运行参数在按附录A规定的范围内进行调整，以获取最佳值，实际比功率按式（8）计算：

$$N'=P_{实测}/Q_{实测} \quad\quad (8)$$

式中：

N'——实际比功率，单位为千瓦时每千克（kW·h/kg）；

$P_{实测}$——电动机实测输入功率，单位为千瓦（kW）。

7 检验规则

7.1 出厂检验

7.1.1 每台产品须经制造厂质量检验部门检验合格后，并附有产品质量合格证方能出厂。

7.1.2 每台产品出厂前应进行不少于2h的连续空运转试验（抽出螺杆），其中带螺杆不少于3 min的空运转试验。

7.1.3 产品的出厂检验项目见表4。

7.1.4 出厂检验不合格的产品，经修复达到规定并重新检验合格后，可作为合格品交付。

7.2 型式试验

7.2.1 型式试验应在下列情况之一时进行：

    a）新产品或老产品转厂生产的试制定型鉴定；

    b）正式生产后，如结构、材料、工艺有较大改变，可能影响产品性能时；

    c）正常生产时，每年最少抽试一台；

    d）产品长期停产后，恢复生产时；

    e）出厂检验结果与上次型式试验有较大差异时；

    f）国家质量监督机构提出进行型式试验要求时。

7.2.2 产品的型式试验项目见表4。

表4 出厂检验及型式试验的检验项目

序号	检验项目	标准条款	出厂检验	型式试验
1	螺杆和机筒表面硬度、深度（厚度）、脆性	5.2.1.2，5.2.2.2	●	●
2	螺杆和机筒表面粗糙度	5.2.1.3，5.2.2.3	●	●
3	螺杆大、小端外径偏差	5.2.1.4	●	●
4	螺杆机筒装配间隙	5.3.1	●	●
5	管路密封	5.3.3，5.3.4	●	●
6	空运转试验	5.4.3	●	●
7	负荷运转试验	5.4.4	●	●
8	安全防护外罩及警示标识	5.4.2.1	●	●
9	绝缘电阻	5.4.2.2，5.4.2.3	●	●
10	电热圈耐压试验	5.4.2.4		●
11	接地导体电阻、接地电阻	5.4.2.5，5.4.2.6	●	●
12	齿轮传动箱内润滑油的温升	5.4.1.4		●
13	整机噪声	5.4.5		●
14	外观质量	5.4.7	●	●
15	产量、机头压力、料温	6.5，6.6，6.7	●	●
16	转速	6.8		●
17	主电动机输入功率、效率	6.9		●
18	比流量	6.10		●
19	实际比功率	6.11	●	●

7.3 型式试验判定规则

经型式试验若有不合格项时，需进行复检，复检若仍有不合格项时，则判定为不合格。

8 标志、包装、运输和贮存

8.1 标志

产品应在适当的明显位置固定产品标牌。标牌型式、尺寸及技术要求应符合 GB/T 13306 的规定，

标牌上至少应标出下列内容:

    a)产品的名称、型号;

    b)产品的主要技术参数;

    c)制造企业的名称和商标;

    d)制造日期和编号。

8.2 包装

产品包装应符合 GB/T 13384 的规定。包装箱内应装有下列技术文件(装入防水袋内)。

    a)产品合格证;

    b)使用说明书,其内容应符合 GB/T 9969 的规定;

    c)装箱单;

    d)备件清单;

    e)安装图。

8.3 运输

产品运输应符合 GB/T 191 和 GB/T 6388 的规定。

8.4 贮存

产品应贮存在干燥、通风、无火源、无腐蚀性气(物)体处,如露天存放应有防雨措施。

附　录　A

（规范性附录）

基本参数

A.1 基本参数应符合表 A.1 的规定，表 A.1 用于锥形异向双螺杆挤出机的考核，以挤出硬聚氯乙烯干混粉料为主，也可挤出软聚氯乙烯干混粉料。

A.2 基本参数中主要考核满足 6.5.2 要求的挤出量、比流量实际比功率：

a）挤出机的最高挤出产量应符合表 A.1 的相应规定；

b）允许三相异步主驱动电动机输出功率在额定输出功率的 100%～75% 范围内调整至某个点，该点实测的比流量和实际比功率不应劣于表 A.1 的相应规定，挤出产量不应低于表 A.1 规定值与该点输出功率所占额定输出功率百分数的乘积；

c）允许直流主驱动电动机的转速在最高转速的 100%～70% 范围内调整至某个点，该点实测的比流量和实际比功率不应劣于表 A.1 的相应规定，挤出产量不应低于表 A.1 规定值与该点转速所占最高转速百分数的乘积。

表 A.1　基本参数

螺杆小端公称直径 d mm	螺杆最大转速与最小转速的调速比 i	挤出产量（PVC-U）Q kg/h	实际比功率 N' kW·h/kg	比流量 q （kg/h）/（r/min）	中心高 H mm
25		≥30		≥0.50	
35		≥70		≥1.75	
45		≥88		≥2.59	
（50）		≥148	≤0.14	≥4.35	
51	≥6	≥152		≥4.61	1 000
55		≥165		≥5.00	
（60）		≥210		≥6.36	
65		≥270		≥8.18	
80		≥410	≤0.13	≥12.81	
92		≥770		≥24.0	1 100
注：括号内的螺杆小端公称直径是辅助规格。					

附　录　B
（资料性附录）
检测用仪器仪表名称、测量范围和准确度等级

表 B.1 给出了锥形异向双螺杆挤出机检测用仪器仪表名称、测量范围和准确度等级。

表 B.1　检测用仪器仪表名称、测量范围和准确度等级

名　称	测试项目	量程及范围	准确度等级或最大允许误差或测量不确定度
衡器	挤出物料重	0 kg～30 kg	MPE：±5 g
秒表	时间	0 min～30 min	MPE：±0.5 s
测速装置	转速	0 r/min～999.9 r/min	MPE：±0.5 r/min
熔体温度测量装置	高温熔融物料温度	0℃～300℃，0℃～500℃	MPE：±1.0℃
温度计	齿轮传动箱内润滑油的温升	0℃～100℃	MPE：±0.5℃
熔体压力测量装置	高温熔融物料压力	0 MPa～29.4 MPa，0 MPa～49 MPa	MPE：±1.5%
声级计	整机噪声	25 dB（A）～140 dB（A）	MPE：±1.0 dB（A）
功率表	电动机功率	0.01 kW～600 kW	1.0 级
直流电压表	直流电动机电压	0 V～500 V	1.0 级
直流电流表	直流电动机电流	0 mA～75 mA（附200 A 分流器）	1.0 级
交流电压表	交流电动机电压	0 V～500 V	1.0 级
兆欧表	绝缘电阻	200 MΩ～1 000 MΩ	10 级
耐压测试仪	耐压试验	电压：（0～5）kV 电流：（0～200）mA 时间：（10～99）s	5.0 级
接地电阻测试仪	接地电阻	0 Ω～25 Ω	1.0 级

ICS 71.120；83.200

G 95

备案号：51756—2015

中华人民共和国机械行业标准

JB/T 6493—2015

代替 JB/T 6493—1992

塑料薄膜制袋机

Plastics film bag making machine

2015-10-10 发布

2016-03-01 实施

中华人民共和国工业和信息化部 发布

前　言

本标准按照GB/T 1.1—2009给出的规则起草。

本标准代替JB/T 6493—1992《塑料制袋机》，与JB/T 6493—1992相比主要技术变化如下：

——修改了标准名称；

——增加了3项引用文件，并更新了原引用文件；

——提高了底边宽偏差；

——修改了制袋长度的最大变动量；

——增加了电气系统的技术要求，并增加了相应的检测方法；

——增加了制袋机外观的要求所执行的标准，并增加了外观质量检测；

——对产品贮存要求进行了修改。

本标准由中国机械工业联合会提出。

本标准由全国橡胶塑料机械标准化技术委员会塑料机械分技术委员会（SAC/TC71/SC2）归口。

本标准起草单位：大连塑料机械研究所、福建省闽旋科技股份有限公司、北京橡胶工业研究设计院。

本标准主要起草人：吴丹、朱斌、刘健玮、郑军、何成。

本标准所代替标准的历次版本发布情况为：

——JB/T 6493—1992。

塑料薄膜制袋机

1 范围

本标准规定了塑料薄膜背心袋制袋机及塑料薄膜圆筒袋制袋机的术语和定义、基本参数、技术要求、试验方法、检验规则、标志、包装、运输和贮存。

本标准适用于塑料薄膜背心袋制袋机及塑料薄膜圆筒袋制袋机（以下简称制袋机）。

2 规范性引用文件

下列文件对于本文件的应用是必不可少的。凡是注日期的引用文件，仅注日期的版本适用于本文件。凡是不注日期的引用文件，其最新版本（包括所有的修改单）适用于本文件。

GB/T 191 包装储运图示标志
GB 5226.1—2008 机械电气安全 机械电气设备 第1部分：通用技术条件
GB 6388 运输包装收发货标志
GB/T 9969 工业产品使用说明书 总则
GB/T 13306 标牌
GB/T 13384 机电产品包装通用技术条件
HG/T 3120 橡胶塑料机械外观通用技术条件
HG/T 3228 橡胶塑料机械涂漆通用技术条件
JB/T 5438 塑料机械 术语
QB/T 2358 塑料薄膜包装袋热合强度试验方法

3 术语和定义

JB/T 5438 界定的以及下列术语和定义适用于本文件。

3.1

单列、双列、多列 single-row、two-row、multi-row
在切刀宽度方向上制塑料袋的行数。

3.2

单层、双层 single-layer、dual-layer
每列塑料袋层数为单个或两个。

3.3

色标 color code
塑料袋印刷图案的位置标记（例如：宽 4 mm、长 30 mm 的与塑料基色有明显差别的印刷直线条）。

3.4

袋长偏差 bag length deviation
塑料袋实际长度与公称长度之差值。对于图案印刷袋为色标至后裁切线之间的长度的偏差值。

3.5

底边宽偏差 bottom edge width deviation

热封合线与裁切线之间的实际宽度与底边公称宽度之差值。

4 基本参数

制袋机的基本参数参见附录 A。

5 技术要求

5.1 总则

制袋机应符合本标准的要求，并按经规定程序批准的图样及技术文件制造。

5.2 主要零部件技术要求

5.2.1 热合砧面应采用耐热硅橡胶。

5.2.2 裁切刀应采用优质合金工具钢制造，刃部锋利，硬度为 60 HRC～64 HRC。

5.2.3 焊刀工作温度在 250℃以下，无级可调，并可自动恒温。焊刀工作温度在设定值时，其波动值在 ±4℃之内。

5.3 装配技术要求

5.3.1 运动部位应运转轻便、灵活、间隙适宜，无阻滞现象，机器运转平稳，无明显振动。

5.3.2 切刀刃部在工作中要保持连续而轻微地接触，能顺利快捷地裁切薄膜，无啃刀现象。

5.3.3 电磁离合器和制动器的摩擦面间隙应调整均匀，数值符合其说明书的规定。

5.3.4 应无漏气、漏油现象。

5.3.5 电气线路布置应安全、合理、整齐、美观，接触点应牢固。

5.4 整机技术要求

5.4.1 制袋型式：

a）单列或多列的印刷图案的背心袋及圆筒袋；

b）多列双层同样长度的单色背心袋及圆筒袋。

5.4.2 制袋塑料薄膜原料及厚度：

LDPE：0.02 mm～0.06 mm；

LLDPE：0.015 mm～0.06 mm；

HDPE：0.01 mm～0.03 mm；

PP：0.01 mm～0.03 mm。

5.4.3 袋长极限偏差及底边宽极限偏差应符合表 1 的规定。

表 1 袋长极限偏差及底边宽极限偏差 单位为毫米

袋公称长度L	袋长极限偏差	底边宽极限偏差
～250	±2.5	
>250～500	±3.5	±1
>500	±0.7%L	

5.4.4 制袋长度的最大变动量应符合表 2 的规定。

表2　制袋长度的最大变动量　　　　　　　　　　　　　　　　　　单位为毫米

袋公称长度 L	最大变动量
~250	+4
>250~500	+5
>500	+1% L

5.4.5　制袋热合强度应符合 QB/T 2358 的规定。

5.4.6　塑料袋堆集或订本应整齐一致，数量应与计数器一致。

5.4.7　制袋动作应正确协调、调速平稳，高速时机器应无明显振动。

5.4.8　光电跟踪对色标应反应灵敏并可靠。

5.4.9　静电消除器针端对地拉火放电距离应不小于 5 mm。

5.4.10　电气系统应符合以下要求：

　　a）应有安全可靠的接地装置和明显的接地标志；

　　b）应有紧急停机按钮；

　　c）外部保护联结电路与电气设备任何裸露导体零件之间的接地电阻不大于 0.1 Ω；

　　d）在动力电路导线与保护联结电路间施加 DC500 V 时，测得的绝缘电阻应不小于 1 MΩ；

　　e）电气设备应进行耐电压试验，其试验条件应符合 GB 5226.1—2008 中 18.4 的规定。

5.4.11　制袋机负荷运转时，其 A 计权噪声声压级应不大于 85 dB。

5.4.12　制袋机外观应符合 HG/T 3120 的规定。

5.4.13　制袋机表面涂漆应符合 HG/T 3228 的规定。

6　试验方法

6.1　空运转试验

制袋机装配合格后应做速度由低至高、时间不少于 2 h 的空运转试验。

6.2　负荷运转试验

空运转测试合格后，在额定最大负荷下进行负荷运转试验。

6.3　试验条件

试验条件为：

　　a）环境相对湿度不大于 80%（25℃时）；

　　b）供电电压误差不大于额定电压的 10%；

　　c）应备不同规格的合格塑料薄膜卷。

6.4　生产能力检测

用秒表测定随机计数器显示的制袋动作数所对应的时间，计算出制袋速度和最高生产线速度。

6.5　袋长偏差及底边宽偏差检测

6.5.1　用最高速度连续制作表 1 中单列小规格单色袋 100 个，用钢直尺测量其袋长偏差及底边宽偏差。

6.5.2　用最高速度连续制作表 1 中单列小规格有色标的印刷图案袋 100 个，用钢直尺测量其袋长偏差及底边宽偏差。

6.5.3　用最高生产线速度连续制作表 1 中单列中等规格单色袋 100 个，用钢直尺测量其袋长偏差及底边宽偏差。

6.5.4 用最高生产线速度连续制作表 1 中单列中等规格有色标的印刷图案袋 100 个，用钢直尺测量其袋长偏差及底边宽偏差。

6.5.5 用最低速度连续制作表 1 中单列最长规格单色袋 50 个，用钢直尺测量其袋长偏差及底边宽偏差。

6.5.6 用最低速度连续制作表 1 中单列最长规格有色标的印刷图案袋 50 个，用钢直尺测量其袋长偏差及底边宽偏差。

6.6 制袋长度的变动量检测

在 6.5.1 及 6.5.3 的情况下，按 5.4.4 的规定在运动中逐渐改变速度，连续制袋 100 个，用钢直尺测量制袋长度的变动量。

6.7 制袋热合强度检测

制袋热合强度按 QB/T 2358 的规定进行检测。

6.8 电气系统检测

6.8.1 用接地电阻测试仪测量制袋机的接地电阻，应符合 5.4.10c）的规定。

6.8.2 用绝缘电阻表测量制袋机的绝缘电阻，应符合 5.4.10d）的规定。

6.8.3 用耐电压测试仪进行电气设备的耐电压试验，应符合 5.4.10e）的规定。

6.9 噪声检测

用噪声检测仪在机器的操作位置一侧，距机台 1.0 m、高 1.6 m 处进行测量，均布测 6 点，取其平均值，噪声应符合 5.4.11 的规定。

6.10 外观质量检测

制袋机外观、油漆表面采用目测，应符合 5.4.12、5.4.13 的规定。

7 检验规则

7.1 基本要求

每台制袋机应经制造厂质量检验部门检查合格后方能出厂，出厂时应附有产品质量合格证。

7.2 出厂检验

每台制袋机出厂前，应按 6.1 进行空运转试验，并按 5.3.1、5.3.3～5.3.5、5.4.11、5.4.12 进行检查。

7.3 型式检验

型式检验的项目内容包括本标准中的各项技术要求。型式检验应在下列情况之一时进行：

a）新产品或老产品转厂时的试制定型鉴定；

b）正式生产后，如结构、材料、工艺等有较大改变，可能影响产品性能；

c）正常生产时，每年最少抽试一台；

d）产品停产两年后，恢复生产；

e）出厂检验结果与上次型式检验有较大差异；

f）国家质量监督机构提出型式检验要求。

7.4 判定规则

型式检验项目全部符合本标准的规定，则为合格。型式检验每次抽检一台，当检验不合格时，应再抽检一台，若再不合格，则应逐台进行检验。

8 标志、包装、运输和贮存

8.1 标志

产品应在适当的明显位置固定产品标牌。标牌型式、尺寸及技术要求应符合 GB/T 13306 的规定，标牌上至少应标出下列内容：

 a）产品的名称、型号及执行标准编号；
 b）产品的主要技术参数；
 c）制造企业的名称和商标；
 d）制造日期和编号。

8.2 包装

产品包装应符合 GB/T 13384 的规定。包装箱内应装有下列技术文件（装入防水袋内）：

 a）产品质量合格证；
 b）使用说明书，其内容应符合 GB/T 9969 的规定；
 c）装箱单；
 d）备件清单；
 e）安装图。

8.3 运输

产品运输应符合 GB/T 191 和 GB 6388 的规定。

8.4 贮存

产品应贮存在干燥、通风、无火源、无腐蚀性气（物）体处，如露天存放应有防雨措施。

附　录　A

（资料性附录）

基本参数

基本参数见表 A.1。

表 A.1　基本参数

最大制袋宽度 W mm	300，350，400，450，500，550，600，650，700，750，800，850	900，1 000，1 100，1 200
最大制袋长度 L_{max} mm	500，600，700，800，1 000	1 250，1 500，1 750，2 000，2 500
最高制袋速度 n_{max} 次/min	≥80	≥70
最低制袋速度 n_{min} 次/min	≥30	≥20
最高生产线速度 v_{max} m/min	≥30	≥50

ICS 71.120;83.200

G 95

备案号：45791—2014

中华人民共和国机械行业标准

JB/T 6494—2014
代替 JB/T 6494—2002

料斗式塑料干燥机

Hopper type plastic dryer

2014-05-06 发布

2014-10-01 实施

中华人民共和国工业和信息化部 发布

前　言

本标准按照GB/T 1.1—2009给出的规则起草。

本标准代替JB/T 6494—2002《料斗式塑料干燥机》，与JB/T 6494—2002相比主要技术变化如下：

——规范性引用文件引用了最新版本标准，增加了新引用标准；

——明确了干燥机的规格划分；

——增加了技术要求的条款；

——增加了基本参数并修正原参数；

——修正了部分名称、语句及部分单位。

本标准由中国机械工业联合会提出。

本标准由全国橡胶塑料机械标准化技术委员会塑料机械分技术委员会（SAC/TC71/SC2）归口。

本标准起草单位：轻工塑机（苏州）有限公司、东莞市凌宇环保科技有限公司、大连塑料机械研究所。

本标准主要起草人：范文淹、林永平、苏红凤。

本标准所代替标准的历次版本发布情况为：

——JB/T 6494—1992、JB/T 6494—2002。

料斗式塑料干燥机

1 范围

本标准规定了料斗式塑料干燥机的术语和定义、基本参数、技术要求、试验方法、检验规则、标志、包装、运输和贮存。

本标准适用于料斗式塑料干燥机（以下简称干燥机）。

2 规范性引用文件

下列文件对于本文件的应用是必不可少的。凡是注日期的引用文件,仅注日期的版本适用于本文件。凡是不注日期的引用文件,其最新版本（包括所有的修改单）适用于本文件。

GB/T 191 包装储运图示标志

GB 1236 工业通风机 用标准化风道进行性能试验

JB/T 2379—1993 金属管状电热元件

GB 3785—1983 声级计的电、声性能及测试方法

GB/T 6388 运输包装收发货标志

GB/T 9969 工业产品使用说明书 总则

GB/T 13306 标牌

GB/T 13384 机电产品包装通用技术条件

HG/T 3228—2001 橡胶塑料机械涂漆通用技术条件

JB/T 5438 塑料机械 术语

3 术语和定义

JB/T 5438 界定的以及下列术语和定义适用于本文件。

3.1

温控精度 temperature accuracy

干燥机连续工作时,在温度控制仪设定温度不变的条件下,温度指示值对设定值的最大偏差。

3.2

容积 volume

干燥机可装载塑料原料部分空间范围的理论计算值。

3.3

装料量 charge amount

干燥机可装载表观密度为 0.64 g/cm^3 的尼龙 6 颗粒状塑料原料的质量。

4 基本参数

基本参数应符合表 1 的规定。

表 1　基本参数

装料量 kg	容积 L	干燥能力 kg/h	电热功率 kW	风机		
				风量 m³/min	风压 Pa	额定功率 kW
10	16	4	1.5	1.6	370	0.06
12	20	5	1.6	2.2		
15	25	6				
20	32	8	2.1			
25	40	10	2.7			
(40)	(63)	16	3.6	3.0	630	0.12
50	80	20	3.9	3.5		0.18
75	125	30	4.8	4.0		0.25
100	160	40	5.4			
(120)	(200)	48		7.5	780	0.37
150	250	60	9.0	10.0	1 200	0.55
200	315	80	12.6			
250	400	100	15.0			
300	500	120	18.0	15.0		0.75
500	800	200	24.0	20.0		1.1
800	1 250	320	32.0			
1 000	1 600	400	42.0			
1 500	2 500	600	48.0	33.3	1 400	1.5

注：按照装料量划分干燥机规格，尽可能不采用括号内的规格。

5　技术要求

5.1　干燥机应符合本标准所划分各规格的要求，并按经规定程序批准的图样及技术文件制造。

5.2　各密封部位应无漏风。

5.3　紧固件应无松动。

5.4　焊接处应牢固，焊缝应光滑、平整。

5.5　外形无碰伤、裂痕、锈蚀现象。

5.6　涂漆表面符合 HG/T 3228—2001 中 3.4.5.1 漆膜外观的要求。

5.7　内部应清洁，无油污、尘土和金属异物。

5.8　搁架制作应牢固，无脱落隐患。

5.9　电气控制部分在工作时应灵敏、可靠、安全，接线应正确、牢固，行线排列整齐规范，接线端子编码齐全正确，并有明显清晰的接地标记，冷态时绝缘电阻应不小于 2 MΩ。

5.10　干燥机空载升温 50℃时间不大于 1 h。

5.11　干燥机最高干燥温度不超过 150℃。

5.12　在相对湿度不高于 70%，加热温度为 110℃的条件下，塑料原料在投入干燥机后，在静态下干燥时间应不大于 2.5 h。

5.13　干燥机的温控精度为 ±1℃。

5.14　干燥机的噪声（声压级）按表 2 的规定。

表 2 噪声

容积 L	噪声 dB（A）
≤160	≤80
>160	≤82

5.15 干燥机表面明显位置应粘贴警示标志"防止高温烫伤"和"防止触电"。

5.16 超温应有保护措施。

5.17 金属电热管要求绝缘耐压、具有良好的导热性能。

6 试验方法

6.1 空运转试验

干燥机总装合格后，应进行不少于 1 h 的空运转试验。

6.1.1 装配质量及外观质量检测

目测应符合 5.3～5.8 的要求。

6.1.2 各密封部位检测

起动风机，进风口全开，手感检查干燥机各密封部位。

6.1.3 冷态绝缘电阻检测

断开温控仪，用 500 V 兆欧表测量干燥机的冷态绝缘电阻。

6.1.4 空载升温检测时间

料斗内不装料，插板关闭，风机进风口全开，开机测定双金属温度计或置于料斗内的酒精温度计指示值上升 50℃的时间，不大于 1 h 并符合 5.4 的要求。

6.1.5 最高干燥温度检测

料斗内不装料，插板关闭，风机进风口微开，开机观察温度计指示值上升的最高值。

6.2 负荷运转试验

空运转合格后，按照 5.12 的要求应进行不少于 2.5 h 的负荷运转试验。

6.2.1 装料量与容积的检测

空载升温检测合格后，干燥机料斗内按表 1 中规定的装料量装入尼龙 6 颗粒料，并同时称量测定装料量。容积按公式计算得到：

$$容积（L）=装料量（kg）/0.64（g/cm^3）$$

6.2.2 干燥时间与电热功率检测

温控仪设定适当的温度，使温度计指示的最大值与最小值的平均值为 110℃。达到 110℃后，每间隔 15 min 从取样孔取样，取样量为装料量的 0.2%，用快速水分测定仪测定含水量达到 0.2%所需的时间。用功率表同时测定电热功率。试验时室内空气的相对湿度应不高于 70%。

6.2.3 恒温精度检测

与干燥时间检测同时进行,温控仪设定温度不变,观察温度计指示值对平均值的偏差。

6.2.4 干燥能力检测

干燥时间检测合格后,每间隔 5 min 从排料口排放一次料,每次排料量大于或等于表中规定的干燥能力的 1/12,同时放入相应重量的冷料,每间隔 0.5 h 从排放料中取样,用快速水分测定仪测含水量,在 5 次取样中含水量均应不大于 0.2%。

6.2.5 噪声检测

应符合 GB 3785—1983 的要求。

6.2.6 风机参数检测

按 GB 1236 对风机单独进行检测。

6.2.7 金属电热管检测

按 JB/T 2379—1993 对金属电热管单独进行检测。

7 检验规则

7.1 出厂检验

7.1.1 每台干燥机应经制造厂质量检验部门检验合格后方能出厂,并应附有产品质量合格证。

7.1.2 每台干燥机出厂前按 6.1 进行试验,并按 5.2~5.10 的要求进行检验。

7.2 型式检验

7.2.1 型式检验按规定进行全项目检验。

7.2.2 有下列情况之一时,应进行型式检验:
 a)新产品或老产品转厂生产的试制定型鉴定;
 b)正式生产后,如结构、材料、工艺有较大改变,可能影响产品性能时;
 c)成批生产时每年最少抽试一次;
 d)产品停产一年后,恢复生产时;
 e)出厂检验结果与上次型式检验有较大差异时;
 f)国家质量监督机构提出进行型式检验的要求时。

7.2.3 判定规则

型式检验从出厂检验合格的产品中随机抽检一台,当检验不合格时再抽检一台,若再不合格,则型式检验判为不合格。

8 标志、包装、运输和贮存

8.1 标志

产品应在适当的明显位置固定产品标牌。标牌型式、尺寸及技术要求应符合 GB/T 13306 的规定,标牌上至少应标出下列内容:
 a)产品的名称、型号;

b）产品的主要技术参数；

c）制造企业的名称和商标；

d）制造日期和编号。

8.2 包装

产品包装应符合 GB/T 13384 的规定。包装箱内应装有下列技术文件（装入防水袋内）。

a）产品合格证；

b）使用说明书，其内容应符合 GB/T 9969 的规定；

c）装箱单；

d）备件清单；

e）安装图。

8.3 运输

产品运输应符合 GB/T 191 和 GB/T 6388 的规定。

8.4 贮存

产品应贮存在干燥、通风、无火源、无腐蚀性气（物）体处，如露天存放应有防雨措施。

ICS 71.120;83.200

G 95

备案号：45792—2014

JB

中 华 人 民 共 和 国 机 械 行 业 标 准

JB/T 6928—2014
代替 JB/T 6928—1993

塑料挤出带辅机

Plastics belt extrusion accessory

2014-05-06 发布   2014-10-01 实施

中华人民共和国工业和信息化部 发布

前　言

本标准按照GB/T 1.1—2009给出的规则起草。

本标准代替JB/T 6928—1993《塑料挤出带辅机》，与JB/T 6928—1993相比主要技术变化如下：

——3.3改为"热拉伸装置后的拉伸辊与热拉伸装置前的牵引辊的速度之比"，表述更确切；

——第4章表1中，增加了塑料带宽度9、9.5、10.5、11、11.5、13.5、14、16、25、32；

——5.2.3改为了"带辅机噪声应符合GB/T 25431.1的规定"；

——增加了5.2.6；

——增加了5.2.7；

——5.3.1调整了各轧花辊轮工作表面镀硬铬硬度，硬度应不低于600 HV，镀铬层为0.02 mm～0.04 mm；

——5.3.2增加了各牵引辊轮工作表面镀硬铬的硬度范围，即硬度应不低于600 HV；增加镀铬层为0.02 mm～0.04 mm；

——6.2.4整机噪声的检测改成噪声的检测，并按GB/T 25431.1的规定检测，测点高度1.5 m改成1.6 m，取其最大值改成平均值；

——7.1增加了出厂检验项目：5.2.4、5.2.6、5.2.7、5.4.3、5.4.4；

——7.3.1进行了调整；

——7.3.2改为了7.3判定规则；

——8.1进行了修改。

本标准由中国机械工业联合会提出。

本标准由全国橡胶塑料机械标准化技术委员会塑料机械分技术委员会（SAC/TC71/SC2）归口。

本标准起草单位：南京艺工电工设备有限公司、山东通佳机械有限公司、大连塑料机械研究所。

本标准主要起草人：金琦、张建群、吴丹、彭红光、宋颖薇。

本标准所代替标准的历次版本发布情况为：

——ZB G95 009.2—1988；

——JB/T 6928—1993。

塑料挤出带辅机

1 范围

本标准规定了塑料挤出带辅机的术语和定义、基本参数、技术要求、试验方法、试验规则、标志、包装、运输和贮存。

本标准适用于挤出单向拉伸成型的塑料挤出带辅机（以下简称带辅机）。

2 规范性引用文件

下列文件对于本文件的应用是必不可少的。凡是注日期的引用文件，仅注日期的版本适用于本文件。凡是不注日期的引用文件，其最新版本（包括所有的修改单）适用于本文件。

GB/T 191 包装储运图示标志
GB/T 6388 运输包装收发货标志
GB/T 9969 工业产品使用说明书 总则
GB 12023 塑料打包带
GB/T 13306 标牌
GB/T 13384 机电产品包装通用技术条件
GB 25431.1 橡胶塑料挤出机和挤出生产线 第1部分：挤出机的安全要求
HG/T 3228 橡胶塑料机械涂漆通用技术条件
JB/T 5438 塑料机械 术语

3 术语和定义

JB/T 5438 界定的以及下列术语和定义适用于本文件。

3.1
单条、双条、多条 single，double，multiple
模头挤出的塑料带坯的条数。

3.2
卷取速度 rolling speed
一个收卷盘单位时间卷绕的塑料带长度。

3.3
牵伸倍数 draft ratio
热拉伸装置后的拉伸辊与热拉伸装置前的牵引辊的速度之比。

4 基本参数

基本参数应符合表1的规定。

表 1 基本参数

塑料带宽度 mm			9、9.5、10.5、11、11.5、12、13.5、14 、15、15.5、16、19、22、25、32
塑料带厚度 mm			0.4～1.5
塑料带坯条数			单条、双条、多条
牵伸倍数			5～10
热拉伸温度 ℃	干法拉伸	电阻加热	110～200
		热风循环加热	
		辐射加热	
	湿法拉伸	水浴加热	≥95
卷取速度 m/min	配套挤出机产量（50～80）kg/h PP		5～50
	配套挤出机产量（80～120）kg/h PP		8～80

注：卷取速度以宽度为 15.5 mm、厚度为 0.8 mm 的聚丙烯塑料带，用最大卷取速度的 60%作为考核指标。

5 技术要求

5.1 总则

带辅机应符合本标准的要求，并按经规定程序批准的图样及技术文件制造。

5.2 整机技术要求

5.2.1 带辅机各部动作应正确、协调，各传动系统应运转平稳。运转部件运转应灵活、轻便，无阻滞现象。

5.2.2 带辅机的牵引速度应恒定，其速度变化率应不大于 5%。塑料带的卷取应顺序排绕、平整地卷入收卷盘，并且卷取时塑料带内外张紧力应一致。收卷盘的更换应安全、方便、迅速。

5.2.3 带辅机噪声应符合 GB/T 25431.1 的规定。

5.2.4 带辅机表面涂漆应符合 HG/T 3228 的规定。

5.2.5 带辅机生产的塑料带制品的型号、规格、外观质量和物理机械性能等各项指标，均应符 GB 12023 的规定。

5.2.6 带辅机机械、电器装置应设安全保护措施。

5.2.7 电气应达到以下的安全保护要求，以保证操作者和生产的安全：

　　a）短接的动力电路与保护电路导线之间的绝缘电阻不小于 1 MΩ。

　　b）电热圈的冷态绝缘电阻不小于 1 MΩ。

　　c）电热圈应进行耐压试验，当工作电压为 110 V 时，加压 1 000 V/min；当工作电压为 220 V 时，加压 1 500 V/min；当工作电压为 380 V 时，加压 2 000 V/min，耐压 1 min，工作电流 10 mA，不得有击穿。

5.3 主要零件的技术要求

5.3.1 各轧花辊轮工作表面应镀硬铬，硬度应不低于 600 HV，镀铬层为 0.02 mm～0.04 mm。

5.3.2 各牵引辊工作部分长度范围的表面应镀硬铬，硬度应不低于 600 HV，镀铬层为 0.02 mm～0.04 mm。

5.4 总装配技术要求

5.4.1 各通水管道应流畅，密封良好，无渗漏现象。

5.4.2 热拉伸温度波动值为–0.5℃～0.5℃。

5.4.3 电器仪表工作正常。电器、仪表线路的布置，应安全、合理、线路排列整齐、美观。

5.4.4 带辅机外表面的各焊接表面应光滑、平整，无明显的凹凸粗糙平面。

6 试验方法

6.1 空运转试验

带辅机总装配合格后，从低速到高速连续进行不小于 1 h 的空运转试验。

6.2 负荷运转试验

6.2.1 空运转试验合格后，应与相应的单螺杆塑料挤出机配套进行不少于 2 h 的连续负荷运转试验。

6.2.2 卷取速度的检测：用测速表随机测定塑料带的卷取速度。

6.2.3 制品检测：带辅机生产的塑料带制品的型号、规格、外观质量、物理机械性能等各项指标均按 GB 12023 的规定检测。

6.2.4 噪声的检测：噪声测定应按 GB/T 25431.1 的规定。在机器操作位置一侧，按带辅机全长取四个测点（见图 1）距离测点 1 m、高 1.6 m 处，取其平均值。

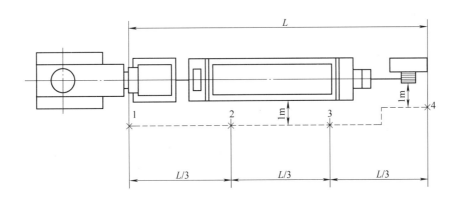

图 1 噪声检测示意图

7 检验规则

7.1 出厂检验

7.1.1 每台带辅机须经制造商质量检验部门检验合格后方可出厂，并附有产品质量合格证书。

7.1.2 每台带辅机出厂前应按 6.1 进行试验，并按 5.2.1、5.2.4、5.2.6、5.2.7、5.4.3、5.4.4 的要求进行检验。

7.2 型式试验

型式试验应在下列情况之一时进行：

a）新产品或老产品转厂生产的试制定型鉴定；

b）正式生产后，如结构、材料、工艺有较大改变，可能影响产品性能时；

c）成批生产的产品，每年至少抽试一台；

d）出厂检验结果与上次型式检验有较大差异时；

e）产品长期停产后，恢复生产时；

f）国家质量监督机构提出型式检验要求时。

型式检验应按 6.2 进行试验，并按表 1 中各项目及 5.2、5.4.1、5.4.2 进行检验。

7.3 判定规则

经型式检验若有不合格项时，需进行复检，复检若仍有不合格项时，则判定为不合格。

8 标志、包装、运输和贮存

8.1 标志

产品应在适当的明显位置固定产品标牌。标牌型式、尺寸及技术要求应符合 GB/T 13306 的规定，标牌上至少应标出下列内容：

a）产品的名称、型号；

b）产品的主要技术参数；

c）制造企业的名称和商标；

d）制造日期和编号。

8.2 包装

产品包装应符合 GB/T 13384 的规定。包装箱内应装有下列技术文件（装入防水袋内）。

a）产品合格证；

b）使用说明书，其内容应符合 GB/T 9969 的规定；

c）装箱单；

d）备件清单；

e）安装图。

8.3 运输

产品运输应符合 GB/T 191 和 GB/T 6388 的规定。

8.4 贮存

产品应贮存在干燥、通风、无火源、无腐蚀性气（物）体处，如露天存放应有防雨措施。

ICS 71.120；83.200

G 95

备案号：51757—2015

中华人民共和国机械行业标准

JB/T 6929—2015

代替 JB/T 6929—1993

塑料挤出转盘制鞋机

Rotary-table extruder for shoes

2015-10-10 发布　　　　　　　　　　2016-03-01 实施

中华人民共和国工业和信息化部 发布

前　　言

本标准按照GB/T 1.1—2009给出的规则起草。

本标准代替JB/T 6929—1993《塑料挤出转盘制鞋机》，与JB/T 6929—1993相比主要技术变化如下：

——增加了4项引用文件，并更新了原引用文件；

——修改了液压系统的要求；

——增加了液压系统检测方法；

——增加了电气系统的具体要求，并增加了相应的检测方法；

——增加了整机外观的要求所执行的标准，并增加了外观质量检测；

——对产品贮存要求进行了修改。

本标准由中国机械工业联合会提出。

本标准由全国橡胶塑料机械标准化技术委员会塑料机械分技术委员会（SAC/TC71/SC2）归口。

本标准起草单位：大连塑料机械研究所、北京橡胶工业研究设计院。

本标准主要起草人：鲁敬、郑军、刘明达、何成。

本标准所代替标准的历次版本发布情况为：

——ZB G95 007.1—1988、ZB G95 007.2—1988；

——JB/T 6929—1993。

塑料挤出转盘制鞋机

1 范围

本标准规定了塑料挤出转盘制鞋机的术语和定义、型式与基本参数、技术要求、试验方法、检验规则、标志、包装、运输和贮存。

本标准适用于加工各种帮面塑料鞋底的塑料挤出转盘制鞋机（以下简称鞋机）。

2 规范性引用文件

下列文件对于本文件的应用是必不可少的。凡是注日期的引用文件，仅注日期的版本适用于本文件。凡是不注日期的引用文件，其最新版本（包括所有的修改单）适用于本文件。

GB/T 191 包装储运图示标志

GB/T 1184—1996 形状和位置公差 未注公差值

GB 5226.1—2008 机械电气安全 机械电气设备 第 1 部分：通用技术条件

GB 6388 运输包装收发货标志

GB/T 9969 工业产品使用说明书 总则

GB/T 13306 标牌

GB/T 13384 机电产品包装通用技术条件

HG/T 3120 橡胶塑料机械外观通用技术条件

HG/T 3228 橡胶塑料机械涂漆通用技术条件

JB/T 5438 塑料机械 术语

JB/T 8538 塑料机械用螺杆、机筒

3 术语和定义

JB/T 5438 界定的以及下列术语和定义适用于本文件。

3.1

中心高 center height

螺杆轴线至模具支撑面的距离。

4 型式与基本参数

4.1 型式

鞋机按鞋模的锁紧结构分为平行式（见图 1）和剪式（见图 2）两种型式。

4.2 基本参数

鞋机的基本参数参见附录 A。

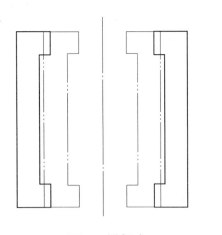

图 1 平行式　　　　　　　　　图 2 剪式

5　技术要求

5.1　总则

鞋机应符合本标准的要求，并按经规定程序批准的图样及技术文件制造。

5.2　主要零件技术要求

螺杆、机筒材料及表面处理应符合 JB/T 8538 的规定。

5.3　装配技术要求

5.3.1　模框两侧面对机筒轴线的对称度公差应不低于 GB/T 1184—1996 中 6 级的要求。

5.3.2　转盘转位分度角度公差值为 7′。

5.4　整机技术要求

5.4.1　鞋机应具备手动、半自动、自动三种操作控制方式。

5.4.2　鞋机应充分考虑安全，应设有机械、电气、液压三种联锁安全防护装置。

5.4.3　鞋机的结构应便于装拆螺杆进行清理或更换。

5.4.4　在规定的螺杆转速数值范围内，变速应灵活可靠。

5.4.5　转盘转位、滑台进退、模框开合、鞋楦装置的升降等动作应灵活、平稳、准确、可靠。

5.4.6　液压系统应符合以下要求：

　　a）工作油温应不超过 60℃；

　　b）在额定工作压力下，应无漏油现象，在鞋机空负荷运转 4 h 后再负荷运转 2 h，渗油处应不多于 2 处；

　　c）各管路应排列整齐。

5.4.7　电气系统应符合以下要求：

　　a）应有安全可靠的接地装置和明显的接地标志；

　　b）应有紧急停机按钮；

　　c）外部保护联结电路与电气设备任何裸露导体零件之间的接地电阻应不大于 0.1 Ω；

　　d）在动力电路导线与保护联结电路间施加 DC500 V 时，测得的绝缘电阻应不小于 1 MΩ；

　　e）电气设备应进行耐电压试验，其试验条件应符合 GB 5226.1—2008 中 18.4 的规定。

5.4.8 整机正常运转时，其 A 计权噪声声压级应不大于 85 dB。

5.4.9 整机外观应符合 HG/T 3120 的规定。

5.4.10 涂漆质量应符合 HG/T 3228 的规定。

6 试验方法

6.1 空运转试验

鞋机装配合格后，应进行不少于 4 h 的空运转试验（允许螺杆不转），挤出部分应进行不少于 3 min 的低速空运转试验。

6.2 负荷运转试验

空运转试验合格后，应根据型式检验的要求，进行不少于 4 h 的负荷运转试验。

6.3 生产能力检测

6.3.1 将鞋机调到最佳转速，出料嘴温度在 180℃以下，机头在滑台上往复运动，时间在 2.5 s 内，鞋楦预热达到工艺规定的温度。

6.3.2 所用原料为非发泡 SPVC，鞋模为男式平跟 25 cm、II 型（或每只鞋底质量平均不少于 190 g 的其他鞋号鞋模）。

6.3.3 鞋机达到试验条件后，令其自动循环，用秒表或其他计时装置测量转盘回转一周的时间，统计合格鞋的数量，重复测取 3 次数值，求其算术平均值。

6.3.4 生产能力按公式（1）计算。

$$Q = 60\frac{n}{t} \quad\quad\quad\quad\quad\quad\quad (1)$$

式中：

Q——生产能力，单位为双每小时（双/h）；

n——转盘回转一周生产合格鞋的数量，单位为双；

t——转盘回转一周所需时间，单位为分（min）。

6.4 单耗指标检测

6.4.1 鞋机在正常生产过程中，用三相功率表测量主电动机和液压泵电动机的最大电功率值，各测 3 次数值，取其算术平均值。

6.4.2 单耗指标按公式（2）计算。

$$U = \frac{N}{Q} \quad\quad\quad\quad\quad\quad\quad (2)$$

式中：

U——单耗指标，单位为千瓦每双每小时 [kW/（双/h）]；

N——实测主电动机和液压泵电动机的最大电功率之和，单位为千瓦（kW）；

Q——生产能力，单位为双每小时（双/h）。

6.5 鞋模锁紧力检测

6.5.1 在转盘上任选一个工位，拆掉鞋模，使模框合拢。

6.5.2 置压力传感器于合模力作用点同轴方向上，由压力传感器-静态应变仪构成测力系统，测量 3 次，求其算术平均值。

6.6 鞋楦锁紧力检测

6.6.1 在转盘上任选一个工位，将压楦杆调整在规定的压楦行程内，拆掉鞋模和鞋楦。

6.6.2 置压力传感器于压楦杆下方同轴线上，由压力传感器-静态应变仪构成测力系统，测量 3 次，求其算术平均值。

6.7 开模行程检测

6.7.1 模框装置在额定工作压力下，开、合动作到位、可靠、灵活。

6.7.2 用长度尺先测量闭合尺寸后，再使模框张开。剪式开模型式测量大端行程，平行开模型式测量模框间的行程。

6.8 压楦行程检测

6.8.1 压楦装置在额定工作压力下，其升、降动作应灵活。

6.8.2 用高度尺在转盘平面上测量楦座上、下终点间的距离即为压楦行程。

6.9 中心高检测

在转盘任意工位的鞋模安装面上，使机筒移至最前位置，以机筒的外圆或内孔为基准轴线，用游标高度卡尺测量其中心高。

6.10 螺杆、机筒检测

螺杆、机筒材料及表面处理按 JB/T 8538 的规定进行检测。

6.11 模框两内侧对机筒轴线的对称度检测

以机筒外圆或内孔为基准轴线，测量模框两内侧面的对称度误差。

6.12 转盘相邻工位转位误差检测

在机身上安置一个对准转盘外径的指针，使转盘按工位转动，在各工位做一垂直于端面的刻线（宽度≤0.50 mm），测得相邻刻线间弧长差，换算成角度，即为转位误差。

6.13 操作方式、联锁安全防护装置及运动部件检测

鞋机在额定工作压力下，在空载运行中对手动、半自动、自动操作方式分别各做 3 次开合模、楦装置升降、转盘转位、滑台进退等动作。

6.14 液压系统检测

负荷运转 4 h 后，在液压泵的吸油处用温度计测量油温。擦干净液压系统管接头和零、部件连接处，鞋机在 1.5 倍的工作压力下，运转 10 min 后，检查各管路和液压件有无渗漏油现象。

6.15 电气系统检测

6.15.1 用接地电阻测试仪测量鞋机的接地电阻，应符合 5.4.7c）的规定。

6.15.2 用绝缘电阻表测量鞋机的绝缘电阻，应符合 5.4.7d）的规定。

6.15.3 用耐电压测试仪进行电气设备的耐电压试验，应符合 5.4.7e）的规定。

6.16 整机噪声检测

停止或隔开其他噪声源，在鞋机负荷运转中，用声级计按图 3 所示位置，在离机 1 m、高 1.5 m 处

測量三点，取其最大值。

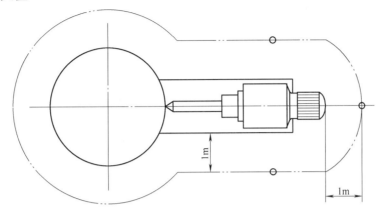

图 3　噪声测试位置图

6.17　外观质量检测

鞋机外观、油漆表面采用目测，应符合 5.4.9、5.4.10 的规定。

7　检验规则

7.1　基本要求

每台鞋机应经制造厂质量检验部门检查合格后方能出厂，出厂时应附有产品质量合格证。

7.2　出厂检验

每台鞋机出厂前，应按 6.1 进行连续空运转试验，并检查表 A.1 中的模框闭合尺寸、开模行程、压楦行程、中心高，以及 5.4.5~5.4.7、5.4.9、5.4.10 各项。

7.3　型式检验

型式检验的项目内容包括本标准中的各项技术要求。型式检验应在下列情况之一时进行：
a）新产品或老产品转厂时的试制定型鉴定；
b）正式生产后，如结构、材料、工艺等有较大改变，可能影响产品性能；
c）正常生产时，每年最少抽试一台；
d）产品停产两年后，恢复生产；
e）出厂检验结果与上次型式检验有较大差异；
f）国家质量监督机构提出型式检验要求。

7.4　判定规则

型式检验项目全部符合本标准的规定，则为合格。型式检验每次抽检一台，当检验不合格时，应再抽检一台，若再不合格，则应逐台进行检验。

8　标志、包装、运输和贮存

8.1　标志

产品应在适当的明显位置固定产品标牌。标牌型式、尺寸及技术要求应符合 GB/T 13306 的规定，

215

标牌上至少应标出下列内容：

    a）产品的名称、型号及执行标准编号；

    b）产品的主要技术参数；

    c）制造企业的名称和商标；

    d）制造日期和编号。

8.2　包装

产品包装应符合 GB/T 13384 的规定。包装箱内应装有下列技术文件（装入防水袋内）：

a）产品质量合格证；

b）使用说明书，其内容应符合 GB/T 9969 的规定；

c）装箱单；

d）备件清单；

e）安装图。

8.3　运输

产品运输应符合 GB/T 191 和 GB 6388 的规定。

8.4　贮存

产品应贮存在干燥、通风、无火源、无腐蚀性气（物）体处，如露天存放应有防雨措施。

附　录　A

（资料性附录）

基本参数

基本参数见表 A.1。

表 A.1　基本参数

项　目		单　位	参　数
工位数		个	8，10，12，14
生产能力		双/h	≥100
单耗指标		kW/（双/h）	<0.07
鞋模锁紧力		kN	≥18
鞋楦锁紧力		kN	≥25
模框闭合尺寸		mm	180
开模行程	平行式	mm	≥48
	剪式	mm	大端≥150，小端≥30
压楦行程		mm	≥58
中心高		mm	30

ICS 71.120;83.200

G 95

备案号：45793—2014

中华人民共和国机械行业标准

JB/T 7251—2014
代替 JB/T 7251—1994

塑料挤出拉丝辅机

Plastics fiber spinning extrusion accessory

2014-05-06 发布

2014-10-01 实施

中华人民共和国工业和信息化部 发布

前　言

本标准按照GB/T 1.1—2009给出的规则起草。

本标准代替JB/T 7251—1994《塑料挤出拉丝辅机》，与JB/T 7251—1994相比主要技术变化如下：

——明确了标准的适用范围；

——增加了六项引用标准；

——删除了术语部分；

——增加和修改了基本参数；

——增加和修改了技术要求；

——增加和修改了试验方法；

——增加和修改了检验规则。

本标准由中国机械工业联合会提出。

本标准由全国橡胶塑料机械标准化技术委员会塑料机械分技术委员会（SAC/TC71/SC2）归口。

本标准起草单位：常州市恒力机械有限公司、常州市永明机械制造有限公司、大连塑料机械研究所。

本标准主要起草人：王惠芬、金国兵、刘健玮。

本标准所代替标准的历次版本发布情况为：

——JB/T 7251—1994。

塑料挤出拉丝辅机

1 范围

本标准规定了塑料挤出拉丝辅机的基本参数、技术要求、试验方法、检验规则、标志、包装、运输和贮存。

本标准主要适用于除平膜扁丝辅机以外的塑料挤出拉丝辅机（以下简称拉丝辅机）。

2 规范性引用文件

下列文件对于本文件的应用是必不可少的。凡是注日期的引用文件，仅注日期的版本适用于本文件。凡是不注日期的引用文件，其最新版本（包括所有的修改单）适用于本文件。

GB/T 191 包装储运图示标志

GB/T 1184 形状和位置公差 未注公差值

GB/T 1958 产品几何量技术规范（GPS） 形状和位置公差 检测规定

GB 2894 安全标志及其使用导则

GB 5226.1 机械电气安全 机械电气设备 第 1 部分：通用技术条件

GB/T 6388 运输包装收发货标志

GB/T 9969 工业产品使用说明书 总则

GB/T 13306 标牌

GB/T 13384 机电产品包装 通用技术条件

3 基本参数

基本参数应符合表 1 的规定。

表 1 基本参数

项 目		参 数			
出丝根数 根		12～100	40～240	120～400	160～800
最大卷取速度 m/min		120	200	300	300
拉伸倍数		2～12			
热拉伸温度 ℃	热水	70～100			
	热辊	100～180			
	热风	100～180			

4 技术要求

4.1 总则

拉丝辅机应符合本标准的规定，并按经规定程序批准的图样及技术要求文件设计制造。

4.2 外观质量

4.2.1 整机外观应整洁、色彩和谐。

4.2.2 表面喷涂均匀，不得有明显的流挂、漏涂、橘皮、气泡、剥落等涂覆缺陷。

4.3 主要零部件要求

4.3.1 喷丝模具要求：

a）模具流道的表面粗糙度 Ra 值为 0.8 μm；

b）模具流道应圆滑过渡；

c）模具密封平面度不低于 GB/T 1184 中规定的 9 级。

4.3.2 牵伸、定型钢辊要求：

a）钢辊表面镀硬铬，镀层厚度为 0.03 mm～0.05 mm；

b）钢辊径向圆跳动不大于 0.15 mm。

4.4 整机要求

4.4.1 模具的模口不得有磕碰、划痕等缺陷。

4.4.2 模具及过滤器的结合面不得有漏料现象。

4.4.3 过滤器可采用长效过滤器、快速换网过滤器，或者不停机换网过滤器形式。

4.4.4 各级牵引速度实现无级变速。辅机各部分既能单独调速又能同步统调。

4.4.5 各传动系统运转平稳、协调、可靠。

4.4.6 运动部件运转应灵活、轻便、无阻滞现象。

4.4.7 热拉伸装置有水槽加热、烘箱加热及烘板加热等方式，应加热均匀，正常工作时温度波动应不大于±5℃。

4.4.8 收丝部分应具有可靠的张力自动调节装置。

4.4.9 卷绕丝包端面齐整，不得有掉扣包丝现象。

4.5 装配要求

4.5.1 各压紧胶辊在工作长度范围内与各辊筒之间接触均匀、压合可靠。

4.5.2 水路、气路、油路密封可靠，无泄漏现象。

4.5.3 电气装配要求：

a）接线正确、牢固，行线排列整齐规范；

b）接线端子编码齐全正确；

c）控制指示的按钮、开关、指示灯、仪表应有指示功能和/或动作的标志，标志内容、功能一致；

d）标志文字应正确、清晰、完整。

4.6 安全要求

4.6.1 拉丝辅机外部的安全标志应符合 GB 2894 的规定。

4.6.2 拉丝辅机外部应有醒目的接地标志。

4.6.3 各转动部件处应安装有防护装置，并作醒目标志。

4.6.4 拉丝辅机的电气及控制系统（包括电气柜和控制柜）与接地端子间应有可靠连续的保护接地电路。

4.6.5 保护接地端子与拉丝辅机外露可导电部分和设备间的接地电阻不大于 0.1 Ω。

4.6.6 电气系统中动力电路和保护接地电路间 500 V DC 绝缘电阻应不小于 1 MΩ，电加热器的 500 V DC 冷态绝缘电阻应不小于 1 MΩ。

4.6.7 电气系统中动力电路和保护接地电路间应进行基本正弦波工频试验，电压 1 000 V 历时 1 s 以上的耐压试验，应无击穿和飞弧现象。

4.6.8 电加热器应进行耐压试验，当工作电压为 110 V 时，加压 1 000 V；当工作电压为 220 V 时，加压 1 500 V；当工作电压为 380 V 时，加压 2 000 V；耐压 1 min，工作电流 10 mA，不得有击穿。

4.6.9 整机噪声（负载 A 计权声压级）不大于 85 dB（A）。

5 试验方法

5.1 外观质量检测

目测、手感检查，应符合 4.2 的要求。

5.2 主要零部件检测

5.2.1 喷丝模具检测：

    a）目测、手感检查模具流道，并用表面粗糙度比较样块比对或表面粗糙度测试仪测量流道表面粗糙度，应符合 4.3.1 中 a）的要求；

    b）模具密封平面度按 GB/T 1958 测定，应符合 4.3.1 中 b）的要求。

5.2.2 牵伸、定型钢辊检测

    a）使用金属镀层测厚仪测量镀硬铬层厚度，应符合 4.3.2 中 a）的要求；

    b）按 GB/T 1958 测定钢辊表面径向跳动，以最大值为测量结果，应符合 4.3.2 中 b）的要求。

5.3 整机检测

5.3.1 目测、手感检查并结合出厂前调整及空运转试验，应符合 4.4 的要求。

5.3.2 热拉伸装置温度波动（4.4.7）在负荷试验时，在稳定的工艺条件，横向测量 6 点，最高和最低温度读数的差值，应符合 4.4.7 的要求。

5.3.3 卷绕丝要求（4.4.8、4.4.9）在负荷试验时目测检查，应符合 4.4.8、4.4.9 的要求。

5.4 装配检测

5.4.1 结合装配后调整及空运转试验检查，应符合 4.5.1、4.5.2 的要求。

5.4.2 目测、手感并对照电气接线图检查及空运转试验，应符合 4.5.3 的要求。

5.5 安全检测

5.5.1 目测检查安全标志、防护装置及接地标志，手感检查保护接地电路可靠连续性，应符合 4.6.1～4.6.4 的要求。

5.5.2 以接地电阻测试仪测量接地电阻，应符合 4.6.5 的要求。

5.5.3 以 500 V DC 绝缘电阻表按 GB 5226.1 中的规定测量绝缘电阻，应符合 4.6.6 的要求。

5.5.4 以介质击穿装置或耐压试验仪进行耐压试验，应符合 4.6.7、4.6.8 的要求。

5.5.5 整机噪声检测：在离机 1 m，高 1.5 m 处测量 6 点，取其平均值，应符合 4.6.9 的要求。

6 检验规则

6.1 出厂检验

6.1.1 拉丝辅机须经制造厂质量检验部门检查合格后方能出厂，并附有产品质量合格证书。

6.1.2 每台拉丝辅机出厂前应进行不少于 2 h 的连续空运转试验和负荷试验。

6.1.3 出厂检验项目为 4.2、4.3.2、4.4.2～4.4.6、4.5、4.6，出厂检验中应做好记录，所有项目均应合格。

6.2 型式检验

6.2.1 有下列情况之一时应进行型式检验：

a）新产品或老产品转厂生产的试制定型或定型鉴定；

b）正式生产后、如结构、材料、工艺有较大改变，可能明显影响产品性能时；

c）正常生产时，每年进行一次；

d）产品停产两年后，重新恢复生产时；

e）出厂检验结果与上次型式检验有较大差异时；

f）国家质量监督部门提出型式检验的要求时。

6.2.2 型式检验的样机应从出厂检验合格的产品中随机抽取，样机数量为一台。

6.2.3 型式检验项目为 4.1~4.6 规定的全部项目，部分项目可采取检查出厂检验记录的方式进行。

6.2.4 型式检验宜在用户生产现场进行，型式检验中应不少于 1 h 的负荷试验，项目 4.4.2、4.4.7~4.4.9 、4.5.2、4.6.9 应在负荷试验时测定。

6.2.5 型式检验中如有不合格项目，可由生产企业对产品进行一次调整并可更换使用说明书所列易损件后，对不合格项目进行复检，如仍有不合格项，则判断该次型式检验不合格。

7 标志、包装、运输和贮存

7.1 标志

产品应在适当的明显位置固定产品标牌。标牌型式、尺寸及技术要求应符合 GB/T 13306 的规定，标牌上至少应标出下列内容：

a）产品的名称、型号；

b）产品的主要技术参数；

c）制造企业的名称和商标；

d）制造日期和编号。

7.2 包装

产品包装应符合 GB/T 13384 的规定。包装箱内应装有下列技术文件（装入防水袋内）。

a）产品合格证；

b）使用说明书，其内容应符合 GB/T 9969 的规定；

c）装箱单；

d）备件清单；

e）安装图。

7.3 运输

产品运输应符合 GB/T 191 和 GB/T 6388 的规定。

7.4 贮存

产品应贮存在干燥、通风、无火源、无腐蚀性气（物）体处，如露天存放应有防雨措施。

ICS 83.200

G 95

备案号：14811—2005

中华人民共和国机械行业标准

JB/T 7669—2004

代替JB/T 7669—1995

塑料混合机

Plastics mixering machines

2004-10-20 发布

2005-04-01 实施

中华人民共和国国家发展和改革委员会 发布

前　言

本标准是对 JB/T 7669—1995《塑料混合机》的修订。

本标准与 JB/T 7669—1995《塑料混合机》相比，主要变化如下：

——对基本参数作了修订；

——增加了卧冷系列。

本标准自实施之日起 JB/T 7669—1995《塑料混合机》同时废止。

本标准由中国机械工业联合会提出。

本标准由全国橡胶塑料机械标准技术委员会塑料机械标准化分技术委员会归口。

本标准负责起草单位：阜新市红旗橡塑机械厂。

本标准参加起草单位：大连塑料机械研究所、张家港市轻工机械厂有限公司。

本标准主要起草人：李云荣、李香兰、韩勇、尹辉、尹伯峰。

本标准所代替标准的历次版本发布情况为：

——GB 10902—1989、GB 10903—1989、JB/T 7669—1995。

塑料混合机

1 范围

本标准规定了塑料混合机的基本参数、技术要求、试验方法、检验规则以及标志、包装、运输及贮存。

本标准适用于混合塑料原料的热混合机和冷混合机（立式冷混合机、卧式冷混合机），以下简称热机、立冷、卧冷。

2 规范性引用文件

下列文件中的条款通过本标准的引用而成为本标准的条款。其随后所有的修改单（不包括勘误的内容）或修订版均不适用于本标准，然而，鼓励根据本标准达成协议的各方研究是否可使用这些文件的最新版本。凡是不注日期的引用文件，其最新版本适用于本标准。

GB150—1998 钢制压力容器

GB/T 191—2000 包装储运图示标志（eqv ISO 780：1997）

GB/T 6388—1986 运输包装收发货标志

GB/T 13306—1991 标牌

GB/T 13384—1992 机电产品包装通用技术条件

HG/T 3228—2001 橡胶塑料机械涂漆通用技术条件（neq ISO 2813：1978）

3 基本参数

热机、立冷、卧冷应分别符合表1、表2、表3的规定。

表 1

总容积 L ±4%	一次投料量 kg	产量 kg/h	搅拌桨转速 r/min	混合时间 min/批	电动机功率 kW	加热方式			
						电加热功率 kW	油加热功率 kW	加热蒸汽压力 MPa	摩擦生热
3	≤1.2	≥8.5	≤3000	≤8	≤1.1	≤0.75	≤3	0.30～0.40	摩擦生热
5	≤2	≥12			≤2.2				
10	≤3	≥18			≤3	≤1.5			
50	≤15	≥90	≤750/1500		≤7/11	≤3			—
			≤850/1700			—		—	摩擦生热
100	≤30	≥180	≤1000		≤15	≤6	≤6	0.30～0.40	—
			≤650/1300		≤14/22				
			≤750/1500			—		—	摩擦生热

表 1（续）

总容积 L ±4%	一次投料量 kg	产量 kg/h	搅拌桨转速 r/min	混合时间 min/批	电动机功率 kW	加热方式			
						电加热功率 kW	油加热功率 kW	加热蒸汽压力 MPa	摩擦生热
200	≤65	≥325	≤500		≤22	≤9		0.30～0.40	—
			≤475/950		≤30/42				—
			≤650/1300			—			摩擦生热
300	≤100	≥500	≤500	≤10	≤37	≤12	≤18	0.30～0.40	—
			≤475/950		≤40/55				—
			≤550/1100		≤47/67	—			摩擦生热
500	≤160	≥800	≤500		≤55	≤16		0.30～0.40	—
			≤350/700		≤47/67				—
			≤400/800		≤83/110	—			摩擦生热
800	≤260	≥1040	≤450		≤110	≤22	≤36	0.30～0.40	—
			≤350/700	≤12	≤110/160	—			摩擦生热
1000	≤325	≥1300	≤400		≤132	≤28		0.30～0.40	—
			≤300/600		≤132/164	—			摩擦生热

注：产量以混合硬质聚氯乙烯（PVC）原料为准。

表 2

总容积 L ±4%	一次投料量 kg	产量 kg/h	搅拌桨转速 r/min	排料温度 ℃	混合时间 min/批	电动机功率 kW
10	≤2	≥12	≤300		≤8	≤0.75
20	≤3	≥18				≤1.1
100	≤15	≥90	≤200			≤5.5
200	≤30	≥180				≤7.5
（350）	≤60	≥325				
400						≤11
500	≤100	≥500	≤130	≤60	≤10	
800						≤18.5
1000	≤160	≥800				
1200						≤22
1600	≤260	≥1040	≤90		≤12	
2000						≤30
2500	≤325	≥1300				

注1：产量以混合硬质聚氯乙烯（PVC）原料为准。

注2：括号内规格尽量不采用，下同。

表 3

总容积L ±4%	一次投料量 kg	产量 kg/h	搅拌桨转速 r/min	排料温度 ℃	混合时间 min/批	电动机功率 kW
1000	≤160	≥800	≤110	≤60	≤8	≤11
1500	≤260	≥1040				≤15
2000	≤325	≥1300	≤85		≤10	≤22
4000	≤600	≥2400	≤60			≤37

注：产量以混合硬质聚氯乙烯（PVC）原料为准。

4 要求

4.1 产品应符合本标准的要求，并按照经规定程序批准的图样及技术文件制造。

4.2 整机技术要求：

4.2.1 产品应具备手动操作或手动、自动两种操作方式。

4.2.2 整机运转应平稳，无异常声响，各紧固部位应无松动。

4.2.3 下桨叶与混合室内壁不允许刮碰。

4.2.4 卸料门启闭应灵活可靠。

4.2.5 搅拌桨旋向应正确。

4.2.6 产品应具备可靠的安全保护装置。

4.2.7 产品外观整洁，产品涂漆表面应符合 HG/T 3228—2001 中的 3.4.5 规定。

4.2.8 整机工作时噪声不应超过 85dB（A）。

4.2.9 整机负荷运转时主轴轴承最高温度不得超过 80℃，温升不得超过 40℃。

4.2.10 整机负荷运转时，加热、冷却测温装置应灵敏可靠，测温装置显示温度值与物料温度实测值误差不大于±3℃。

4.3 总装配技术要求：

4.3.1 蒸汽加热热机混合室夹套按 GB 150—1998 中 10.9.4.1 的规定进行检验。

4.3.2 下桨叶与混合室底平面的间隙，热机、立冷应分别符合表4、表5的规定。

表 4

总容积 L	3	5	10	50	100	200	300	500	800	1000
间隙 mm		0.3~1		0.3~1.5			0.5~3		1.0~3.5	

表 5

总容积 L	10	20	100	200	（350）	400	500	800	1000	1200	1600	2000	2500
间隙 mm	0.5~2			1~4		2~6			3~7		4~8		

4.3.3 主轴与搅拌桨配合的外径径向圆跳动公差，热机、立冷应分别符合表6、表7的规定。

表 6

总容积 L	3	5	10	50	100	200	300	500	800	1000
径向圆跳动公差 mm		≤0.03					≤0.04			

表 7

总容积 L	10	20	100	200	350	400	500	800	1000	1200	1600	2000	2500
径向圆跳动公差 mm	≤0.04			≤0.06					≤0.08				

5 试验方法与检验规则

5.1 试验方法

5.1.1 总容积的检测
用计算或盛料方法检测容积。

5.1.2 混合时间的检测
用秒表记录物料在混合室内混合的时间。

5.1.3 温度值检测
用温度计测物料温度，并计算出与测温装置显示温度之差。

5.1.4 噪声检测
用 I 型声级计测整机工作噪声值。（在离排料位置正前方 1m，高 1.5m 处测得）

5.1.5 间隙检测
用塞尺测下桨叶与混合室底平面的间隙值。

5.1.6 径向圆跳动检测
用千分表测主轴与搅拌桨配合处的外径径向圆跳动公差值。

5.1.7 转速检测
用转速表测搅拌桨的转速。

5.2 检验规则

5.2.1 出厂检验：

5.2.1.1 抽样：
产品出厂检验时，应进行全数检查，型式试验时应进行抽样检查，每次检查一台。如果检查项目中，有一项不合格，则应再抽检一台，若仍有项目不合格，则型式试验判定为不合格。

5.2.1.2 每台产品需经制造厂质量检验部门检验合格后方能出厂，并附有产品质量合格证。

5.2.1.3 空运转试验：
每台产品出厂前应进行不少于 2h 的连续空运转试验，并按 4.2.2～4.2.7 进行检验。

5.2.2 负载试验：
空运转试验合格后应进行不少于 2h 的负荷试验，并按 4.2.8～4.2.10 和表 1、表 2 及表 3 进行检验。

5.2.3 型式试验应在下列情况之一时进行：
a) 新产品或老产品转厂生产的试制定型鉴定；

b) 正式生产后，如结构、材料、工艺有较大改变，可能影响产品性能时；

c) 正常生产时，每年最少抽试一台；

d) 产品停产两年后，恢复生产时；

e) 出厂检验结果与上次型式试验有较大差异时；

f) 国家质量监督机构提出进行型式检验的要求时。

6 标志、包装、运输及贮存

6.1 标志
每台产品应在适当的明显位置固定产品标牌，标牌的尺寸及技术要求应符合 GB/T 13306 的规定，并有下列内容：

a) 制造厂名称及商标；

b) 产品名称、产品型号及执行标准；

c) 产品编号及出厂日期；

d) 产品的主要参数。

6.2 包装

产品包装应符合 GB/T 13384 的规定。在产品包装箱内，应装有下列技术文件（装入防水的袋内）：

a） 装箱单；

b） 产品合格证；

c） 产品使用说明书。

6.3 运输

产品运输应符合 GB/T 191 和 GB/T 6388 的规定。

6.4 贮存

产品应储存在干燥、通风处，避免受潮。露天存放应有防雨措施。

_____

ICS 71.120；83.200
G 95
备案号：33639—2011

中华人民共和国机械行业标准

JB/T 8061—2011
代替 JB/T 8061—1996

单螺杆塑料挤出机

Plastics single-screw extruder

2011-08-15 发布

2011-11-01 实施

中华人民共和国工业和信息化部 发布

前　言

本标准代替 JB/T 8061—1996《单螺杆塑料挤出机》。

本标准与 JB/T 8061—1996 相比，主要变化如下：

——修改了冷却管路试压要求；

——修改了加热时间；

——增加了对外观质量的具体要求；

——增加了检测要求；

——修改了检测方法；

——增加了判定规则；

——原标准的第 3 章"基本参数"改为附录 A；

——增加了一个螺杆规格；

——增加和修改了部分基本参数。

本标准的附录 A 和附录 B 均为资料性附录。

本标准由中国机械工业联合会提出。

本标准由全国橡胶塑料机械标准化技术委员会塑料机械标准化分技术委员会（SAC/TC71/SC2）归口。

本标准负责起草单位：大连橡胶塑料机械股份有限公司。

本标准参加起草单位：上海金纬机械制造有限公司、南京艺工电工设备有限公司、广东金明塑胶设备有限公司、常州市永明机械制造有限公司、舟山市定海通发塑料有限公司、大连塑料机械研究所。

本标准主要起草人：殷秋娟、张汝忠、金琦、黄虹、金国兵、吴汉民、闫志国、李香兰。

本标准所代替标准的历次版本发布情况为：

——ZB G 95 009.1—1988；

——ZB G 95 009.2—1988；

——JB/T 8061—1996。

单螺杆塑料挤出机

1 范围

本标准规定了单螺杆塑料挤出机的规格系列与型号、基本参数、要求、试验及检测方法、检验规则、标志、包装、运输和贮存。

本标准适用于加工塑料制品的单螺杆塑料挤出机（以下简称挤出机），不适用于专用挤出机。

2 规范性引用文件

下列文件中的条款通过本标准的引用而成为本标准的条款。凡是注日期的引用文件，其随后所有的修改单（不包括勘误的内容）或修订版均不适用于本标准，然而，鼓励根据本标准达成协议的各方研究是否可使用这些文件的最新版本。凡是不注日期的引用文件，其最新版本适用于本标准。

GB/T 191　包装储运图示标志（GB/T 191—2008，ISO 780：1997，MOD）

GB/T 6388　运输包装收发货标志

GB/T 9969　工业产品使用说明书　总则

GB/T 12783—2000　橡胶塑料机械产品型号编制方法

GB/T 13306　标牌

GB/T 13384　机电产品包装通用技术条件

HG/T 3228—2001（2009）　橡胶塑料机械涂漆通用技术条件

JB/T 8538　塑料机械用螺杆、机筒

3 规格系列与型号、基本参数

3.1 规格系列

螺杆直径：20 mm，25 mm，30 mm，35 mm，40 mm，45 mm，50 mm，55 mm，60 mm，65 mm，70 mm，80 mm，90 mm，100 mm，120 mm，150 mm，200 mm，220mm，250 mm，300 mm。

3.2 型号

挤出机的型号应符合 GB/T 12783—2000 的规定。

3.3 基本参数

挤出机基本参数参见附录 A。

4 要求

4.1 总则

挤出机应符合本标准的要求，并按照经规定程序批准的图样及技术文件制造。

4.2 主要零件技术要求

4.2.1 螺杆

螺杆的材料、表面处理、形位公差及表面粗糙度的要求应符合 JB/T 8538 的规定。

4.2.2 机筒

机筒的材料、内孔表面处理、形位公差及表面粗糙度的要求应符合 JB/T 8538 的规定。

4.3 总装技术要求

4.3.1 螺杆与机筒的间隙在圆周上应力求均匀，其直径间隙应符合表 1 的规定。

表 1　螺杆与机筒直径间隙

单位：mm

螺杆直径		20	25	30	35	40	45	50	55	60
直径间隙	最大	+0.18	+0.20	+0.22	+0.24	+0.27	+0.30	+0.30	+0.32	+0.32
	最小	+0.08	+0.09	+0.10	+0.11	+0.13	+0.15	+0.15	+0.16	+0.16
螺杆直径		65	70	80	90	100	120	150	200	—
直径间隙	最大	+0.35	+0.35	+0.38	+0.40	+0.40	+0.43	+0.46	+0.54	—
	最小	+0.18	+0.18	+0.20	+0.22	+0.22	+0.25	+0.26	+0.29	—

4.3.2 在水平放置时，单点支撑的螺杆头部允许接触机筒底部，但在加入润滑油后运转时，螺杆与机筒不能有刮伤或卡阻的现象。

4.3.3 冷却系统的管路阀门应密封良好无渗漏。

4.3.4 润滑系统应密封良好，无渗漏现象。油泵运转应平稳无异常噪声，各润滑点应供油充分。

4.4　整机技术要求

4.4.1 挤出机的结构应便于装卸螺杆，进行清理或调换。

4.4.2 裸露在外对人身安全有危险的部位，如联轴器、带轮、机筒加热部分等，应设置防护罩。

4.4.3 在设计的转速范围内，螺杆应能平稳无级调速。

4.4.4 加热系统：螺杆直径不大于 120 mm，应在 2 h 内将机筒加热到 180℃；螺杆直径大于 120 mm，应在 3 h 内将机筒加热到 180℃。导热油加热除外。

4.4.5 齿轮传动箱内油的温升不超过 45℃，系统油温不得超过 65℃。其他传动箱内油的温升不应超过有关标准的规定。

4.4.6 电气应达到以下的安全保护要求，以保证操作者和生产的安全：

　　a）短接的动力电路与保护电路导线（挤出机外壳体）之间的绝缘电阻不得小于 1 MΩ。

　　b）电热圈的冷态绝缘电阻不得小于 1 MΩ。

　　c）电热圈应进行耐压试验，当工作电压为 110 V 时，在 1 min 内平稳加压至 1 000 V；当工作电压为 220 V 时，在 1 min 内平稳加压至 1 500 V；当工作电压为 380 V 时，在 1 min 内平稳加压至 2 000 V，耐压 1 min，工作电流 10 mA，不得击穿。

　　d）外部保护导线端子与电气设备任何裸露导体零件的接地电阻不得大于 0.1 Ω。

4.4.7 整机噪声（声压级）应不大于 85 dB（A）。

4.5　外观质量

4.5.1 各外露焊接件应平整，不允许存在焊渣及明显的凹凸粗糙面。

4.5.2 非涂漆的金属及非金属表面应保持其原有本色。

4.5.3 漆膜应色泽均匀，光滑平整，不允许有杂色斑点、条纹及粘附污物、起皮、发泡及油漆剥落等影响外观质量的缺陷，并应符合 HG/T 3228 的规定。

5　试验及检测方法

5.1　抽样

　　产品出厂检验时，应进行全数检查。型式试验时进行抽样检查，每次抽一台。

5.2　试验条件

5.2.1　测试用原料

　　除了按附录 A 的表 A.1～表 A.5 中的范围选择外，也可选用其他物料。试验时应记录树脂名称、配方、牌号、商品名称和熔体流动速率等参数。

5.2.2　测试用装置

　　测试用装置如下：

a）与挤出机相适应的辅机；

b）专用测试机头装置。

测试机头结构示意图如图 1 所示，其出口直径按表 2 的规定。

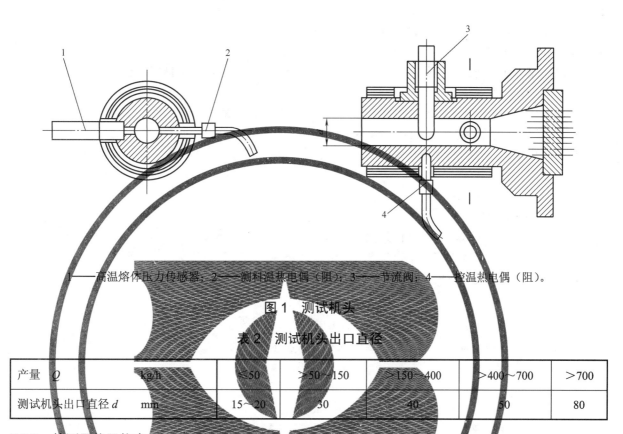

1——高温熔体压力传感器；2——测料温热电偶（阻）；3——节流阀；4——控温热电偶（阻）。

图 1　测试机头

表 2　测试机头出口直径

产量 Q	kg/h	≤50	>50～150	>150～400	>400～700	>700
测试机头出口直径 d	mm	15～20	30	40	50	80

5.2.3　检测用仪器仪表

检测用仪器仪表见附录 B。

5.3　试验时检测项目及方法

5.3.1　检测要求

在挤出机试制鉴定和批量生产抽检时，应对样机进行负荷试验，在试验中检测有关参数。

对于不同的物料，螺杆的转速要求也不同。对于 LDPE、LLDPE、HDPE、PP 等物料，按照螺杆最高转速的 60 %（即 0.6 n_{max}），测定产量基数；对于 HPVC，按照螺杆的最低转速（即 n_{min}），测定产量基数；对 SPVC，按照螺杆最低转速的 2 倍（即 2 n_{min}）测定产量基数。最后分别换算出单位时间（小时）内的产量（千克）。

5.3.2　试验项目

在稳定的工艺条件下，试验挤出产量、螺杆转速、物料温度及机头压力、电动机功率等项目，并按要求记录数据。

注：稳定的工艺条件是指在一定的温度、压力和螺杆转速下，主机对物料的塑化达到要求。

5.3.3　检测方法

5.3.3.1　产量检测

主辅机联动时，在稳定的工艺条件下，对制品在相同的时间段内（60 s 或更长时间）分别取样，用衡器分别称出重量，至少进行三次，取算术平均值，换算为小时产量作为本机的产量。

当用测试机头测试时，在稳定的工艺条件下，对机头内挤出的物料，在相同的时间段内分别取样，用衡器分别称出重量，至少进行三次，取算术平均值，换算为小时产量作为本机的产量。

5.3.3.2 转速检测

用测速装置直接或间接对螺杆转速进行测量，与控制柜上的转速指示表（盘）对照，误差小于2%。

5.3.3.3 温度检测

用热电偶（阻）和温度计测量塑料温度。

5.3.3.4 机头压力检测

用高温熔体压力传感器检测。测试前应对仪器进行校正，传感器应有良好的稳定性。

5.3.3.5 电动机功率检测

对直流电动机，用直流电压表和直流电流表测定，对交流变速电动机，用三相功率表进行测定，并统一按公式（1）进行计算。

用直流电动机时，实测输出功率：

$$P_{实测}=UI\eta_1 \cdots\cdots （1）$$

式中：

$P_{实测}$——电动机实测输出功率，单位为千瓦（kW）；

U——电动机输入电压，单位为伏（V）；

I——电动机输入电流，单位为安（A）；

η_1——电动机高速时的效率。

$$\eta_1 = \frac{电动机额定功率}{电动机额定电压 \times 电动机额定电流}$$

用交流变速电动机时，电动机实测输出功率按公式（2）计算：

$$P_{实测}=实测输入功率 \times \eta_2 \cdots\cdots （2）$$

式中：

η_2——电动机高速时的效率（以电动机的技术资料为准）。

5.4 其他主参数的计算

5.4.1 名义比功率

名义比功率按公式（3）计算：

$$P' =P/Q_{\max} \cdots\cdots （3）$$

式中：

P'——名义比功率，单位为千瓦小时每千克（kW·h/kg）；

P——电动机额定功率，单位为千瓦（kW）；

$Q_{\max}$——当 $P_{实测}$ 小于或等于 P 时的实测最高产量，单位为千克每小时（kg/h）。

5.4.2 比流量

比流量按公式（4）计算：

$$q=Q_{实测}/n_{实测} \cdots\cdots （4）$$

式中：

q——比流量，单位为千克分每转小时 [kg·min/（r·h）]；

$Q_{实测}$——实测的产量，单位为千克每小时（kg/h）；

$n_{实测}$——实测的转速，单位为转每分（r/min）。

5.5 关键件及有关检测

5.5.1 螺杆检测

螺杆应按 JB/T 8538 的规定进行检测。

5.5.2 机筒检测

机筒应按 JB/T 8538 的规定进行检测。

5.5.3 电气安全保护检测

电气安全保护检测如下：

a）短接的动力电路与保护电路导线（挤出机外壳体）之间的绝缘电阻用 500 V 兆欧表（摇表）测量；

b）电热圈应先进行加热干燥，然后在冷态（室温）时，用 500 V 兆欧表（摇表）测量其绝缘电阻；

c）电热圈应先进行加热干燥，然后在冷态（室温）时进行耐压试验，并用耐压测试仪测量；

d）外部保护导线端子与电气设备任何裸露导体零件的接地电阻，用接地电阻仪测量。

5.5.4 噪声检测

用声级计在操作者位置（离机体 1 m 远、高 1.5 m 处）测量。

5.5.5 管路密封检测

冷却系统的管路进行 1.5 倍系统设计压力的耐压试验，持续 30 min，不得渗漏。

5.5.6 外观质量检测

采用目测法检测。

6 检验规则

6.1 出厂检验

6.1.1 每台产品须经制造厂质量检验部门检验合格后，并附有产品质量合格证方能出厂。

6.1.2 每台产品出厂前应进行不少于 1 h 的连续空运转试验（抽出螺杆），其中带螺杆进行不少于 3 min 的空运转试验，并按 4.3、4.4.2、4.4.6 及 4.5 检验。

6.2 型式试验

6.2.1 型式试验应进行不少于 2 h 的负荷运转试验，并按 4.4 及附录 A 的表 A.1～表 A.5 检验。

6.2.2 型式试验应在下列情况之一时进行：

a）新产品或老产品转厂生产的试制定型鉴定；

b）正式生产后，如结构、材料、工艺有较大改变，可能影响产品性能时；

c）正常生产时，每年最少抽试一台；

d）产品长期停产后，恢复生产时；

e）出厂检验结果与上次型式试验有较大差异时；

f）国家质量监督机构提出进行型式试验要求时。

6.3 判定规则

经型式检验若有不合格项时，需进行复检，复检若仍有不合格项时，则判定为不合格。

7 标志、包装、运输和贮存

7.1 标志

每台产品应在适当的明显位置固定产品标牌。标牌型式、尺寸及技术要求应符合 GB/T 13306 的规定。产品标牌应有下列内容：

a）产品名称、型号；

b）产品的主要技术参数；

c）制造厂名称和商标；

d）制造日期和产品编号。

7.2 包装

产品包装应符合 GB/T 13384 的规定。包装箱内应装有如下技术文件（装入防水袋内）：

a）产品合格证；

b）使用说明书，其内容应符合 GB/T 9969 的规定；

c）装箱单；

d）备件清单；

e）安装图。

7.3 运输

产品运输应符合 GB/T 191 和 GB/T 6388 的规定。

7.4 贮存

产品应贮存在干燥通风处，避免受潮腐蚀，不能与有腐蚀性气（物）体存放，露天存放应有防雨措施。

附 录 A

（资料性附录）

基本参数

A.1 基本参数应符合表 A.1～表 A.5 的规定。表 A.1 以加工低密度聚乙烯为主，表 A.2 以加工线性低密度聚乙烯为主，表 A.3 以加工高密度聚乙烯为主，表 A.4 以加工聚丙烯为主，表 A.5 以加工硬、软聚氯乙烯为主。

A.2 基本参数中，主要考核合乎质量要求的产量、名义比功率及比流量。

A.3 表 A.1～表 A.4 中最高产量的考核，挤出机试制鉴定时，应不低于表列最高产量值；成批生产时，挤出机考核 60%最高转速时的比流量应不小于规定值。

A.4 表 A.5 中生产硬聚氯乙烯（HPVC）时，当螺杆转速为最低转速 n_{min} 时，产量应不低于表列最低值；生产软聚氯乙烯（SPVC）时，当螺杆转速为 2 倍最低转速时，产量应不低于表列最低值。

A.5 表 A.1～表 A.4 中螺杆最高转速 n_{max} 及电动机功率 P，表 A.5 中螺杆最低转速 n_{min} 及电动机功率 P，允许适当变动（选用电动机规格及其他设计原因），但名义比功率 P′ 应不大于规定值，比流量 q 不小于相应值，产量不低于表列值。

表 A.1　加工低密度聚乙烯（LDPE）挤出机基本参数

螺杆直径 D mm	长径比 L/D	螺杆最高转速 n_{max} r/min	最高产量 Q_{max} kg/h MI 2～7	电动机功率 P kW	名义比功率 P′ ≤kW/(kg/h)	比流量 q ≥ (kg/h)/(r/min)	机筒加热段数（推荐）≥	机筒加热功率（推荐）≤kW	中心高 H mm
20	20　25	160	4.4	1.5		0.028		3	
	28　30	210	6.5	2.2		0.031		4	
25	20　25	147	8.8	3	0.34	0.060		3	
	28　30	177	11.7	4		0.066		4	
30	20　25	160	16	5.5		0.100		5	1 000
	28　30	200	22	7.5		0.110		6	500
35	20　25	120	16.7	5.5		0.139		5.5	350
	28　30	134	22.7	7.5		0.169		6.5	300
40	20　25	120				0.189			
	28　30	150	33	11		0.220	3	7.5	
45	20　25	130				0.254		8	
	28　30	155	45	15		0.290		9	
50	20　25	132			0.33	0.341			
	28　30	148	56	18.5		0.378		11	
55	20　25	127				0.441		10	1 000
	28　30	136	66.7	22		0.490		13	500
60	20　25	116				0.575		12	
	28　30	143	90	30		0.629		15	
65	20　25	120				0.750		14	

表 A.1（续）

螺杆直径 D mm	长径比 L/D	螺杆最高转速 n_max r/min	最高产量 Q_max kg/h MI 2~7	电动机功率 P kW	名义比功率 P' ≤kW/(kg/h)	比流量 q ≥(kg/h)/(r/min)	机筒加热段数（推荐）≥	机筒加热功率（推荐）≤kW	中心高 H mm
65	28 30	160	140	45		0.828	3	18	
70	20 25	120	112	37	0.33	0.933		17	
	28 30	130	136	45		1.046		21	
80	20 25	115	140			1.217	4	19	1 000 500
	28 30	120	156	50		1.300		23	
90	20 25	100				1.560		25	
	28	120	190	60		1.583		30	
	30	150	240	75		1.600		30	
100	20 25	86	172	55		2.000	5	31	
	28 30	106	234	75	0.32	2.207		38	
120	20 25	90	235			2.610		40	1 100 1 000 600
	28	100	315	100		3.150		50	
	30	135	450	132		3.333	6	50	
150	20 25	65	410	132		6.300		65	
	28 30	75	500	160		6.600	7	80	
200	20 25	50	625	200		12.500		120	
	28 30	60	780	250		13.000	8	140	
220	28	80	1 200	520	0.43	15.000	7	125	1 200

注：根据需要，螺杆规格可适当增加优选系列：75、110、170 等。其中名义比功率及比流量按表中数值进行插入法计算。

表 A.2　加工线型低密度聚乙烯（LLDPE）挤出机基本参数

螺杆直径 D mm	长径比 L/D	螺杆最高转速 n_max r/min	最高产量 Q_max kg/h MI 2~7	电动机功率 P kW	名义比功率 P' ≤kW/(kg/h)	比流量 q ≥(kg/h)/(r/min)	机筒加热段数（推荐）≥	机筒加热功率（推荐）≤kW	中心高 H mm
20	20 25	130	3.4	1.5		0.026		4	
	28 30	175	5.0	2.2	0.44	0.029		5	
25	20 25	120	6.8	3		0.057		4	
	28 30	140	9.1	4		0.065		5	
30	20 25	125	12.5	5.5		0.100	3	6	1 000 500 350
	28 30	160	17.0	7.5		0.106			
35	20 25	125	17.4			0.139		5.5	
	28 30	160	25.6	11	0.43	0.160		7	
40	20 25	122				0.210		6.5	
	28 30	137	35	15		0.255		8	
45	20 25	113	43	18.5		0.310			
	28 30	135				0.319		10	

表A.2（续）

螺杆直径 D mm	长径比 L/D	螺杆最高转速 n_{max} r/min	最高产量 Q_{max} kg/h (MI 2~7)	电动机功率 P kW	名义比功率 P' ≤kW/(kg/h)	比流量 q ≥(kg/h)/(r/min)	机筒加热段数（推荐）≥	机筒加热功率（推荐）≤kW	中心高 H mm
50	20 25	103	35	15	0.43	0.340	3	9	1 000 500
50	28 30	113	43	18.5		0.381		11	
55	20 25	98				0.439		10	
55	28 30	104	51	22		0.490		13	
60	20 25	90				0.567		12	
60	28 30	110	70	30		0.636		15	
65	20 25	95				0.737		14	
65	28 30	115	93	40		0.809		18	
70	20 25	95	86	37		0.905	4	17	
70	28 30	105	105	45		1.000		21	
80	20 25	95	107			1.126		20	
80	28 30	100	119	50		1.190		25	
90	20 25	85				1.400	5		
90	28	95	143	60		1.505		30	
90	30	105	220	75		2.095			
100	20 25	65	130	55	0.42	2.000	5	31	1 100 1 000 600
100	28 30	80	178	75		2.225		38	
120	20 25	65				2.738		40	
120	28	77	238	100		3.091	6	50	
120	30	100	330	132		3.300			
150	20 25	50	314	132		6.280		65	
150	28 30	56	380	160		6.786	7	80	

注：根据需要，螺杆规格可适当增加优选系列：75、110、170 等。其中名义比功率及比流量按表中数值进行插入法计算。

表A.3 加工高密度聚乙烯（HDPE）挤出机基本参数

螺杆直径 D mm	长径比 L/D	螺杆最高转速 n_{max} r/min	最高产量 Q_{max} kg/h (MI 0.04~1.2)	电动机功率 P kW	名义比功率 P' ≤kW/(kg/h)	比流量 q ≥(kg/h)/(r/min)	机筒加热段数（推荐）≥	机筒加热功率（推荐）≤kW	中心高 H mm
20	20 25	115	3.0	1.5	0.49	0.027	3	4	1 000 500 350
20	28 30	155	4.5	2.2		0.029		5	
25	20 25	105	6.1	3		0.058		4	
25	28 30	125	8.2	4		0.065		5	
30	20 25	115	11.2	5.5		0.98			
30	28 30	140	15.3	7.5		0.109		6	

表 A.3（续）

螺杆直径 D mm	长径比 L/D		螺杆最高转速 n_{max} r/min	最高产量 Q_{max} kg/h MI 0.04～1.2	电动机功率 P kW	名义比功率 P' ≤kW/（kg/h）	比流量 q ≥（kg/h）/（r/min）	机筒加热段数（推荐）≥	机筒加热功率（推荐）≤kW	中心高 H mm
35	20	25	110	15.6	7.5		0.142		5.5	
	28	30	145	23.0	11		0.159		7	1 000 500 350
40	20	25	110				0.209		6.5	
	28	30	122	31.3	15		0.256		8	
45	20	25	100				0.313			
	28	30	120	38.5	18.5		0.321		10	
50	20	25	90	31.3	15		0.348		9	
	28	30	100	38.5	18.5	0.48	0.385	3	11	
55	20	25	88				0.438		10	
	28	30	94	46.0	22		0.489		13	
60	20	25	80	46			0.575		12	1 000 500
	28	30	97	62	30		0.639		15	
65	20	25	85				0.729		14	
	28 30 33		105	84	40		0.800		18	
70	20	25	85	77	37		0.906		17	
	28	30	94	94	45		1.000		21	
80	20	25	87	96			1.103	4	20	
	28	30	90	106	50		1.178		25	
90	20	25	80				1.325			
	28	30	90	128	60		1.422	5	30	
100	20	25	60	117	55	0.47	1.950		31	
	28	30	75	160	75		2.133	6	38	1 100 1 000 600
120	20	25	64				2.500	5	40	
	28	30	72	215	100		2.986	6	50	
150	20	25	45	280	132		6.222		65	
	28	30	50	340	160		6.800	7	80	

注：根据需要，螺杆规格可适当增加优选系列：75、110、170 等。其中名义比功率及比流量按表中数值进行插入法计算。

表 A.4　加工聚丙烯（PP）挤出机基本参数

螺杆直径 D mm	长径比 L/D	螺杆最高转速 n_{max} r/min	最高产量 Q_{max} kg/h MI 0.4~4	电动机功率 P kW	名义比功率 P' ≤kW/(kg/h)	比流量 q ≥ (kg/h)/(r/min)	机筒加热段数（推荐）≥	机筒加热功率（推荐）≤kW	中心高 H mm
20	20　25	140	3.6	1.5		0.026		3	
	28　30	190	5.4	2.2		0.028		4	
25	20　25	125	7.3	3	0.41	0.058		3	
	28　30	150	9.8	4		0.065		4	
30	20　25	140	13.4	5.5		0.96		5	1 000
	28　30	170	18.3	7.5		0.108		6	500
35	20　25	135	18.8			0.139		5.5	350
	28　30	172		11		0.160		6.5	
40	20　25	145	27.5			0.190		7.5	
	28　30	170	37.5	15		0.221			
45	20　25	130				0.288	3	8	
	28　30	150	46	18.5		0.307		10	
50	20　25	110	37.5	15		0.341		9	
	28　30	120	46.3	18.5		0.386		11	
55	20　25	105			0.40	0.441		10	
	28　30	112	55	22		0.491		13	
60	20　25	95				0.579		12	
	28　30	118	75	30		0.636		15	
65	20　25	100				0.750		14	1 000
	28　30	125	100	40		0.800		18	500
70	20　25	100	93	37		0.930		17	
	28　30　33	120	125	45		1.046		21	
80	20　25	104	115			1.106	4	19	
	28　30	107	128	50		1.196		23	
90	20　25	98				1.306		25	
	28　30　33	120	154	60		1.426		30	
100	20　25	70	140	55	0.39	2.000	5	31	
	28　30	87	192	75		2.207		38	1 100
120	20　25	74				2.595		40	1 000
	28　30	85	255	100		3.000	6	50	600
150	20　25	60	320	132		5.633		65	
	28　30	70	320	160		5.857	7	80	

注：根据需要，螺杆规格可适当增加优选系列：75、110、170 等。其中名义比功率及比流量按表中数值进行插入法计算。

表A.5 加工聚氯乙烯（HPVC、SPVC）挤出机基本参数

螺杆直径 D mm	长径比 L/D	螺杆转速 $n_{min}\sim n_{max}$ r/min HPVC	SPVC	产量 Q kg/h HPVC	SPVC	电动机功率 P kW	名义比功率 P' ≤kW/(kg/h) HPVC	SPVC	比流量 q ≥(kg/h)/(r/min) HPVC	SPVC	机筒加热段数（推荐）≥	机筒加热功率（推荐）≤kW	中心高 H mm
20	20	20~60	20~120	0.8~2	1.14~2.86	0.8	0.40	0.28	0.040	0.030	3	3	1 000 500 350
	22											4	
	25												
25	20	18.5~55.5	18.5~111	1.5~3.7	2.1~5.4	1.5			0.081	0.060		4	
	22												
	25												
30	20	18~54	18~108	2.2~5.5	3.2~8	2.2			0.122	0.090		5	
	22												
	25												
35	20	17~51	17~102	3.1~7.7	4.4~11	3			0.151	0.129		4	
	22												5	
	25												
40	20	16~48	16~96	4.1~10.2	5.9~14.8	4			0.213	0.185		6	
	22												
	25												
45	20	15~45	15~90	5.64~14.1	8.16~20.4	5.5	0.39	0.27	0.375	0.272		8	
	22												
	25												
50	20			7.7~19.2	11.1~27.8	7.5			0.513	0.371		7	
	22												9	
	25												
55	20	14~42	14~84	11.3~28.2	16.3~40.7	11			0.807	0.582		8	
	22												11	
	25												
60	20	13~39	13~78	13.3~33.3	19.2~48	13			1.023	0.738		10	1 000 500
	22												13	
	25												
65	20			15.4~38.5	22.2~55.6	15			1.185	0.854		12	
	22												16	
	25												
70	20	12~36	12~72	19~47.4	27.4~68.5	18.5			1.583	1.142		14	
	22												18	
	25												
80	20			29~58	34~85	22	0.38	0.26	1.933	1.417		23	
	22												
	25												

表 A.5（续）

螺杆直径 D mm	长径比 L/D	螺杆转速 $n_{min} \sim n_{max}$ r/min		产量 Q kg/h		电动机功率 P kW	名义比功率 P' $\leq$ kW/（kg/h）		比流量 q $\geq$（kg/h）/（r/min）		机筒加热段数（推荐）$\geq$	机筒加热功率（推荐）$\leq$ kW	中心高 H mm
		HPVC	SPVC	HPVC	SPVC		HPVC	SPVC	HPVC	SPVC			
90	20 22 25	11～33	11～66	31.5～63	37～92.3	24			2.291	1.678	3	24	1 000 500
												30	
100	20 22 25	10～30	10～60	39.5～70	46～115	30	0.38	0.26	3.900	2.300	4	28	
												34	
120	20 22 25	9～27	9～54	72～145	84～210	55			8.000	4.667		40	1 100 1 000 600
											5	45	
150	20 22 25	7～21	7～42	98～197	120～288	75			14.000	8.600		60	
											6	72	
200	20 22 25	5～15	5～30	140～280	180～420	100	0.36	0.24	28.000	18.000		100	
											7	125	

注：根据需要，螺杆规格可适当增加优选系列：75、110、170 等。其中名义比功率及比流量按表中数值进行插入法计算。

附 录 B

（资料性附录）

检测用仪器仪表名称

表 B.1 检测用仪器仪表名称

名 称	测试项目	量程及范围	精度等级
衡器	挤出物料重	0 kg～20 kg	最小分度值 10 g
秒表	时间	0 min～30 min	分辨 0.2 s/格
测速装置	转速	0 r/min～999.9 r/min	分辨 0.1 r/min
熔体温度测量装置	高温熔融物料温度	0℃～300℃，0℃～500℃	1.0%
熔体压力测量装置	高温熔融物料压力	0 MPa～29.4 MPa，0 MPa～49 MPa	1.5%
声级计	整机噪声	25 dB（A）～140 dB（A）	±1 dB（A）
功率表	电动机功率	0.01 kW～600 kW	0.5 级
直流电压表	直流电动机电压	0 V～500 V	0.5 级
直流电流表	直流电动机电流	0 mA～75 mA（附 200 A 分流器）	0.5 级
兆欧表	绝缘电阻	200 MΩ～1000 MΩ	0.5 级
耐压测试仪	耐压试验	—	—
接地电阻测试仪	接地电阻	0 Ω～25 Ω	0.5 级

ICS 71.120；83.200

G 95

备案号：33640—2011

中华人民共和国机械行业标准

JB/T 8538—2011

代替 JB/T 8538—1997

塑料机械用螺杆、机筒

Screw and barrel for plastics machinery

2011-08-15 发布

2011-11-01 实施

中华人民共和国工业和信息化部 发布

前　言

本标准代替 JB/T 8538—1997《塑料机械用螺杆、机筒》。

本标准与 JB/T 8538—1997 相比，主要变化如下：

——增加了螺杆、机筒材料要求及试验方法；

——提高了螺杆、机筒氮化处理后的部分要求；

——增加了表面烧结双金属螺杆和烧结双金属机筒的工作表面技术性能及试验方法；

——增加了表面镀硬铬螺杆、机筒的工作表面技术性能及试验方法；

——提高了螺杆、机筒工作表面粗糙度要求；

——对螺杆、机筒的外观质量进行部分修改；

——增加了判定规则。

本标准由中国机械工业联合会提出。

本标准由全国橡胶塑料机械标准化技术委员会塑料机械分会（SAC/TC71/SC2）归口。

本标准负责起草单位：南京艺工电工设备有限公司。

本标准参加起草单位：浙江华业塑料机械有限公司、舟山市定海通发塑料有限公司、大连橡胶塑料机械股份有限公司、大连塑料机械研究所。

本标准主要起草人：金琦、周江飞、吴汉民、张振庆、吴丹、潘渊。

本标准所代替标准的历次版本发布情况为：

——JB/T 8538—1997。

塑料机械用螺杆、机筒

1 范围

本标准规定了塑料机械用螺杆、机筒的要求、试验及检测方法、检验规则、标志、包装、运输和贮存。

本标准适用于单螺杆塑料挤出机和塑料注射成型机等塑料机械用螺杆和机筒。

2 规范性引用文件

下列文件中的条款通过本标准的引用而成为本标准的条款。凡是注日期的引用文件，其随后所有的修改单（不包括勘误的内容）或修订版均不适用于本标准，然而，鼓励根据本标准达成协议的各方研究是否可使用这些文件的最新版本。凡是不注日期的引用文件，其最新版本适用于本标准。

GB/T 191 包装储运图示标志（GB/T 191—2008，ISO 780:1997，MOD）

GB/T 1184—1996 形状和位置公差 未注公差值（eqv ISO 2768-2:1989）

GB/T 3077 合金结构钢

GB/T 4340.1 金属材料 维氏硬度试验 第1部分：试验方法（GB/T 4340.1—2009，ISO 6507-1:2005，MOD）

GB/T 4879 防锈包装

GB/T 6388 运输包装收发货标志

GB/T 11336—2004 直线度误差检测

GB/T 11354 钢铁零件 渗氮层深度测定和金相组织检验

GB 11379—2008 金属覆盖层 工程用铬电镀层（ISO 6158：2004，IDT）

GB/T 13384 机电产品包装通用技术条件

GB/T 18177 钢件的气体渗氮

JB/T 2985 工程机械用双金属轴套

3 要求

3.1 基本要求

3.1.1 塑料机械用螺杆、机筒应符合本标准的要求，并按经规定程序批准的图样和技术文件制造。

3.1.2 采用渗氮处理的塑料机械用螺杆、机筒，其所用材料为渗氮钢，应符合 GB/T 3077 的规定，渗氮应符合 GB/T 18177 的规定，采用外国材料允许参照执行。

3.2 工作表面处理

3.2.1 螺杆

3.2.1.1 渗氮钢的螺杆工作表面应进行氮化处理，氮化层深度不小于 0.4 mm；螺杆外圆氮化硬度不低于 840 HV；脆性不大于 2 级。

3.2.1.2 烧结双金属螺杆的工作表面性能应符合表 1 的规定。

3.2.1.3 采用镀硬铬的螺杆，镀层厚度不小于 0.06 mm，其硬度不低于 750 HV，粘结强度和孔隙率应符合 GB 11379 的规定。

3.2.2 机筒

3.2.2.1 渗氮钢的机筒内孔表面应进行氮化处理，氮化层深度不小于 0.4 mm；机筒工作表面氮化硬度不低于 940 HV；脆性不大于 2 级。

JB/T 8538—2011

表 1　烧结双金属螺杆的表面性能

材料分类	技 术 要 求					
	表面硬度 HRC	镀层厚度 mm	粘结强度 MPa	孔隙率 %	未溶颗粒数量 %	颗粒直径 μm
铁基耐磨合金	≥58	≥1.5	≥90	≤2.5	≤3.0	≤20
镍基耐磨合金	≥48	≥1.5	≥90	≤2.5	≤3.0	≤20

3.2.2.2　烧结双金属机筒的表面性能应符合表 2 的规定。

表 2　烧结双金属机筒的表面性能

材料分类	技 术 要 求					
	表面硬度 HRC	镀层厚度 mm	粘结强度 MPa	孔隙率 %	未溶颗粒数量 %	颗粒直径 μm
铁基耐磨合金	≥58	≥1.0	≥90	≤2.5	≤3.0	≤20
镍基耐磨合金	≥48	≥1.0	≥90	≤2.5	≤3.0	≤20

3.2.2.3　采用镀硬铬的机筒，镀层厚度应不小于 0.06 mm。其硬度应不低于 750 HV，粘结强度和孔隙率应符合 GB 11379 的规定。

3.3　形位公差及表面粗糙度

3.3.1　螺杆

3.3.1.1　螺杆轴线的直线度应符合 GB/T 1184—1996 附录 B 的表 B1 中精度等级 7 级的规定。

3.3.1.2　螺杆定位配合部位（内孔或外圆）对基准轴线的同轴度应符合 GB/T 1184—1996 附录 B 的表 B4 中精度等级 8 级的规定。

3.3.1.3　螺杆配合部位端面对基准的圆跳动应符合 GB/T 1184—1996 附录 B 的表 B4 中精度等级 8 级的规定。

3.3.1.4　螺杆外圆表面粗糙度值 Ra 不大于 0.8 μm；螺棱两侧表面及螺槽底径粗糙度值 Ra 不大于 0.4 μm。

3.3.2　机筒

3.3.2.1　机筒内孔轴线直线度应符合 GB/T 1184—1996 附录 B 的表 B1 中精度等级 7 级的规定。

3.3.2.2　机筒定位配合部位（内孔或外圆）对基准轴线的同轴度应符合 GB/T 1184—1996 附录 B 的表 B4 中精度等级 8 级的规定。

3.3.2.3　机筒定位配合部位的端面（外圆端面或内孔底平面）对基准轴线的圆跳动应符合 GB/T 1184—1996 附录 B 的表 B4 中精度等级 8 级的规定。

3.3.2.4　机筒内孔的表面粗糙度值 Ra 不大于 1.6 μm。

3.4　外观质量

　　螺杆表面和机筒内孔表面不允许有明显碰伤、烧伤、锈蚀等现象。螺棱两侧面角度、底径与圆弧连接处几何形状应符合设计要求，必须平滑过渡，不允许有非圆滑过渡的局部凹陷。

4　试验及检测方法

4.1　表面处理前材料的金相组织检测

　　表面处理前材料的金相组织应按 GB/T 11354 的规定方法进行检测。

4.2 工作表面处理

4.2.1 螺杆

4.2.1.1 表面氮化处理的螺杆用同炉试样或直接检测其氮化层硬度、深度及脆性。对于渗氮后要磨削的螺杆，应将试样表面磨去与螺杆相应的余量后检测。检测方法及判定方法应符合 GB/T 4340.1 和 GB/T 11354 的规定。

4.2.1.2 烧结双金属螺杆的结合强度、孔隙率、未溶颗粒数量和直径应按 JB/T 2985 规定的方法进行检验。

4.2.1.3 工作表面镀硬铬的螺杆应按 GB 11379 规定的方法进行表面硬度、镀层厚度、结合强度和孔隙率的检验。

4.2.2 机筒

4.2.2.1 机筒的氮化层硬度、深度及脆性按 4.2.1.1 的方法进行。

4.2.2.2 烧结双金属机筒的结合强度、孔隙率、未溶颗粒数量和直径应按 JB/T 2985 规定的方法进行检验。

4.2.2.3 内孔采用镀硬铬的机筒应按 GB 11379 规定的方法进行表面硬度、镀层厚度、结合强度和孔隙率的检验。

4.3 形位公差及表面粗糙度

4.3.1 螺杆

4.3.1.1 螺杆轴线的直线度检测

当螺杆外圆等径时，可用素线代替轴线进行直线度检测，其方法为将螺杆放在平板上，使其不能自由转动，然后用塞尺测量螺杆外圆与平板之间的间隙，其最大间隙即为直线度误差。或者将螺杆安装在平行于平板的两顶尖之间（见图 1），或者将螺杆用放在平板上的等高 V 形架支撑好，并且保证螺杆不得有轴向窜动（见图 2）。螺杆外圆装上测量辅助套，指示器沿铅垂轴截面的两条素线测量，同时分别记录两指示器在各自测点的读数 M_a、M_b，取各测点的读数差之半，即（$M_a - M_b$）/2 中的最大差值作为该截面轴线的直线度误差。测量不得少于三个截面，其中最大的误差值即为螺杆轴线的直线度误差。

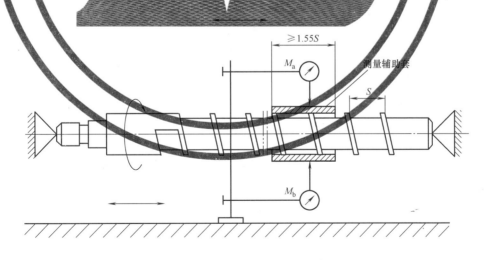

图　1

4.3.1.2 螺杆定位配合部位（内孔或外圆）对基准轴线的同轴度检测

将螺杆安装在平行于平板的两顶尖之间（图 3）或放在 V 形架上，并且保证螺杆不得有轴向窜动（见图 4）。转动螺杆，指示器最大差值即为单个测量圆柱面的径向圆跳动，取其中最大径向圆跳动量为同轴度误差。

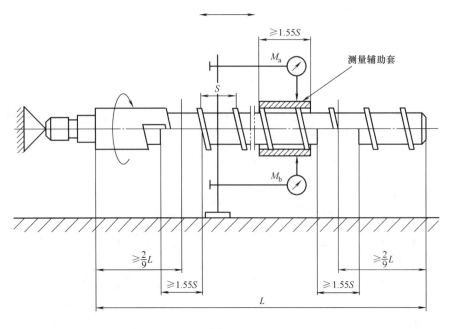

图　2

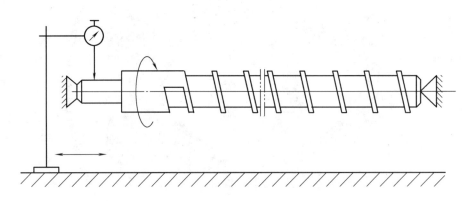

图　3

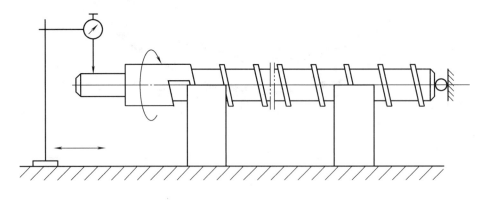

图　4

4.3.1.3　螺杆配合部位端面对基准的圆跳动检测

将螺杆安装在平行于平板的两顶尖之间（见图 5）或放在 V 形架上，并且保证螺杆不得有轴向窜动（见图 6）。螺杆回转一周，指示器最大差值即为单个测量端面上的圆跳动，按此方法在不少于三处测量，取其最大值作为该零件的端面圆跳动误差。

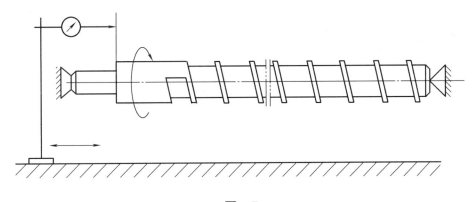

图 5

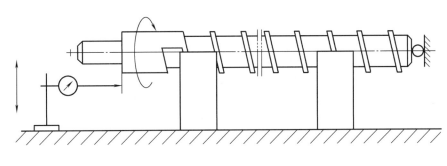

图 6

4.3.1.4 表面粗糙度检测

螺杆工作表面粗糙度检测用样块对比法或用表面粗糙度测量仪。

4.3.2 机筒

4.3.2.1 机筒内孔轴线的直线度检测

机筒内孔轴线的直线度的检测方法按 GB/T 11336—2004 中 5.4 或 5.6 的规定。

4.3.2.2 机筒定位配合部位（内孔或外圆）对基准轴线的同轴度检测

将芯轴插入机筒内孔成无间隙配合，如图 7 所示。回转机筒，指示器读数的最大值即为外圆对基准轴线的同轴度误差。

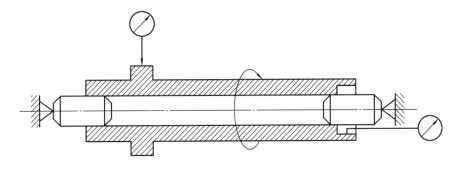

图 7

4.3.2.3 机筒定位配合部位的端面（外圆端面或内孔底平面）对基准轴线的圆跳动检测

将心轴插入机筒内孔成无间隙配合，如图 8 所示。机筒回转一周，指示器读数的最大值即为单个测量圆柱面上的圆跳动，按此方法在端面上测量不少于三处，取其最大值为该机筒端面圆跳动误差。

4.3.2.4 表面粗糙度检测

机筒表面粗糙度检测用样块对比法或用表面粗糙度测量仪。

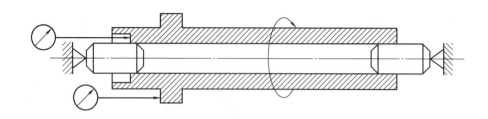

图 8

4.3.2.5 外观质量检测

采用目测法检测。

5 检验规则

5.1 检验分类

螺杆和机筒的检验分为出厂检验和型式检验。

5.2 出厂检验

5.2.1 每套螺杆和机筒须经制造厂检验部门检验合格后,并附有产品质量合格证方可出厂。

5.2.2 出厂检验项目见表3。

5.3 型式检验

5.3.1 型式检验的项目内容见表3。

表3 型式检验的项目内容

序号	项目	出厂检验		型式检验		备注
		氮化螺杆、机筒	烧结和镀硬铬螺杆、机筒	氮化螺杆、机筒	烧结和镀硬铬螺杆、机筒	
1	表面处理前材料金相组织	—	—	●	●	
2	表面硬度	●	●	●	●	
3	氮化层深度	●	—	●	—	同炉试样
4	脆性	●	—	●	—	同炉试样
5	耐磨层厚度或镀层厚度	—	●	—	●	
6	粘结强度	—	—	—	●	试样
7	孔隙率	—	—	—	●	试样
8	未溶颗粒数量	—	—	—	●	试样
9	颗粒直径	—	—	—	●	试样
10	直线度	●	●	●	●	
11	同轴度	●	●	●	●	
12	端面圆跳动	●	●	●	●	
13	表面粗糙度	●	●	●	●	
14	外观质量	●	●	●	●	
注:"●"表示必须做,"—"表示不做。						

5.3.2 有下列情况之一时,应进行型式检验:

　　a)新产品或老产品转产时的试制定型鉴定;

　　b)正式生产后,如结构、材料、工艺等有较大改变,可能影响产品性能时;

c）正常生产后，每年至少抽试一套（件）；

d）产品长期停产两年后，恢复生产时；

e）出厂检验结果与上次型式检验有较大差异时；

f）国家质量监督机构提出型式检验要求时。

5.4 判定规则

5.4.1 型式检验的样本应从出厂检验合格的产品中随机抽取 1 套（件）。

5.4.2 型式检验中若出现任一不合格项，则可加倍抽样，对不合格项进行复检，复检结果若仍不合格，则判该次型式检验不合格。

6 标志、包装、运输及贮存

6.1 标志

6.1.1 每套（件）螺杆和机筒应在非工作面印有永久性清晰标记或编号等。

6.1.2 螺杆、机筒的包装、运输收发标志应符合 GB/T 191 和 GB/T 6388 的规定。

6.2 包装

6.2.1 螺杆、机筒的包装应符合 GB/T 13384 的规定。

6.2.2 每套螺杆、机筒的包装箱内袋装的随机文件应包括产品质量合格证。

6.3 运输

螺杆、机筒的运输应符合 GB/T 191 和 GB/T 6388 的规定。

6.4 贮存

螺杆、机筒的防锈要求应符合 GB/T 4879 的规定。其应贮存在没有腐蚀气体和有害性气体的干燥、通风的库房中，避免受潮，不允许露天存放。

ICS 71.120；83.200
G 95
备案号：44149—2014

中华人民共和国机械行业标准

JB/T 8539—2013
代替 JB/T 8539—1997

塑料挤出吹塑中空成型机

Plastic extrusion blow molding machines

2013-12-31 发布　　　　　　　　　　　　　　　2014-07-01 实施

中华人民共和国工业和信息化部 发布

前　言

本标准按照GB/T 1.1—2009给出的规则起草。

本标准代替JB/T 8539—1997《塑料挤出吹塑中空成型机》,与JB/T 8539—1997相比主要技术变化如下:

——增加和修改了规范性引用文件(见第2章);

——增加和修改了制品容积系列参数(见4.2);

——增加和修改了基本参数(见4.3);

——修改了电气系统中相关要求(见5.1.5);

——修改了注射型坯的质量均匀性要求(见5.2.2);

——修改了安全防护装置(见5.3.2);

——修改了紧急打开装置(见5.3.4);

——修改了塑化能力检测(见6.2.1)。

本标准由中国机械工业联合会提出。

本标准由全国橡胶塑料机械标准化技术委员会塑料机械标准化分技术委员会(SAC/TC71/SC2)归口。

本标准负责起草单位:陕西秦川机械发展股份有限公司。

本标准参加起草单位:苏州同大机械有限公司、乐善机械实业有限公司、大连塑料机械研究所。

本标准主要起草人:谭广林、李博、徐文良、王树辉、马建军、高世凡、张牧、李香兰。

本标准所代替标准的历次版本发布情况为:

——ZB G95 015—1989;

——JB/T 8539—1997。

塑料挤出吹塑中空成型机

1 范围

本标准规定了塑料挤出吹塑中空成型机的型号与基本参数、要求、试验方法、检验规则、标志、包装、运输和贮存。

本标准适用于挤吹法加工塑料中空制品的成型机（以下简称中空机），其他特殊用途的中空机亦可参照执行。

2 规范性引用文件

下列文件对于本文件的应用是必不可少的。凡是注日期的引用文件，仅注日期的版本适用于本文件。凡是不注日期的引用文件，其最新版本（包括所有的修改单）适用于本文件。

GB/T 191 包装储运图示标志
GB/T 3766 液压系统通用技术条件
GB/T 3785（所有部分） 电声学 声级计
GB 5226.1—2008 机械电气安全 机械电气设备 第1部分：通用技术条件
GB 17888.3 机械安全 进入机械的固定设施 第3部分：楼梯、阶梯和护栏
GB/T 6388 运输包装收发货标志
GB/T 7932 气动系统 通用技术条件
GB/T 9969 工业产品使用说明书 总则
GB/T 12783 橡胶塑料机械产品型号编制方法
GB/T 13306 标牌
GB/T 13384 机电产品包装通用技术条件
HG/T 3228 橡胶塑料机械涂漆通用技术条件

3 术语和定义

下列术语和定义适用于本文件。

3.1

口模开口量 die opening amount
机头芯模相对于口模的垂直移动距离。

4 型号与基本参数

4.1 型号

中空机的型号应符合GB/T 12783的规定。

4.2 中空机的最大制品容积系列

0.5 L、1 L、2 L、5 L、10 L、25 L、50 L、（60 L）、（80 L）、100 L、（120 L）、150 L、（200 L）、230 L、

300 L、（400 L）、500 L、1 000 L、1 500 L、2 000 L。

注：带括号的尽量不采用。

4.3 基本参数

中空机的基本参数应符合表1的规定。

表 1 基本参数

最大制品容积 L	0.5	1	2	5	10	25	50	（60）	（80）	100	（120）
合模力 kN	≥11	≥15	≥25	≥40	≥60	≥120	≥180	≥200	≥250	≥300	≥350
塑化能力 kg/h	≥10	≥12	≥20	≥40	≥50	≥80	≥105		≥120		
储料量 L	—					≥2	≥5	≥6	≥8	≥10	≥12

最大制品容积 L	150	（200）	230	300	（400）	500	1 000	1 500	2 000
合模力 kN	≥400	≥450	≥550	≥600	≥750	≥850	≥1500	≥2 000	
塑化能力 kg/h	≥200	≥230		≥300		≥350	≥500	≥700	
储料量 L	≥15	≥20		≥30		≥35	≥45	≥60	≥75

5 要求

5.1 一般要求

5.1.1 中空机应符合本标准的要求，并按照规定程序批准的图样及技术文件制造。

5.1.2 中空机应具有两种或两种以上的操作方式。

5.1.3 液压系统应符合以下要求，并应符合GB/T 3766的要求：

——工作油温不超过60℃；

——主油路系统的油液固体颗粒污染等级不劣于-/20/18级；

——伺服油路系统的油液固体颗粒污染等级不劣于-/18/15级。

5.1.4 气动系统应符合GB/T 7932的规定。

5.1.5 电气系统应符合GB 5226.1—2008中5.1~5.5和18.3~18.4的要求。

5.1.6 中空机应具有供模具冷却的冷却装置。

5.1.7 液压、气动、冷却系统及其他部位不应漏油、漏气、漏水，冷却液不应混入液压系统。

5.1.8 中空机正常运转时应动作平稳、可靠，控制系统反应灵敏，指示清晰、准确。

5.1.9 设置多点型坯壁厚控制装置的中空机，口模开口量的重复定位精度小于0.1 mm。

5.2 型坯要求

5.2.1 型坯应外表光滑，塑化良好。

5.2.2 配有储料机头的中空机（以下简称储料式中空机），在任一设定值，注射型坯的质量均匀性不大于3%。

5.2.3 连续式挤出的中空机（以下简称连续式中空机），在同一时间间隔内，挤出型坯的质量均匀性不大于5%。

5.3 安全防护

5.3.1 如需观察中空机距地面2 m以上部分的部件、仪表及附件的工作状况，需设置防滑脚踏板、平台或梯子，并设置可靠的栅栏、扶手，符合GB 17888.3的规定。

5.3.2 安装模具的成型机周围应设置安全防护装置。采用安全门作为防护装置的，应固定可靠，不得自行打开；采用光电式防护装置的，应确保其工作可靠，并应有明显的警示标志。合模部分应有可靠的安全联锁装置，正常工作状态下，安全门不闭合或遮挡光电装置，不得合模。

5.3.3 储料式中空机在储料量达到极限值时应报警，且挤出机停止运转。

5.3.4 中空机应有紧急停止按钮和快速开模按钮。按下紧急停止按钮，挤出机、油泵停转，其他动作停止；按下快速开模按钮，模板立即打开。

5.3.5 中空机不应有不正常的尖叫声和冲击声，整机噪声声压级不大于85 dB（A）。

5.4 外观

5.4.1 中空机各部分应布局合理、美观，便于操作。

5.4.2 油漆表面应色泽均匀、漆层牢固，并符合HG/T 3228的规定。

6 试验方法

6.1 合模力检测

6.1.1 标准检测方法

如图1所示，液压系统在额定工作压力下，按式（1）计算合模力：

$$F = \pi d^2 p/40 \quad\cdots\cdots\cdots\cdots\cdots\cdots\cdots\cdots\cdots\cdots\cdots\cdots\cdots\cdots\cdots\cdots\cdots\cdots（1）$$

式中：

F——合模力，单位为千牛（kN）；

d——合模液压缸的活塞作用直径，单位为厘米（cm）；

p——合模液压缸的工作压力，单位为兆帕（MPa）。

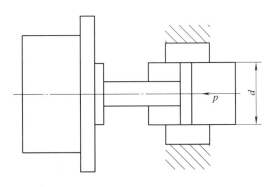

图 1 合模力标准检测方法

6.1.2 参考方法一

如图2所示，液压系统在额定工作压力下，将等厚垫块或试压模具装在模板上，在每根拉杆上贴灵敏应变片两个，测出拉杆应变量ε，按式（2）计算合模力：

$$F = \sum_{i=1}^{n} F_i = \sum_{i=1}^{n} SE\varepsilon_i \quad\cdots\cdots\cdots\cdots\cdots\cdots\cdots\cdots\cdots\cdots\cdots（2）$$

式中：

F——合模力，单位为千牛（kN）；

S——拉杆测试处的截面积，单位为平方厘米（cm^2）；

E——拉杆材料的弹性模量，单位为千牛每平方厘米（kN/cm^2）；

ε_i——第i根拉杆的应变量。

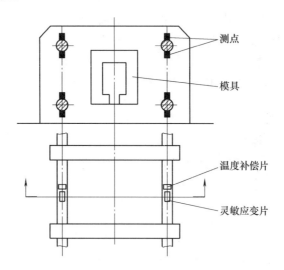

图2 合模力检测参考方法一

6.1.3 参考方法二

如图3所示，检测装置安装在模板上，合模，根据压力表的示值，参照式（1）计算合模力。

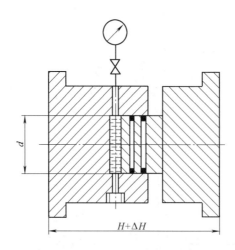

H——最小模板间距，$\Delta H > 10$ mm；d 推荐取模板小边尺寸的1/2。

图3 合模力检测参考方法二

6.2 塑化能力检测

6.2.1 储料式中空机

挤出机为最大转速时，闭锁口模，储料一段时间，打开口模，对空挤出物料，记录储料时间。待冷却后用标准衡器称其质量，折算为塑化能力。连续重复5次，取5次的算术平均值。

6.2.2 连续式中空机

挤出机为最大转速时，挤出物料，在相同的时间间隔内取料5次，待冷却后用标准衡器分别称其质量，折算为塑化能力，取5次的算术平均值。

6.3 储料量的检测

6.3.1 计算法

按中空机储料机头设计尺寸，如图4所示，按式（3）计算储料机头的储料容积：

$$V = \pi(D^2 - d^2)s \times 10^{-3}/4 \quad\cdots\cdots\cdots\cdots\cdots\cdots\cdots（3）$$

式中：
V——储料容积，单位为升（L）；
D——活塞外径，单位为厘米（cm）；
d——活塞内径，单位为厘米（cm）；
s——活塞设计行程，单位为厘米（cm）。

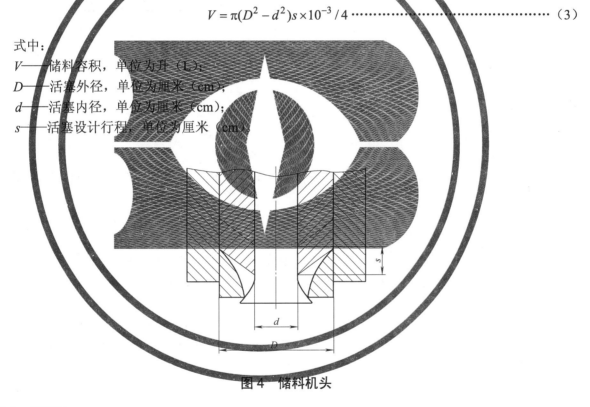

图4 储料机头

6.3.2 实测法

储料量达到设计规定极限值，物料为HDPE，塑化状态密度取0.75 g/cm³。对空挤出3次，待物料冷却后用标准衡器称其质量，取3次的算术平均值，计算储料容积。

6.4 液压系统的检测

6.4.1 工作油温的检测

所用温度计量程不大于100℃，检测位置尽量靠近吸油口。

6.4.2 工作油液固体颗粒污染等级的检测

中空机运行20 min后，分别从主油箱和伺服油箱取油适量（一般不少于100 mL），采用颗粒计数法检测油液固体颗粒污染等级，应符合5.1.3的要求。

6.5 电气系统的检测

采用电工测量仪表、仪器：接点电阻仪、500绝缘电阻表（兆欧表）、耐压试验仪等进行检测，其精度等级应不低于1.5级。

6.6 型坯质量均匀性的检测

6.6.1 储料式中空机

中空机进入稳定状态后，任意设定储料量，注射型坯5次，外观应符合5.2.1的要求。待物料冷却后用标准衡器分别称量，按式（4）计算，型坯质量均匀性取5次计算的最大值。

$$Y = |W_i - W| / W \quad\cdots\cdots\cdots\cdots\cdots\cdots\cdots\cdots\cdots\cdots\cdots\cdots\cdots\cdots\cdots\cdots\cdots\cdots\cdots\cdots\cdots\cdots\cdots\cdots \quad (4)$$

式中：

Y——质量均匀性；

W_i——型坯称量质量，单位为千克（kg）；

W——型坯平均质量，单位为千克（kg）。

6.6.2 连续式中空机

中空机进入稳定状态后，连续挤出型坯，外观应符合5.2.1的要求，在相等的时间间隔内取料5次，待物料冷却后用标准衡器分别称量，再按式（4）计算。

6.7 型坯控制装置的检测

将千分表座固定于储料机头，表头接触芯模，任选3个型坯控制点，设定口模开口量，测量实际开口值。每点至少重复5次，取每点的测量值与5次的平均值之差的绝对值。

6.8 安全联锁装置的检测

中空机在正常工作情况下，分别对5.3.2～5.3.4动作10次，各联锁装置应反应灵敏，准确可靠。

6.9 噪声检测

6.9.1 检测条件如下：

——中空机与墙壁和其他大型障碍物之间的距离应大于2 m；

——测量时，应注意避免周围电磁场、振动、温度、湿度和直接吹向传声器的风对测定的影响；

——中空机在负载运行时测量。

6.9.2 测量方法

按图5所示，测量点距地面高度为1.5 m，在水平面内的位置距中空机表面为1 m。用GB/T 3785中规定的2型精度声级计或准确度相当的其他仪器测量，取6点的算术平均值作为整机噪声值。

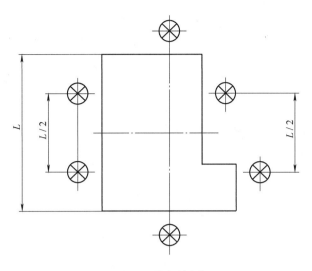

图 5 噪声检测

7 检验规则

7.1 出厂检验

中空机出厂检验时，应进行全数检查。每台中空机经制造厂质量检验部门检验合格后方能出厂，并附有产品质量合格证。每台中空机出厂前，应进行不少于4 h的连续空运转试验（挤出装置及机头不动作），并在试验前检查5.1.5、5.1.6、5.3.1、5.4，在试验中检查5.1.2～5.1.4、5.1.7、5.1.8、5.1.9和5.3.2～5.3.4的规定。

7.2 型式试验

型式试验时，进行抽样检查，每次抽1台。如果检查项目中有1项不合格，应再抽检1台；如仍有项目不合格，则型式试验判为不合格。型式试验应进行不少于8 h的连续负载试验，在试验中检查5.2.1～5.2.3和5.3.5的规定。

有下列情况之一时，一般应进行型式试验：
——新产品或老产品转厂生产的试制定型鉴定；
——正式生产后，如结构、工艺、材料有重大改变，可能影响产品性能；
——正常生产时，每年最少抽试1台；
——产品长期停产后，恢复生产；
——出厂检验结果与上次型式试验结果有较大差异；
——国家质量监督机构提出型式试验要求。

8 标志、包装、运输和贮存

8.1 标志

每台产品应在适当的明显位置固定产品标牌。标牌型式、尺寸及技术要求应符合GB/T 13306的规定。产品标牌应有下列内容：
a）产品名称、型号；
b）产品的主要技术参数；
c）制造厂名称和商标；

d）制造日期和产品编号。

8.2 包装

产品包装应符合GB/T 13384的规定。包装箱内应装有技术文件（装入防水袋内）：

a）产品合格证；

b）使用说明书，其内容应符合GB/T 9969的规定；

c）装箱单；

d）备件清单；

e）安装图。

8.3 运输

产品运输应符合GB/T 191和GB/T 6388的规定。

8.4 贮存

产品应贮存在干燥通风处，避免受潮腐蚀，不能与有腐蚀性气（物）体存放，露天存放应有防雨措施。

ICS 71.120；83.200
G 95
备案号：51758—2015

中华人民共和国机械行业标准

JB/T 8698—2015
代替 JB/T 8698—1998

热固性塑料注射成型机

Thermosetting injection moulding machine

2015-10-10 发布
2016-03-01 实施

中华人民共和国工业和信息化部 发布

前　　言

本标准按照GB/T 1.1—2009给出的规则起草。

本标准代替JB/T 8698—1998《热固性塑料注射成型机》，与JB/T 8698—1998相比主要技术变化如下：

——明确了本标准适用于液压驱动热固性注塑机；

——删除了一些参数规格表；

——扩大了锁模力范围；

——提高了对液压系统渗油的控制要求；

——增加了锁模力重复精度和拉杆偏载率的要求；

——增加了提供排气用电气接口的要求。

本标准由中国机械工业联合会提出。

本标准由全国橡胶塑料机械标准化技术委员会塑料机械分技术委员会（SAC/TC71/SC2）归口。

本标准起草单位：泰瑞机器股份有限公司、海天塑机集团有限公司、大连塑料机械研究所。

本标准主要起草人：吴敬阳、高世权、周宏伟、李立峰、李香兰。

本标准所代替标准的历次版本发布情况为：

——ZB G95 017.1—1989、ZB G95 017.2—1989、ZB G95 017.3—1989；

——JB/T 8698—1998。

热固性塑料注射成型机

1 范围

本标准规定了热固性塑料注射成型机的术语和定义、型号与基本参数、技术要求、试验方法、检验规则、标志、包装、运输和贮存。

本标准适用于单螺杆、单工位、卧式、液压驱动热固性塑料注射成型机（以下简称热固性注塑机）。

2 规范性引用文件

下列文件对于本文件的应用是必不可少的。凡是注日期的引用文件，仅注日期的版本适用于本文件。凡是不注日期的引用文件，其最新版本（包括所有的修改单）适用于本文件。

GB/T 191 包装储运图示标志

GB/T 321—2005 优先数和优先数系

GB 5226.1—2008 机械电气安全 机械电气设备 第1部分：通用技术条件

GB 6388 运输包装收发货标志

GB/T 9969 工业产品使用说明书 总则

GB/T 12783 橡胶塑料机械产品型号编制方法

GB/T 13306 标牌

GB/T 13384 机电产品包装通用技术条件

GB 22530 橡胶塑料注射成型机安全要求

GB/T 25157—2010 橡胶塑料注射成型机检测方法

HG/T 3120 橡胶塑料机械外观通用技术条件

HG/T 3228 橡胶塑料机械涂漆通用技术条件

JB/T 5438 塑料机械 术语

3 术语和定义

JB/T 5438 界定的术语和定义适用于本文件。

4 型号与基本参数

4.1 型号

热固性注塑机的型号应符合 GB/T 12783 的规定。

4.2 基本参数

热固性注塑机的基本参数参见附录 A。

5 技术要求

5.1 总则

热固性注塑机应符合本标准的要求，并按经规定程序批准的图样及技术文件制造。

5.2 装配技术要求

装配技术要求参见附录 B。

5.3 整机技术要求

5.3.1 热固性注塑机至少应具备手动、半自动两种操作控制方式。

5.3.2 应充分考虑安全。合模部分至少应设有机械、电气和液压三种联锁安全保护装置中的两种。其安全要求应符合 GB 22530 的要求。

5.3.3 运动部件的动作应正确、平稳、可靠。当系统油压为其额定值的 25%时，热固性注塑机不应发生爬行、卡死和明显的冲击现象。

5.3.4 应具有模具加热控制装置及机筒加热（导热油加热、电加热或混合加热方式）及冷却控制装置。

5.3.5 机器运行程序应有合模部分的排气动作。

5.3.6 应提供排气用电气接口。

5.3.7 锁模力重复精度及拉杆受力偏载率要求：

    a）锁模力重复精度不大于 1%；

    b）拉杆受力偏载率不大于 8%。

5.3.8 液压系统应符合以下要求：

    a）工作油温不超过 55℃；

    b）在额定工作压力下，应无漏油现象，渗油处数应符合表 1 的规定；

    c）各管路应排列整齐。

表 1 渗油处数

锁模力　kN	160～2 000	2 500～6 500
渗油处数	≤1	≤2
注：渗油处——将渗油擦干净，在热固性注塑机空运转 4 h 后再负荷运转 2 h 重新出现渗油，且每分钟不大于 1 滴的部位。 　　　空运转——不安装模具（含假模），不打料，动作压力、速度设定在额定值的 50%～70%，循环时间 10 s～20 s。 　　　负荷运转要求——安装假模（假模要求应符合 GB/T 25157—2010 的要求），锁模力为额定锁模力的 70%；不打料，其余动作压力、速度设定在额定值的 50%～70%，循环时间 10 s～20 s 。		

5.3.9 电气系统应符合以下要求：

    a）机器内各电气装置应按其要求牢靠接地，在接地处附近贴有符号字母 PE；

    b）应有紧急停机按钮；

    c）电气装置的金属壳体或可能带电的金属件与接地螺钉间，应保证具有可靠的电气连接，其与接地螺钉间的连接电阻实测值不得大于 0.1 Ω；

    d）电气装置中，不接地电气件的绝缘电阻不得小于 1 MΩ；

    e）电气设备应进行耐电压试验，其试验条件应符合 GB 5226.1—2008 中 18.4 的规定。

5.3.10 整机正常运转时，其 A 计权噪声声压级应不大于 83 dB。

5.3.11 整机外观应符合 HG/T 3120 的规定。

5.3.12 涂漆质量应符合 HG/T 3228 的规定。

6 试验方法

6.1 空运转试验

热固性注塑机装配合格后，应进行不少于 4 h 或 3 000 次的连续空运转试验（在试验中若发生故障，则试验时间或次数应从故障排除后重计）。

6.2 负荷运转试验

空运转试验合格后，应进行不少于 2 h 的负荷运转试验（在试验中若发生故障，则试验时间或次数应从故障排除后重计）。

6.3 基本参数检测

6.3.1 基本参数中的理论注射容积、塑化能力、注射速率、注射压力、实际注射质量按 GB/T 25157—2010 中 3.1.1～3.1.5 的规定进行检测。

6.3.2 基本参数中的锁模力按 GB/T 25157—2010 中 3.1.6 的规定进行检测。

6.3.3 检测物料为 PF2A4—161J 酚醛模塑料。

6.4 螺杆与机筒的最大径向间隙检测

使用垫块，并用外径千分尺、内径千分尺分别测出螺杆直径和机筒内孔直径，其二值之差即为螺杆与机筒的最大径向间隙。

6.5 移动模板与固定模板的模具安装面间（不含隔热板）的平行度检测

移动模板与固定模板的模具安装面间（不含隔热板）的平行度按 GB/T 25157—2010 中 3.2.1 的规定进行检测。

6.6 喷嘴孔轴线对固定模板模具定位孔轴线的同轴度检测

喷嘴孔轴线对固定模板模具定位孔轴线的同轴度按 GB/T 25157—2010 中 3.1.8 的规定进行检测。

6.7 锁模力重复精度及拉杆受力偏载率检测

锁模力重复精度及拉杆受力偏载率按 GB/T 25157—2010 中 3.2.2、3.2.3 的规定进行检测。

6.8 液压系统检测

液压系统按 GB/T 25157—2010 中 3.1.9 的规定进行检测。

6.9 电气系统检测

6.9.1 用接地电阻测试仪测量热固性注塑机的接地电阻，应符合 5.3.9c）的规定。

6.9.2 用绝缘电阻表测量热固性注塑机的绝缘电阻，应符合 5.3.9d）的规定。

6.9.3 用耐电压测试仪进行电气设备的耐电压试验，应符合 5.3.9e）的规定。

6.10 整机噪声检测

整机噪声按 GB/T 25157—2010 中 4.2.1 的规定进行检测。

6.11 外观质量检测

整机外观、油漆表面采用目测，应符合 5.3.11、5.3.12 的规定。

7 检验规则

7.1 基本要求

每台热固性注塑机应经制造厂质量检验部门检查合格后方能出厂，出厂时应附有产品质量合格证。

7.2 出厂检验

每台热固性注塑机出厂前，应按 6.1 进行空运转试验，并在试验前检查 5.3.8、5.3.10、5.3.11、B.1、B.3，在试验中检查 5.3.1～5.3.7、B.2。

7.3 型式检验

型式检验的项目内容包括本标准中的各项技术要求。型式检验应在下列情况之一时进行：
a）新产品或老产品转厂时的试制定型鉴定；
b）正式生产后，如结构、材料、工艺等有较大改变，可能影响产品性能；
c）正常生产时，每年最少抽试一台；
d）产品停产两年后，恢复生产；
e）出厂检验结果与上次型式检验有较大差异；
f）国家质量监督机构提出型式检验要求。

7.4 判定规则

型式检验项目全部符合本标准的规定，则为合格。型式检验每次每种规格抽检一台，当检验不合格时，应在同规格中再抽检一台，若再不合格，则应逐台进行检验。

8 标志、包装、运输和贮存

8.1 标志

产品应在适当的明显位置固定产品标牌。标牌型式、尺寸及技术要求应符合 GB/T 13306 的规定，标牌上至少应标出下列内容：
a）产品的名称、型号及执行标准编号；
b）产品的主要技术参数；
c）制造企业的名称和商标；
d）制造日期和编号。

8.2 包装

产品包装应符合 GB/T 13384 的规定。包装箱内应装有下列技术文件（装入防水袋内）：
a）产品质量合格证；
b）使用说明书，其内容应符合 GB/T 9969 的规定；
c）装箱单；
d）备件清单。

8.3 运输

产品运输应符合 GB/T 191 和 GB 6388 的规定。

8.4 贮存

产品应贮存在干燥、通风、无火源、无腐蚀性气（物）体处，如露天存放应有防雨措施。

附 录 A

（资料性附录）

基本参数

A.1 销售合同（协议书）或产品使用说明书等应提供的参数：

 a）锁模力（kN）推荐在 GB/T 321—2005 中的优先数 R10 或 R20 系列中选取规格参数值；

 b）理论注射容积（cm^3）；

 c）塑化能力（物料：PF）（g/s）；

 d）对空注射速率（cm^3/s）；

 e）注射压力（MPa）；

 f）实际注射质量（物料：PF）（g）。

A.2 制造厂应向用户提供的参数：

 a）螺杆直径（mm）；

 b）螺杆长径比；

 c）喷嘴球半径（mm）；

 d）拉杆有效间距（水平、垂直）（mm）；

 e）模具定位孔直径（mm）；

 f）移动模板行程（mm）；

 g）最大模厚（不含隔热板厚度）（mm）；

 h）最小模厚（不含隔热板厚度）（mm）；

 i）隔热板厚度（如果有）（mm）；

 j）模具安装用 T 形槽及螺纹孔尺寸及位置尺寸；

 k）顶出孔数量及位置尺寸；

 l）电动机功率、加热功率（kW）；

 m）整机质量（t）；

 n）机器外形尺寸（m）。

附　录　B
（资料性附录）
装配技术要求

B.1　螺杆与机筒的最大径向间隙值应符合表 B.1 的规定。

表 B.1　螺杆与机筒的最大径向间隙值　　　　　　　　单位为毫米

螺杆直径	≥15～25	>25～50	>50～80	>80～110	>110～150
最大径向间隙	≤0.12	≤0.20	≤0.30	≤0.35	≤0.45

B.2　热固性注塑机移动模板与固定模板的模具安装面间（不含隔热板）的平行度公差应符合表 B.2 的规定。

表 B.2　平行度公差　　　　　　　　单位为毫米

拉杆有效间距	锁模力为零时	锁模力最大时
≥200～250	0.25	≤0.12
>250～400	0.30	≤0.15
>400～630	0.40	≤0.20
>630～1 000	0.50	≤0.25

注：当水平和垂直两个方向上的拉杆有效间距不一致时，取较大值对应的平行度公差。

B.3　热固性注塑机喷嘴孔轴线对固定模板模具定位孔轴线的同轴度公差应符合表 B.3 的规定。

表 B.3　同轴度公差　　　　　　　　单位为毫米

模具定位孔直径	同轴度公差
≤125	ϕ0.25
>125～250	ϕ0.3
>250	ϕ0.4

ICS 71.120；83.200

G 95

备案号：33641—2011

中华人民共和国机械行业标准

JB/T 8703—2011
代替 JB/T 8703—1998

塑料挤出吹塑薄膜辅机

Plastics blown-film extrusion accessory

2011-08-15 发布

2011-11-01 实施

中华人民共和国工业和信息化部 发布

前　言

本标准代替 JB/T 8703—1998《塑料挤出吹塑薄膜辅机》。

本标准与 JB/T 8703—1998 相比，主要变化如下：

——对整机的技术要求进行了修改；

——增加了对外观质量的要求；

——修改了检测方法；

——增加了电气安全保护的具体检测方法；

——增加了判定规则；

——原标准的第 4 章基本参数改为附录 A；

——修改了设计最大牵引卷取速度等参数。

本标准的附录 A 为资料性附录。

本标准由中国机械工业联合会提出。

本标准由全国橡胶塑料机械标准化技术委员会塑料机械标准化分技术委员会（SAC/TC71/SC2）归口。

本标准负责起草单位：大连橡胶塑料机械股份有限公司。

本标准参加起草单位：广东金明塑胶设备有限公司、大连政华洋塑料机械有限公司、大连塑料机械研究所。

本标准主要起草人：殷秋娟、黄虹、韩基政、王冬梅、浦松、刘明达。

本标准所代替标准的历次版本发布情况为：

——ZB G95 016.2—1989；

——JB/T 8703—1998。

塑料挤出吹塑薄膜辅机

1 范围

本标准规定了塑料挤出吹塑薄膜辅机的规格系列与型号、基本参数、要求、试验及检测方法、检验规则、标志、包装、运输和贮存。

本标准适用于吹塑薄膜制品的塑料挤出吹塑薄膜辅机（以下简称辅机）。

2 规范性引用文件

下列文件中的条款通过本标准的引用而成为本标准的条款。凡是注日期的引用文件，其随后所有的修改单（不包括勘误的内容）或修订版均不适用于本标准，然而，鼓励根据本标准达成协议的各方研究是否可使用这些文件的最新版本。凡是不注日期的引用文件，其最新版本适用于本标准。

GB/T 191 包装储运图示标志（GB/T191—2008，ISO 780:1997，MOD）

GB/T 6388 运输包装收发货标志

GB/T 9969 工业产品使用说明书 总则

GB/T 12783—2000 橡胶塑料机械产品型号编制方法

GB/T 13306 标牌

GB/T 13384 机电产品包装通用技术条件

HG/T 3228—2001（2009） 橡胶塑料机械涂漆通用技术条件

3 规格系列与型号、基本参数

3.1 牵引辊筒长度系列

250 mm、400 mm、500 mm、600 mm、（650 mm）、800 mm、1 100 mm、1 200 mm、1 300 mm、1 400 mm、1 600 mm、1 900 mm、（2 100 mm）、2 200 mm、2 500 mm、2 800 mm、3 200 mm、3 500 mm、4300 mm、5 300 mm、（5 500 mm）、6 300 mm。

3.2 模口直径系列

20 mm、30 mm、40 mm、50 mm、60 mm、70 mm、80 mm、90 mm、100 mm、120 mm、130 mm、150 mm、170 mm、200 mm、220 mm、250 mm、300 mm、350 mm、400 mm、500 mm、650 mm、700 mm、800 mm、1 000 mm、1 200 mm、1 300 mm、1 400 mm、1 600 mm、1 800 mm、2 000 mm、2 200 mm、2 500 mm、2 800 mm。

3.3 型号

辅机的型号应符合 GB/T 12783—2000 的规定。

3.4 基本参数

辅机基本参数参见附录 A。

4 要求

4.1 总则

辅机应符合本标准的要求，并按照经规定程序批准的图样及技术文件制造。

4.2 整机技术要求

4.2.1 模口间隙应能灵活调节。

JB/T 8703—2011

4.2.2 模头流道应圆滑过渡，与主机连接管接触面密封良好，不得漏料。

4.2.3 风环的风口调节应灵敏有效。

4.2.4 模头进气孔接头处及输气、输水管路应畅通，密封良好，不允许渗漏。

4.2.5 加热器固定后与模头外表面应贴合良好。

4.2.6 压紧辊应调节灵活，并与牵引辊在工作长度范围内贴合良好。

4.2.7 各传动系统应运转平稳，各啮合件啮合良好，电动机无过载现象。

4.2.8 牵引及卷取速度应能无级调速。

4.2.9 薄膜卷取时，张紧力应恒定，保证卷取平整。

4.2.10 机械、电器装置应设安全保护措施。

4.2.11 电气应达到以下的安全保护要求，以保证操作者和生产的安全：

　　a）短接的动力电路与保护电路导线之间的绝缘电阻不得小于 1 MΩ。

　　b）电热圈的冷态绝缘电阻不得小于 1 MΩ。

　　c）电热圈应进行耐压试验，当工作电压为 110 V 时，在 1 min 内平稳加压至 1 000 V；当工作电压为 220 V 时，在 1 min 内平稳加压至 1 500 V；当工作电压为 380 V 时，在 1 min 内平稳加压至 2 000 V，耐压 1 min，工作电流 10 mA，不得击穿。

　　d）外部保护导线端子与电气设备任何裸露导体零件的接地电阻不得大于 0.1 Ω。

4.2.12 辅机噪声（声压级）应不大于 85 dB（A）。

4.3 外观质量

4.3.1 各外露焊接件应平整，不允许存在焊渣及明显的凹凸粗糙面。

4.3.2 非涂漆的金属及非金属表面保持其原有本色。

4.3.3 漆膜应色泽均匀，光滑平整，不允许有杂色斑点、条纹及粘附污物，不允许起皮、发泡和油漆剥落，并符合 HG/T 3228 的规定。

5 试验及检测方法

5.1 抽样

　　辅机出厂检验时，应进行全数检查。型式试验时进行抽样检查，每次抽一台。

5.2 模口间隙检测

　　用铜塞尺测量或分别测量模芯与外模的实际尺寸计算得到。

5.3 牵引卷取速度检测

　　用测速仪测出牵引速度，也可用转速表测出牵引辊或卷取辊的转速进行换算。

5.4 噪声检测

　　辅机与主机联动负荷运转时，用声级计在卷取装置出膜处，距离 1 m 远，高 1.5 m 处测量。

5.5 电气安全保护检测

　　电气安全保护检测如下：

　　a）短接的动力电路与保护电路导线（挤出机外壳体）之间的绝缘电阻用 500 V 兆欧表（摇表）测量；

　　b）电热圈应先进行加热干燥，然后在冷态（室温）时，用 500 V 兆欧表（摇表）测量其绝缘电阻；

　　c）电热圈应先进行加热干燥，然后在冷态（室温）时进行耐压试验，并用耐压测试仪测量；

　　d）外部保护导线端子与电气设备任何裸露导体零件的接地电阻，用接地电阻仪测量。

5.6 其他

　　对于第 4 章提出的要求，在本章中没有规定具体试验与检测方法的，可通过目测法进行检测。

6 检验规则

　　每台产品须经制造厂质量检验部门检验合格后方能出厂，并附有产品质量合格证。

282

6.1 出厂检验

产品总装合格后，各传动系统在最小和最大速度范围内应做不少于 15 min（供水、供气系统不少于 5 min）的空运转试验，在试验前检查 4.2.10、4.2.11，在试验中检查 4.2.3、4.2.4 和 4.2.6～4.2.8。

6.2 型式检验

型式检验应与质量合格的单螺杆塑料挤出机配套，进行不少于 1 h 的负荷运转试验。并按表 A.1 及表 A.2 中的要求检验。

有下列情况之一时，应进行型式检验：

a）新产品或老产品转厂时的试制定型鉴定；

b）正式生产后，如结构、材料、工艺等有较大改变，可能影响产品性能时；

c）正常生产时，每年最少抽试一台；

d）产品停产两年后，恢复生产时；

e）出厂检验结果与上次型式检验有较大差异时；

f）国家质量监督机构提出进行型式检验要求时。

6.3 判定规则

经型式检验若有不合格项时，需进行复检，复检若仍有不合格项时，则判定为不合格。

7 标志、包装、运输和贮存

7.1 标志

每台产品应在适当的明显位置固定产品标牌。标牌型式、尺寸及技术要求应符合 GB/T 13306 的规定。产品标牌应有下列内容：

a）产品名称、型号；

b）产品的主要技术参数；

c）制造厂名称和商标；

d）制造日期和产品编号。

7.2 包装

产品包装应符合 GB/T 13384 的有关规定。包装箱内应装有下列技术文件（装入防水袋内）：

a）产品合格证；

b）使用说明书，其内容应符合 GB/T 9969 的规定；

c）装箱单；

d）备件清单；

e）安装图。

7.3 运输

产品运输应符合 GB/T 191 和 GB/T 6388 的有关规定。

7.4 贮存

产品应贮存在干燥通风处，避免受潮腐蚀，不能与有腐蚀性气（物）体存放，露天存放应有防雨措施。

附 录 A
（资料性附录）
基本参数

基本参数应符合表 A.1 或表 A.2 的规定。表 A.1 以加工聚烯烃膜为主，表 A.2 以加工软聚氯乙烯、重包装膜为主。

基本参数中，主要考核与 JB/T 8061 的配套性。负荷试验考核时，实测牵引卷取速度允许小于表 A.1 和表 A.2 中的值，但调速范围应为 6～10，并能满足主机生产的要求。

表 A.1 加工聚烯烃膜辅机基本参数

牵引辊筒长度 mm	牵引辊筒直径 mm ≥	设计最大牵引卷取速度 m/min ≥	牵引辊筒中心高 mm ≥	薄膜最大折径 mm ≥
250	160	50（低速型）80（高速型）	2 500	200
400			3 200	300
500				400
600			3 500	500
（650）				600
800				700
1 100			4 500	1 000
1 200				1 100
1 300				1 200
1 400			5 000	1 300
1 600				1 500
1 900			6 500	1 800
（2 100）				2 000
2 200		30（低速型）80（高速型）	8 000	2 000
2 500			10 000	2 300
2 800			12 000	2 600
3 200	210	20	15 000	3 000
3 500	230			3 200
4 300	290		16 000	4 000
5 300	310		18 000	5 000
（5 500）		18	20 000	5 200
6 300				6 000

注1：牵引辊筒中心高仅限于上吹法，并为推荐值。

注2：膜管可带插板。

表 A.2 加工软聚氯乙烯、重包装膜辅机基本参数

牵引辊筒长度 mm	牵引辊筒直径 mm ≥	设计最大牵引卷取速度 m/min ≥	牵引辊筒中心高 mm ≥	薄膜最大折径 mm ≥
250			2 500	200
400			3 000	300
500		30		400
600				500
（650）			3 500	600
800				700
1 100	160	20	4 500	1 000
1 200				1 100
1 300				1 200
1 400		15	6 500	1 300
1 600				1 400
1 900				1 700
（2 100）		10	8 000	1 900
2 200				2 000

注 1：牵引辊筒中心高仅限于上吹法，并为推荐值。

注 2：膜管可带插板。

参 考 文 献

[1]　JB/T 8061—2011　单螺杆塑料挤出机

———————————

ICS 71.120；83.200
G 95
备案号：51753—2015

中华人民共和国机械行业标准

J B/T 8943—2015
代替 JB/T 8943—1999

全塑鞋用注射机

Full plastic shoe-making injecting machine

2015-10-10 发布

2016-03-01 实施

中华人民共和国工业和信息化部 发布

前　言

本标准按照GB/T 1.1—2009给出的规则起草。

本标准代替JB/T 8943—1999《全塑鞋用注射机》，与JB/T 8943—1999相比主要技术变化如下：

——增加了3项引用文件，并更新了原引用文件；

——增加并修改了电气系统的技术要求及具体检测方法；

——修改了液压系统的要求；

——增加了整机外观的要求所执行的标准，并增加了外观质量检测；

——增加了判定规则；

——对产品贮存要求进行了修改。

本标准由中国机械工业联合会提出。

本标准由全国橡胶塑料机械标准化技术委员会塑料机械分技术委员会（SAC/TC71/SC2）归口。

本标准起草单位：大连塑料机械研究所、北京橡胶工业研究设计院。

本标准主要起草人：鲁敬、吴丹、于振海、何成。

本标准所代替标准的历次版本发布情况为：

——JB/T 8943—1999。

全塑鞋用注射机

1 范围

本标准规定了全塑鞋用注射机的术语和定义、型式与基本参数、技术要求、试验方法、检验规则、标志、包装、运输和贮存。

本标准适用于生产发泡（或不发泡）的单色及多色鞋底、拖鞋、凉鞋、雨鞋、靴等全塑鞋类的成型机（以下简称全塑机）。

2 规范性引用文件

下列文件对于本文件的应用是必不可少的。凡是注日期的引用文件，仅注日期的版本适用于本文件。凡是不注日期的引用文件，其最新版本（包括所有的修改单）适用于本文件。

GB/T 191 包装储运图示标志

GB 5226.1—2008 机械电气安全 机械电气设备 第1部分：通用技术条件

GB 6388 运输包装收发货标志

GB/T 9969 工业产品使用说明书 总则

GB/T 13306 标牌

GB/T 13384 机电产品包装通用技术条件

GB 22530 橡胶塑料注射成型机安全要求

GB/T 25157—2010 橡胶塑料注射成型机检测方法

HG/T 3120 橡胶塑料机械外观通用技术条件

HG/T 3228 橡胶塑料机械涂漆通用技术条件

JB/T 5438 塑料机械 术语

JB/T 6929—2015 塑料挤出转盘制鞋机

3 术语和定义

JB/T 5438 界定的术语和定义适用于本文件。

4 型式与基本参数

4.1 型式

全塑机的型式为多工位、转盘式往复螺杆注射型。

4.2 基本参数

全塑机的基本参数参见附录 A。

5 技术要求

5.1 总则

全塑机应符合本标准的要求，并按经规定程序批准的图样及技术文件制造。

5.2 装配技术要求

全塑机所有零、部件应经检验合格，外购件有合格证才能进行装配。

5.3 整机技术要求

5.3.1 全塑机应充分考虑安全，至少应设有机械、电气和液压三种联锁安全保护装置中的两种。其安全要求应符合 GB 22530 的要求。

5.3.2 全塑机应采用可编程序控制器控制，并符合下列要求：

  a）具有完善的动作循环程序；

  b）采用数字化计量；

  c）采用加热温度自动控制；

  d）具有自诊断功能。

5.3.3 转盘转位、开合模动作应灵活、平稳、准确、可靠。

5.3.4 电气系统应符合以下要求：

  a）应有安全可靠的接地装置和明显的接地标志；

  b）应有紧急停机按钮；

  c）外部保护连接电路与电气设备任何裸露导体零件之间的接地电阻不大于 0.1 Ω；

  d）在动力电路导线与保护联结电路间施加 DC500 V 时，测得的绝缘电阻应不小于 1 MΩ；

  e）电气设备应进行耐电压试验，其试验条件应符合 GB 5226.1—2008 中 18.4 的规定。

5.3.5 液压系统应符合以下要求：

  a）工作油温应不超过 60℃；

  b）全塑机在额定工作压力下，应无漏油现象，在空负荷运转 4 h 后再负荷运转 2 h 之内，渗油处应不多于 2 处；

  c）工作油液污染度不超过 70 mg/L；

  d）液压管道应排列整齐。

5.3.6 全塑机负荷运转时，其 A 计权噪声声压级应不大于 85 dB。

5.3.7 全塑机外观应符合 HG/T 3120 的规定。

5.3.8 全塑机的涂漆应符合 HG/T 3228 的规定。

6 试验方法

6.1 空运转试验

全塑机总装合格后应进行不少于 1 h 的空运转试验。

6.2 负载运转试验

空运转测试合格后，在稳定的工作情况下进行不少于 2 h 的负荷运转试验。

6.3 基本参数检测

6.3.1 塑化能力、注射速率、注射压力、实际注射质量按 GB/T 25157—2010 中 3.1.2～3.1.5 的规定进行检测；产量、单耗指标按 JB/T 6929—2015 中的 6.3、6.4 的规定进行检测。

6.3.2 对压模力检测，应在额定的工作压力下，置压力传感器于上、下模板中心位置，由压力传感器和静态电阻应变仪构成测力系统，测量三次，求其算数平均值。

6.4 可编程序控制器程序检测

全塑机启动运转后，检查可编程序控制器自诊断显示、监视系统是否完备，机器的各部件动作是否有效。

6.5 电气系统检测

6.5.1 用接地电阻测试仪测量全塑机的接地电阻，应符合 5.3.4 c）的规定。

6.5.2 用绝缘电阻表测量全塑机的绝缘电阻，应符合 5.3.4 d）的规定。

6.5.3 用耐压测试仪进行电气设备的耐电压试验，应符合 5.3.4 e）的规定。

6.6 液压系统检测

液压系统按 GB/T 25157—2010 中 3.1.9 的规定进行检测，应符合本标准中 5.3.5 的规定。

6.7 噪声检测

噪声按 JB/T 6929—2015 中的 6.16 的规定进行检测，应符合本标准中 5.3.6 的规定。

6.8 外观质量检测

整机外观、涂漆表面采用目测，应符合 5.3.7、5.3.8 的规定。

7 检验规则

7.1 基本要求

每台全塑机应经制造厂质量检验部门检查合格后方能出厂，出厂时应附有产品质量合格证。

7.2 出厂检验

每台全塑机出厂前，应进行不少于 4 h 的连续空运转测试，并按第 5 章的内容进行检测。

7.3 型式检验

型式检验的项目包括本标准中的各项技术要求。型式检验应在下列情况之一时进行：

a）新产品或老产品转厂时的试制定型鉴定；

b）正式生产后，如结构、材料、工艺等有较大改变，可能影响产品性能；

c）正常生产时，每年最少抽试一台；

d）产品停产两年后，恢复生产；

e）出厂检验结果与上次型式检验有较大差异；

f）国家质量监督机构提出型式检验要求。

7.4 判定规则

型式检验项目全部符合本标准的规定，则为合格。型式检验每次抽检一台，当检验不合格时，应再抽检一台，若再不合格，则应逐台进行检验。

8 标志、包装、运输和贮存

8.1 标志

产品应在适当的明显位置固定产品标牌。标牌型式、尺寸及技术要求应符合 GB/T 13306 的规定，标牌上至少应标出下列内容：

a）产品的名称、型号及执行标准编号；

b）产品的主要技术参数；

c）制造企业的名称和商标；

d）制造日期和编号。

8.2 包装

产品包装应符合 GB/T 13384 的规定。包装箱内应装有下列技术文件（装入防水袋内）：

a）产品质量合格证；

b）使用说明书，其内容应符合 GB/T 9969 的规定；

c）装箱单；

d）备件清单；

e）安装图。

8.3 运输

产品运输应符合 GB/T 191 和 GB 6388 的规定。

8.4 贮存

产品应贮存在干燥、通风、无火源、无腐蚀性气（物）体处，如露天存放应有防雨措施。

附 录 A

（资料性附录）

基本参数

基本参数见表 A.1。

表 A.1 基本参数

项 目	单 位	参 数		
工位数	个	6，8，10，12，16，18，20，24，30		
塑化能力	g/s	≥27		
注射速率	g/s	≥200		
注射压力	MPa	≥42		
实际注射质量	g	≥500		
压模力	kN	≥430		
生产能力	双/h	鞋底≥50	拖鞋、凉鞋≥120	雨鞋、靴≥50
单耗指标	kW/（双/h）	≤0.12	≤0.18	≤0.6

注1：考核塑化能力、注射速率、实际注射质量、生产能力及单耗指标等参数，以密度为1.3 g/cm³的SPVC颗粒塑料为准（发泡料低15%～20%）。

注2：考核产量时，鞋底、拖鞋、凉鞋以20工位，雨鞋、靴以12工位的单色机为依据，其他内容：

    a）鞋底类按男士25 cm平跟底或每只质量不小于190 g的其他鞋号；

    b）拖鞋、凉鞋类按男士25 cm平跟底的拖鞋、凉鞋或每只质量不小于220 g、245 g的其他鞋号；

    c）雨鞋、靴类按男士25 cm坡跟底、筒高28 cm的雨靴或每只质量不小于680 g的其他鞋号。

ICS 71.120;83.200
G 95
备案号：45794—2014

中华人民共和国机械行业标准

JB/T 10342—2014
代替 JB/T 10342—2002

塑料挤出异型材辅机

Profile shapes extrusion accessory

2014-05-06 发布   2014-10-01 实施

中华人民共和国工业和信息化部 发布

前　言

本标准按照GB/T 1.1—2009给出的规则起草。

本标准代替JB/T 10342—2002《塑料挤出异型材辅机》，与JB/T 10342—2002相比主要技术变化如下：

——增加了真空定型台参数和技术要求；

——增加了牵引机参数和技术要求；

——增加了切割机参数和技术要求。

本标准由中国机械工业联合会提出。

本标准由全国橡胶塑料机械标准化技术委员会塑料机械分技术委员会（SAC/TC71/SC2）归口。

本标准起草单位：上海金纬挤出机械制造有限公司、山东通佳机械有限公司、大连塑料机械研究所。

本标准主要起草人：岳崇少、张建群、刘明达、蒋宏波、郑军。

本标准所代替标准的历次版本发布情况为：

——JB/T 10342—2002。

塑料挤出异型材辅机

1 范围

本标准规定了采用真空负压定型的塑料挤出异型材辅机的基本参数、技术要求、试验方法、检验规则、标志、包装、运输和贮存。

本标准适用于与挤出机配套使用，采用真空负压成型原理能将挤出机挤出的物料制成异型材制品的辅助机械（以下简称辅机）。

2 规范性引用文件

下列文件对于本文件的应用是必不可少的。凡是注日期的引用文件，仅注日期的版本适用于本文件。凡是不注日期的引用文件，其最新版本（包括所有的修改单）适用于本文件。

GB/T 191 包装储运图示标志
GB/T 6388 运输包装收发货标志
GB/T 9969 工业产品使用说明书 总则
GB/T 13306 标牌
GB/T 13384 机电产品包装通用技术条件
HG/T 3228 橡胶塑料机械涂漆通用技术条件
JB/T 8745 塑料异型材挤出模技术条件

3 基本参数

3.1 真空定型台基本参数见表1。

表1 真空定型台基本参数

真空定型台型号	YFD180	YFD240	YFD300	YFD400	YFD600	YFD800	YFD1000	YFD1250
功率 kW	16.5	27.5	27.5	27.5	32.5	44	44	44
水嘴数量 只	20	32	32	32	40	50	60	70
气嘴数量 只	20	32	32	32	40	50	60	70
高度调节 mm	60	60	60	60	60	50	50	50
左右调节 mm	40	40	40	40	40	40	40	40
满足型材挤出量 kg/h	60～120	120～300	120～300	120～300	200～350	300～450	400～550	450～650

3.2 牵引机基本参数见表 2。

表 2 牵引机基本参数

牵引机型号	YFY180	YFY240	YFY300	YFY400	YFY600	YFY800	YFY1000	YFY1250
电动机功率 kW	2×1.5	2×1.5	2×1.5	2×2.2	2×2.2	2×2.2	2×4	2×4
牵引速度 m/min	0～4.6	0～4.6	0～4.6	0～4.6	0～3.6	0～2	0～2	0～2
履带宽度 mm	180	240	300	400	600	800	1 000	1 250
最大牵引力 10^4 N	3.5	3.5	3.5	5	8	10	12	12
牵引制品宽度 mm	180	240	300	400	600	800	1 000	1 250
牵引制品高度 mm	120	120	120	100	80	60	60	60

3.3 切割机的基本参数见表 3。

表 3 切割机的基本参数

切割机型号	YFG180	YFG240	YFG300	YFG400	YFG600	YFG800	YFG1000	YFG1250
电动机功率 kW	1.5	1.5	2.2	2.2	3	3	3	3
切割制品宽度 mm	180	240	300	400	600	800	1000	1250
切割制品高度 mm	120	120	120	100	80	60	60	60

4 技术要求

4.1 总则

辅机应符合本标准要求，并按照规定程序批准的图样和技术文件制造。

4.2 模具要求

挤出模具的技术条件应符合 JB/T 8745 的要求。

4.3 真空定型台

4.3.1 水箱、管路及水槽不得有漏水现象，水槽和水箱采用抗腐蚀材料制作。

4.3.2 水、气管伸出的槽孔应有橡胶套保护，并且要粘牢固定在不锈钢面板上。

4.3.3 水、气管应有标记并能明确区别。

4.3.4 安装模具的 T 形轨道槽平整，在全长范围（6 m）内直线度误差不大于 5 mm，材质为铸铝。

4.3.5 水槽能上下移动距离±50 mm、左右移动距离±30 mm，沿中心轴线与水平面夹角不小于 5°。

4.3.6 各真空泵要求运转正常，与涡流水箱相连的真空泵负压不小于−0.02 MPa，其他几台真空泵负压不小于–0.06 MPa。

4.4 牵引机和贴膜装置

4.4.1 牵引机装置各夹持部分应受力均匀，接触长度（或点）应不小于工作长度（或总数）的 70%，牵引橡胶块硬度≥邵氏 50 度～65 度，上牵引臂升降高度应大于牵引制品的高度 50%。

4.4.2 牵引速度可调并符合表 1 规定。

4.4.3 裸露在外对人身安全有危险的部件（如牵引履带），应安装防护罩。

4.4.4 各传动系统应运转平稳，各啮合件啮合良好，电动机无过载现象。

4.4.5 后贴膜装置要求为万向贴膜装置，转动灵活，覆膜表面无气泡、无褶皱现象。

4.5 切割机

4.5.1 各运动部件动作应正确、平稳、可靠、无卡滞及明显冲击现象。

4.5.2 切割装置应安装防护罩，防护罩颜色为黄色。

4.5.3 抬刀高度范围由行程开关控制。

4.5.4 锯片切割机应带有自动吸屑装置，切割断面须垂直平滑无毛边。

4.5.5 无屑切割机应带有刀片加热及温控装置。

4.5.6 定长切割的长度误差在±5 mm 范围内。

4.6 翻料架

4.6.1 翻料架应有气动自动翻料和定长装置。

4.6.2 各运动部件动作应正确、平稳、可靠、无卡滞及明显冲击现象。

4.6.3 翻料延时误差不超过±3 s。

4.6.4 制品接触部分应有橡胶块包裹。

4.7 整机噪声

整机噪声（声压级）应不大于 85 dB（A）（切割瞬时噪声不计）。

4.8 整机外观质量

4.8.1 各外露焊接件应平整，不允许存在焊渣及明显的凸凹粗糙面。

4.8.2 油漆应符合 HG/T 3228 的规定。

4.9 电气安全要求

4.9.1 短路的动力电路与保护电路导线的绝缘电阻不得小于 1 MΩ。

4.9.2 外部保护导线端子与电气设备任何裸露零件接地电阻不得大于 0.1 Ω。

5 试验方法

5.1 定型台水箱和水槽密封试验

在定型台的水箱和水槽装满水，水槽和水箱的连接部分或焊接部分不得有渗漏的现象。

5.2 定型台真空负压及密封试验

真空泵的吸气嘴连接真空表及真空嘴，起动真空泵。在 10 s 内，如果真空表读数不上升或下降，则真空负压不合格或管路有漏气现象；如果真空表读数上升到规定值后不下降，则真空负压合格及管路密封。

5.3 水管管路密封试验

对水管管路进行 1.5 倍工作压力的水压使用，持续时间 5 min 以上，各管路接头不渗漏。

5.4 牵引机速度可调试验

起动牵引机，牵引速度从最低速迅速升到最高速，再从最高速迅速降到最低速。在升速和降速的过程中，牵引履带不得有跳链及抖动现象。

5.5 牵引拉力试验

牵引试验拉杆与牵引试验拉力（或压力）表连接，在上履带最大压力的情况下起动牵引机，一直到牵引履带与试验拉杆表面打滑，此时读出拉力（或压力）表的数值，即为牵引机的最大拉力（见图1）。

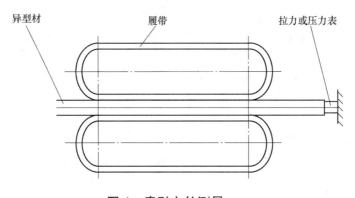

图 1　牵引力的测量

5.6 切割机定长切割试验

切割机的切割控制通过行程开关控制。行程开关安装在翻料架上，生产中根据制品长度的要求不同，可调节行程开关的安装位置来实现切割不同长度的制品要求。

5.7 噪声检测试验

整机噪声用普通声级计测量，在操作者位置距机器 1 m，高 1.5 m 处测量 6 点，取算术平均值。

5.8 电气安全检测

5.8.1　短路的动力电路与保护电路导线的绝缘电阻，用 500 V 兆欧表（摇表）测量。
5.8.2　外部保护导线端子与电气设备任何裸露零件和生产线外壳之间的接地电阻用电阻仪测量。

6 检验规则

6.1 出厂检验

6.1.1　产品应经公司质检部门检验合格后方可出厂。
6.1.2　出厂检验项目为 5.1、5.2、5.3、5.4、5.6。

6.2 型式检验

型式试验应在下列情况之一时进行：

a）新产品或老产品转厂生产的试制定型鉴定；

b）正式生产后，如结构、材料、工艺有较大改变，可能影响产品性能时；

c）成批生产的产品，每年至少抽试一台；

d）出厂检验结构与上次型式检验有较大差异时；

e）产品长期停产后，恢复生产时；

f）国家质量监督机构提出型式检验要求时。

6.3　组批与抽样

6.3.1　批次：10 台为一批。

6.3.2　抽样：每批抽一台。

6.4　判定规则

检验结果如有一项指标不合格，允许加倍抽样复检，复检若该项指标仍不合格，则该批产品被判为不合格。

7　标志、包装、运输和贮存

7.1　标志

产品应在适当的明显位置固定产品标牌。标牌型式、尺寸及技术要求应符合 GB/T 13306 的规定，标牌上至少应标出下列内容：

a）产品的名称、型号；

b）产品的主要技术参数；

c）制造企业的名称和商标；

d）制造日期和编号。

7.2　包装

产品包装应符合 GB/T 13384 的规定。包装箱内应装有下列技术文件（装入防水袋内）：

a）产品合格证；

b）使用说明书，其内容应符合 GB/T 9969 的规定；

c）装箱单；

d）备件清单；

e）安装图。

7.3　运输

产品运输应符合 GB/T 191 和 GB/T 6388 的规定。

7.4　贮存

产品应贮存在干燥、通风、无火源、无腐蚀性气（物）体处，如露天存放应有防雨措施。

ICS 83.200

G 95

备案号：14739—2005

JB

中华人民共和国机械行业标准

JB/T 10464—2004

拉条式塑料切粒机

Stranding plastics pelletizer

2004-10-20 发布

2005-04-01 实施

中华人民共和国国家发展和改革委员会 发布

前　　言

本标准为首次制订。

本标准由中国机械工业联合会提出。

本标准由全国橡胶塑料机械标准化技术委员会塑料机械分会归口。

本标准由天华化工机械及自动化研究设计院（兰州兰泰塑料机械有限公司）负责起草，大连冰山橡塑股份有限公司参加起草。

本标准主要起草人：李世通、李静、贾朝阳、娄晓鸣、侯芳。

拉条式塑料切粒机

1 范围

本标准规定了拉条式塑料切粒机（以下简称切粒机）的规格与基本参数、要求、试验方法和检验规则、标志、包装、运输和贮存等。

本标准适用于塑料用拉条式塑料切粒机。

本标准不适用于非塑料挤出拉条切粒型式的其他类型的切粒机。

2 规范性引用文件

下列文件中的条款通过本标准的引用而成为本标准的条款。凡是注日期的引用文件，其随后所有的修改单（不包括勘误的内容）或修订版均不适用于本标准，然而，鼓励根据本标准达成协议的各方研究是否可以使用这些文件的最新版本。凡是不注日期的引用文件，其最新版本适用于本标准。

GB/T 191—2000 包装储运图示标志（eqv ISO 780：1997）

GB/T 1184—1996 形状和位置公差 未注公差值（eqv ISO 2768-2：1989）

GB/T 6388—1986 运输包装收发货标志

GB/T 11336—1989 直线度误差检测

GB/T 13306—1991 标牌

GB/T 13384—1992 机电产品包装通用技术条件

HG/T 3228—2001 橡胶塑料机械涂漆通用技术条件（neq ISO 2813：1978）

3 规格与基本参数

3.1 规格

旋转刀宽度为 80mm～400mm。对不在此范围内的规格，其性能参数暂不做规定。

3.2 基本参数

切粒机的基本参数应符合表 1 的规定。

表 1 基本参数

切刀宽度范围 B mm	最大牵引速度 m/min	产量 kg/h
80≤B≤150	≥60	>100
150<B≤200		>300
200<B≤300		>600
300<B≤400		>1000
注：用 PP（MI=4～8）考核产量。		

4 要求

切粒机应符合本标准的各项要求，并按经规定程序批准的图样及技术文件制造。

4.1 整机技术要求

4.1.1 转动刀在规定的转速范围内应能平稳地进行调速。

4.1.2 胶辊压紧机构要求可靠且操作方便，以保证料条的正常牵引。

4.2 主要零件技术要求

4.2.1 切粒机转动刀

4.2.1.1 转动刀用钢经热处理后应满足：洛氏硬度≥50HRC。

4.2.1.2 转动刀精加工后应满足：转动刀刀刃所在圆的圆柱度应不低于 GB/T 1184—1996 中的 7 级精度，沿刀刃螺旋线方向直线度应不低于 GB/T 1184—1996 中 7 级精度。

4.2.2 切粒机定刀

4.2.2.1 定刀用钢经热处理后应满足：洛氏硬度≥50HRC。

4.2.2.2 定刀精加工后应满足：定刀刀刃的直线度应不低于 GB/T 1184—1996 中 7 级精度。

4.2.3 切粒机牵引胶辊

牵引胶辊应具有耐磨、耐温、无吸水性，邵氏硬度应在65～80 范围之内，加工后表面不应有明显的麻点或蜂窝状缺陷，且胶层与芯部金属材料不易脱落。

4.3 装配技术要求

4.3.1 转动刀：转动刀如果采用组合式并且刀刃采用分段式，应保证相互衔接的两刀刃轮廓吻合，无明显凹凸错位现象，并应保证沿同一轴线方向的直线度不低于 GB/T 1184—1996 中 8 级精度。

4.3.2 转动刀与定刀：装好后，在定刀刀刃的整个长度上，转动刀与定刀之间的间隙应为 0.03mm～0.15mm。

4.3.3 空转时转动刀与定刀不应有碰撞现象。

4.4 安全要求

4.4.1 切粒机切刀及传动装置应有防护罩。

4.4.2 电气接线应有安全防护措施。

4.4.3 短接的动力电路与保护电路的绝缘电阻不得小于 1MΩ。

4.4.4 保护导线端子与电路设备任何裸露导体零件的接体导体电阻不得大于 0.1Ω。

4.4.5 切粒机的电气设备应能用总电源开关切断电源。

4.4.6 切粒机电气控制系统应具有下列功能：

　　a）打开切刀部位的防护罩时应能自动停车；

　　b）电动机过载停车。

4.4.7 切粒机空运转时的噪声不应大于 85dB（A）。

4.5 其他要求

出厂前产品涂漆的表面应符合 HG/T 3228—2001 中 3.4.5 的规定。

5 试验方法与检验规则

5.1 试验方法

5.1.1 试验原料

采用 PP 料条（MI=4～8），料的端面尺寸应不大于 ϕ4mm。

5.1.2 测试方法

5.1.2.1 空运转试验

切粒机应单独进行空运转检测。连续空运转时间不应少于 2h，检查下列项目：

　　a）手动盘车，转动刀与定刀应无碰撞现象，所有转动部件应无卡死现象；

　　b）通电低速空转，转动刀的旋转方向应正确；

　　c）连续空运转应无周期性冲击声和异常振动；

　　d）轴承所在部位温度应小于 70℃；

　　e）机器运转时噪声应符合 4.4.7 的规定。测量位置在距机器外缘 1.0m 远，离地 1.55m 高处，四周均布测 4 点，取平均值；

f）整机应无其他异常。

5.1.2.2 负荷运转试验

5.1.2.2.1 空运转试验合格后方能进行负荷试验。

5.1.2.2.2 条件许可的情况下，负荷运转试验可与挤出机联动进行，且应在挤出机各工艺条件稳定、测试物料塑化良好的条件下，对有关参数进行测试。

5.1.2.2.3 负荷运转检验下列项目：

a）所有操作控制开关、按钮应灵活有效；

b）转动刀转速调节应符合 4.1.1 的规定；

c）轴承所在部位温度应小于 70℃；

d）切粒机应能保证对料条的正常牵引；

e）整机运转过程应平稳、无冲击、无异常振动和声响；

f）各紧固件应无松动。

5.1.2.3 产量检测

在保证挤出机物料充分塑化、挤出机运转及各工艺条件稳定的条件下，与挤出机产量范围相匹配，对产品进行取样，取样时间应不少于 1min，测量三次，取其平均值，然后换算出切粒机的小时产量。

5.1.2.4 转动刀的检测

5.1.2.4.1 刀刃部位硬度的检测：对整体式转动刀的刀刃、组装式转动刀的刀片及镶焊式转动刀的刀刃，均可用硬度仪进行检测。

5.1.2.4.2 刀刃直线度的检测:按照 GB/T 11336—1989 中 5.3.2.2 进行检测。

5.1.2.5 定刀的检测

5.1.2.5.1 刀刃部位硬度的检测：用硬度仪进行检测。

5.1.2.5.2 刀刃直线度的检测：按照 GB/T11336—1989 中 5.3.2.2 进行检测。

5.1.2.6 牵引胶辊的检测

5.1.2.6.1 表面硬度的检测：用邵氏 A 硬度仪进行检测。

5.1.2.6.2 牵引胶辊的表面质量采用目测。

5.2 检验规则

5.2.1 每台产品须经制造厂质量检验部门检查合格后方能出厂。出厂时应附有证明产品质量合格的文件。

5.2.2 出厂检验：

每台产品出厂前，应进行空运转试验，并按 4.1 及 5.1.2.1 中各条检验。负荷运转试验也可根据用户要求，在出厂前进行。

5.2.3 型式检验：

型式检验按 5.1.1、5.1.2 进行检验。

型式检验应在下列情况之一时进行：

a）新产品或老产品转厂时的试制定型鉴定；

b）正式生产后，如结构、材料、工艺等有较大改变，可能影响产品性能时；

c）正常生产时，每年最少抽试一台；

d）产品停产两年后，恢复生产时；

e）出厂检验结果与上次型式试验有较大差异时；

f）国家质量监督机构提出型式试验要求时。

5.2.4 型式试验每次抽检一台，当检验不合格时，则应再抽试一台，若再不合格，则型式试验判为不合格。

6 标志、包装、运输和贮存

6.1 每台产品应在明显位置固定产品标牌，标牌的形式、尺寸及技术要求应符合 GB/T 13306 的规定。

6.2 产品标牌应有下列基本内容：

a）产品名称、型号及执行标准号；

b）产品主要参数；

c）制造日期和编号；

d）制造厂名称和商标。

6.3 出厂前，对其他未经防腐处理的外露表面应匀涂一层薄的防锈油脂。

6.4 产品包装应符合 GB/T 13384 的规定。

6.5 出厂技术文件（装入防水袋内）：

a）产品合格证；

b）产品使用说明书；

c）装箱单。

6.6 产品运输应符合 GB/T 191、GB/T 6388 的规定。

6.7 产品应贮存在通风、干燥、无火源、无腐蚀性气体处。如露天存放，必须有防雨措施。

———————

ICS 83.200
G 95
备案号：24519—2008

中 华 人 民 共 和 国 机 械 行 业 标 准

JB/T 10898—2008

塑料挤出复合膜辅机

Plastics extrusion laminate film accessory

2008-06-04 发布

2008-11-01 实施

中华人民共和国国家发展和改革委员会 发布

前　言

本标准由中国机械工业联合会提出。

本标准由全国橡胶塑料机械标准化技术委员会塑料机械分会（SAC/TC 71/SC 2）归口。

本标准负责起草单位：常州市恒力机械有限公司。

本标准参加起草单位：汕头市远东轻化装备有限公司、大连塑料机械研究所。

本标准主要起草人：王惠芬、陈新、刘健玮、吴梦旦、许马录。

本标准为首次发布。

塑料挤出复合膜辅机

1 范围

本标准规定了塑料挤出复合膜辅机的基本参数、要求、试验方法、检验规则和标志、包装、运输、贮存。

本标准适用于塑料挤出复合膜辅机（以下简称复膜机）。

2 规范性引用文件

下列文件中的条款通过本标准的引用而成为本标准的条款。凡是注日期的引用文件，其随后所有的修改单（不包括勘误的内容）或修订版均不适用于本标准，然而，鼓励根据本标准达成协议的各方研究是否可使用这些文件的最新版本。凡是不注日期的引用文件，其最新版本适用于本标准。

GB/T 191—2000 包装储运图示标志（eqv ISO 780：1997）

GB/T 1958—2004 产品几何量技术规范（GPS）形状和位置公差 检测规定

GB 2894 安全标志（GB 2894—1996，neq ISO 3864：1984）

GB 5226.1—2002 机械安全 机械电气设备 第1部分：通用技术条件（IEC 60204-1：2000，IDT）

GB/T 6388—1986 运输包装收发货标志

GB/T 8947—1998 复合塑料编织袋

GB/T 13306—1991 标牌

GB/T 13384—1992 机电产品包装通用技术条件

GB/T 16769—1997 金属切削机床 噪声声压级测量方法（neq ISO/DIS 230.5.2：1996）

QB/T 3808—1999 复合塑料编织布

3 基本参数

基本参数应符合表1、表2的规定。

表1 基本参数（高速）

项 目	数 值												
复合宽度 mm	750	800	1000	1200	1500	1600	2000	2400	3500	4000	6000	800 双模头	2400 双模头
复合厚度 mm	0.01～0.08												
复合速度 m/min	≥120					≥100				≥80		≥120	≥100
螺杆直径 mm	φ65		φ75		φ90		φ100			φ120		φ65	φ100
长径比 L/D	30：1/33：1												
装机容量 kW	≤100		≤120		≤160		≤200	≤240	≤250	≤310	≤395	≤290	≤330
最大放卷、收卷直径 mm	φ1200					φ1000							

注：表中数据为推荐参数。

表 2　基本参数（低速）

项　目	数　　值									
复合宽度 mm	720	750	880	1080	1240	1300	2150	2850	3880	750 双模头
复合厚度 mm	0.02～0.06									
复合速度 m/min	10～40									30～100
螺杆直径 mm	$\phi50$	$\phi65$			$\phi90$		$\phi100$	$\phi120$	$\phi160$	$\phi90$
长径比 L/D	28：1/30：1									
装机容量 kW	≤23			≤25		≤39	≤45	≤83	≤132	≤50
最大放卷、收卷直径 mm	$\phi1200$						$\phi1000$			$\phi1200$

4　要求

4.1　总则

复膜机应符合本标准的要求，并按经规定程序批准的图样及技术文件制造。

4.2　涂膜复合装置

4.2.1　涂膜复合装置的预热辊筒、复合辊筒、复合胶辊应便于装拆。

4.2.2　在规定的转速范围内，复合速度应能无级调速。

4.2.3　预热辊筒、复合辊筒、复合胶辊的径向圆跳动应不大于 0.08mm。

4.2.4　各辊筒应转动灵活、可靠、无爬行现象。

4.2.5　各钢辊筒表面应镀铬处理，镀层厚为（0.03～0.05）mm。

4.2.6　冷却系统的管道、阀门应密封良好，不应有泄漏现象。

4.2.7　复合胶辊的胶层硬度在（75～80）A 之间。

4.3　放卷装置

4.3.1　放卷装置各转动部分，转动应灵活，无阻卡现象。

4.3.2　自动纠偏装置应有效可靠，纠偏行程为±100mm。

4.4　收卷装置

4.4.1　收卷装置在规定转速范围内应能无级调速。

4.4.2　导辊纵向调偏量±50mm。

4.4.3　收卷装置卷取的效果应良好，结实圆整，两端平齐。

4.5　涂塑复膜要求

经涂塑复合后的制品，应符合 GB/T 8947 和 QB/T 3808 要求。

4.6　压缩空气气路

压缩空气气路应畅通。

4.7　复膜机运行质量

总装后，复膜机运转平稳，无异常噪声，放卷、收卷等动作应正确可靠。

4.8　电气安全要求

4.8.1　接线正确、牢固，行线排列整齐规范。

4.8.2 接线端子编码齐全正确。

4.8.3 控制指示的按钮、开关、指示灯、仪表应有指示功能和/或动作的标志，标志内容和动作、功能一致，标志文字应正确、清晰、完整。

4.8.4 复膜机应有可靠连续的接地电路，应有醒目的接地标志。

4.8.5 按 GB 5226.1—2002 中 19.3 规定，复膜机电源进线与接地电路和电柜柜体间 DC500V 绝缘电阻应不小于 1MΩ。

4.8.6 保护接地端子与电路任何裸露零件间接地电阻不大于 0.10Ω。

4.8.7 电气系统电源进线和保护接地电路间应按 GB 5226.1—2002 中 19.4 规定进行基本正弦波工频试验电压 1000V，历时 1s 以上的耐压试验而无击穿和飞弧现象。

4.8.8 复膜机各机械传动、电、加热部分应设有可靠的安全防护装置。

4.8.9 安全标志应符合 GB 2894 规定。

4.9 外观质量

4.9.1 复膜机的油漆色泽应均匀，各单机颜色应协调，不得有流挂、漏漆、气泡等缺陷。

4.9.2 电镀件镀层应牢固、光洁，不得有剥落、起泡、密集麻点、锈蚀等缺陷。

4.9.3 焊接件焊接应牢固，焊缝应平整光滑，无漏焊、虚焊、烧穿现象。

4.10 密封性

复膜机各油路、气路、水路应畅通，各接头处密封良好，不得有泄漏、渗漏现象。

4.11 噪声

复膜机负载 A 计权声压级噪声应不超过 85dB（A）。

4.12 复膜机生产能力

以复合速度表示的复膜机生产能力应符合表 1、表 2 要求。

5 试验方法

5.1 手感、目测检查按 4.2.1、4.2.5、4.3.1、4.4.3、4.8.1、4.8.2、4.9.1、和 4.10 规定。

5.2 用金属直尺测量 4.3.2 及 4.4.2。

5.3 用一级百分表按 GB/T 1958 测量胶辊、钢辊径向圆跳动，并符合 4.2.3 规定。

5.4 分别用 DC500V 绝缘电阻表测量绝缘电阻，用接地电阻仪测量接地电阻，用耐压测试仪进行耐压试验，必须符合 4.8.5、4.8.6、4.8.7 的规定，测量按 GB 5226.1 进行。

5.5 按 GB/T 8947 和 QB/T 3808 检测 4.5。

5.6 噪声的测定用声级计在复膜机中包括挤出、收卷、放卷、复膜等单机周围 1m、高 1.5m 处布点测量机组的空载噪声，并用算术平均值作为复膜机的噪声。测试按 GB/T 16769 进行。

5.7 用测速仪测量复合辊线速度，或用转速表测其转速，计算出复合线速度，应符合 4.12 要求。

5.8 复膜机总装合格后，各单机作不少于 2h 的空运转试验，在试验时，应检查并符合 4.2.2、4.2.4、4.2.6、4.4.1、4.6 和 4.7 要求。

5.9 复膜机的油路、水路、气路应畅通，各接头处密封良好，以自来水在 1.5 倍额定工作压力下进行试验持续 5min 不应有泄漏、渗漏现象，符合 4.10 要求。

5.10 复膜机空转试验合格后，应进行不低于 2h 的连续负载运转试验，负载运转过程中检查 4.2.2、4.2.4、4.2.6、4.3、4.4、4.6、4.7、4.10、4.12，应符合要求。

6 检验规则

6.1 出厂检验

6.1.1 产品应经生产企业质量检验部门出厂检验合格后方可出厂，并附有产品合格证书。

6.1.2 出厂检验项目为 4.2.2～4.2.6、4.3、4.4、4.5、4.8～4.12，出厂检验应逐台进行。

6.2 型式检验

6.2.1 复膜机型式检验项目为本标准的全部技术要求。

6.2.2 有下列情况之一时，应进行型式检验：

　　a）新产品试制定型或定型鉴定时；

　　b）当产品设计工艺、使用材料作重大变更时；

　　c）正常生产时，每年进行一次；

　　d）产品停产两年后又恢复生产时；

　　e）国家质量技术监督部门提出型式检验要求时。

6.2.3 型式检验如有不合格项目时，允许调整机器，并对不合格项目进行复测，若该项目仍不合格，则判该复膜机及该次型式检验不合格。

7 标志、包装、运输和贮存

7.1 标志

每台产品应在适当的明显位置固定相应的标牌，标牌的尺寸及要求应符合 GB/T 13306 的规定。产品标牌的内容应包括：

　　a）产品名称、型号及执行标准号；

　　b）产品的主要技术参数；

　　c）制造厂名称和商标；

　　d）制造日期和产品编号。

7.2 包装

产品包装应符合 GB/T 13384 的规定，在产品包装箱内应有下列技术文件（装入防水袋内）：

　　a）产品合格证；

　　b）产品使用说明书；

　　c）装箱单；

　　d）随机备件、附件清单。

7.3 运输

产品运输应符合 GB/T 191 和 GB/T 6388 的规定。

7.4 贮存

贮存产品应采取防锈处理后水平贮存在通风、干燥、无火源、无腐蚀性气体的仓库内；如需露天存放，存放前，精密电器元件应拆下装进原包装入室贮存，其他应有防雨避雷措施并将包装箱架空离地 10cm 以上。室外贮存时间不宜超过一个月。

ICS 83.200
G 95
备案号：24520—2008

中华人民共和国机械行业标准

JB/T 10899—2008

塑料挤出双壁波纹管辅机

Plastics double wall corrugated pipes extruder accessory

2008-06-04 发布　　　　　　　　　　　　2008-11-01 实施

中华人民共和国国家发展和改革委员会 发布

前　言

本标准由中国机械工业联合会提出。

本标准由全国橡胶塑料机械标准化技术委员会塑料机械分会（SAC/TC 71/SC 2）归口。

本标准负责起草单位：潍坊中云机器有限公司、大连三垒机器有限公司。

本标准参加起草单位：大连塑料机械研究所。

本标准主要起草人：王培申、任忠恩、韩巧玲、苏红凤、于克涛。

本标准为首次发布。

塑料挤出双壁波纹管辅机

1 范围

本标准规定了塑料挤出双壁波纹管辅机（以下简称双壁管辅机）的术语、基本参数、基本组成、要求、试验方法、检测规则、标志、包装、运输和贮存。

本标准适用于与挤出机配套使用，能将挤出的熔体制成双壁波纹管的成型机械。本标准主要适用于塑料：聚烯烃（PE、PP）、硬聚氯乙烯（PVC-U）等。

2 规范性引用文件

下列标准中的条款通过本标准的引用而成为本标准的条款。凡是注日期的引用文件，其随后所有的修改单（不包括勘误的内容）或修订版均不适应于本标准，然而，鼓励根据本标准达成协议各方研究是否使用这些文件的最新版本。凡是不注日期的引用文件，其最新版本适用于本标准。

GB/T 191 包装储运图示标志（GB/T 191—2000，eqv ISO 780：1997）

GB 2894 安全标志

GB 5226.1—2002 机械安全 机械电子设备 第1部分：通用技术条件（IEC 60204-1：2000，IDT）

GB/T 6388 运输包装收发货标志

GB 9969.1 工业产品使用说明书 总则

GB/T 12783 橡胶塑料机械产品型号编制方法

GB/T 13306 标牌

GB/T 13384 机电产品包装通用技术条件

GB/T 18477 埋地排水用硬聚氯乙烯（PVC-U）双壁波纹管材

GB/T 19472.1 埋地用聚乙烯（PE）结构壁管道系统 第1部分：聚乙烯双壁波纹管材

QB/T 1916 硬聚氯乙烯（PVC-U）双壁波纹管材

3 术语和定义

下列术语和定义适用于本标准。

3.1

波纹管机头 corrugated die head

连接在塑料挤出机连接体上，能够使从挤出机挤出的融熔状态的塑料棒状料变成双层筒料，同时定型管材内径的一种模具。

3.2

波纹管成型机 corrugated forming machine

能够定型双壁管外形，并且能够把外层料与内层料压合在一起的一种机械。

3.3

波纹管模块 corrugated mould blocks

用于成型、冷却定型波纹管外壁的模具。

3.4

接管架 stacker

能够把从切割装置切断的双壁管托起并卸下的一种机械（主要适用于 PE、PP 等）。

4 基本参数

基本参数见表1。

表 1 基本参数

项 目		参 数					
成型最大管径 mm		160	500	1000	1500	2000	2400
成型管径范围 mm		50～160	110～500	300～1000	500～1500	800～2000	1000～2400
最高成型速度≥ m/min		6	3.2	1.5	1.0	0.8	0.5
最高产量 kg/h	PE、PP	≥200	≥400	≥900	≥1200	≥1500	≥1600
	PVC-U	≥300	≥700	≥1000	≥1200	≥1350	≥1600
成型真空度 MPa	PE、PP	−0.08～−0.05					
	PVC-U	—	−0.08～−0.05				

5 双壁管辅机基本组成

5.1 PVC-U 类塑料双壁管辅机基本组成见图 1。

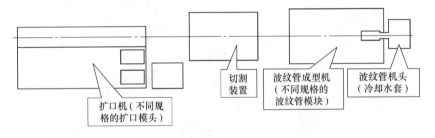

扩口机（不同规格的扩口模头）　切割装置　波纹管成型机（不同规格的波纹管模块）　波纹管机头（冷却水套）

图 1

波纹管机头（冷却水套）→波纹管成型机（不同规格的波纹管模块）→切割装置→扩口机（不同规格的扩口模头）。

5.2 PE、PP 类塑料双壁管辅机基本组成见图 2。

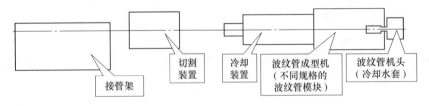

接管架　切割装置　冷却装置　波纹管成型机（不同规格的波纹管模块）　波纹管机头（冷却水套）

图 2

波纹管机头（冷却水套）→波纹管成型机（不同规格的波纹管模块）→冷却装置→切割装置→接管架。

5.3 双壁管辅机型号命名规则：

双壁管辅机型号命名应符合标准 GB/T 12783 的规定。

6 要求

6.1 总则

产品应符合本标准要求，并按照经规定程序批准的图样和技术文件制造。

6.2 主要零部件的技术要求

6.2.1 波纹管机头

6.2.1.1 波纹管机头结构应保证内、外层模口轴向和径向间隙可调整。

6.2.1.2 波纹管机头流道表面应圆滑过渡，粗糙度为 $R_a \leq 0.8\mu m$，各部件接触面粗糙度为 $R_a \leq 0.8\mu m$。

6.2.1.3 波纹管机头流道表面应作耐磨、耐蚀处理。

6.2.1.4 波纹管机头各部件联接螺栓要求选用 10.9 级以上螺栓。

6.2.1.5 冷却水套组装后要求在 1.5 倍使用水压下，无漏水现象。

6.2.1.6 冷却水套应按 GB/T 18477、GB/T 19472.1、QB/T 1916 规定、按不同原料的收缩率给定外径尺寸。

6.2.1.7 波纹管机头各部件流道不允许有死角等缺陷存在，避免滞料、粘料。

6.2.1.8 PVC-U 波纹管机头分流锥支架出口最大面积与双层模口环形面积应具备一定的压缩比 i，一般不小于 6 见图 3。

压缩比 $i = S/(S_w + S_n)$

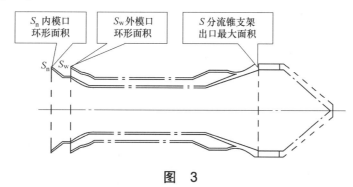

图 3

6.2.1.9 PE、PP 类波纹管机头一般采用双螺旋流道结构，螺旋流道设计应保证模口出料速度均匀、无偏转现象。

6.2.1.10 波纹管机头规格一般按 GB/T 18477、GB/T 19472.1、QB/T 1916 规定的内径确定，也可按用户给定的内径标准确定。

6.2.2 波纹管成型机

波纹管成型机为双壁波纹管辅机的最主要设备，一般分为立式和卧式两种形式。

6.2.2.1 波纹管成型机的模块载体加工应保证耐磨性和互换性要求。

6.2.2.2 在设计速度范围内波纹管成型机成型段应能无级调速、运行平稳、流畅，无爬行现象出现。

6.2.2.3 波纹管成型机应具有冷却功能（水冷或风冷及其他冷却方式），冷却效果必须满足生产速度要求。

6.2.2.4 波纹管成型机应具备上下、左右、前后的距离调整功能。

6.2.2.5 突然断电时波纹管成型机应具有急退功能。

6.2.2.6 润滑收集系统应确保废油集中收集无滴漏。

6.2.3 波纹管模块

6.2.3.1 波纹管模块规格一般按标准 GB/T 18477、GB/T 19472.1、QB/T 1916 规定的外径确定，波纹管模块几何尺寸、型腔表面粗糙度应保证成型后的双壁管达到上述标准要求或用户给定要求。

6.2.3.2 波纹管模块闭合链长度应满足标准规定的双壁管长度要求，成型段长度应满足双壁管在设计速度下双壁管的定型需要。

6.2.3.3 波纹管模块应具有良好的散热效果。

6.2.4 冷却装置

6.2.4.1 冷却装置用于 PE、PP 类双壁管辅机，规格应满足最大外径双壁管的冷却需要。

6.2.4.2 冷却装置必须有水温、水位控制装置，自动给排水装置。

6.2.4.3 冷却装置出口应有风干装置。

6.2.4.4 冷却装置长度、水嘴数量必须满足双壁管在设计速度范围内的冷却要求。

6.2.4.5 冷却装置管路无渗漏，有效防止冷却介质外溅。

6.2.5 切割装置

6.2.5.1 切割装置规格应满足对应双壁管辅机最大外径双壁管的切割需要。

6.2.5.2 切割装置允许行星锯片切割或环形刀片切割。

6.2.5.3 切口端面应平整，符合双壁管标准要求。

6.2.5.4 行星锯片切割时切割装置必须具备吸尘功能。

6.2.5.5 对于 PE、PP 类双壁管在线扩口时建议采用双刀。

6.2.6 扩口机

6.2.6.1 扩口机主要用于 PVC-U 双壁管辅机，规格应满足最大外径双壁管的扩口需要。

6.2.6.2 扩口机应具有输送、移送、加热、扩口、冷却、卸料等基本动作。

6.2.6.3 扩口车应满足对应双壁管辅机不同规格扩口模头的连接需要。

6.2.6.4 扩口机需为扩口模头提供气雾润滑点。

6.2.6.5 扩口形状应满足 QB/T 1916 的规定要求。

6.2.6.6 扩口模头为活套式见图 4，外表面应作耐磨、耐蚀处理。

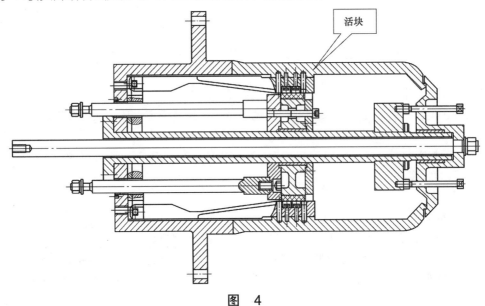

图 4

6.2.6.7 扩口模头必须设置润滑接点。

6.2.7 接管架

φ500 及以上规格 PE、PP 类双壁管辅机接管架应具有输送功能。

6.3 整条双壁管辅机性能技术要求

6.3.1 整个双壁管辅机必须具备全自动功能。

6.3.2 成型模块、真空通道密封性能良好，真空度应符合表 1 要求。

6.3.3 水路系统应有温度显示和水位控制。

6.3.4 与循环冷却水接触的结构件、容器、紧固件等必须有防锈措施。

6.3.5 水循环系统必须装有能方便进行清洗的过滤器。

6.3.6 各传动系统应运转平稳，各啮合件啮合良好，电机无过载现象。

6.3.7 辅机工作时噪声（声压级）不高于 85dB（A）。

6.4 外观质量

6.4.1 整机外观应整洁、运动部件与非运动部件应喷涂不同颜色漆加以区分。

6.4.2 涂漆均匀，不得有明显的流挂、漏涂、气泡、剥落、发白、失光等缺陷。

6.5 安全要求

6.5.1 外露的运动件应有可靠的安全防护罩。

6.5.2 切割刀具要有可靠的防松措施。

6.5.3 外部的安全标志应符合 GB 2894 的规定。

6.5.4 电气安全性能：

　　a）保护接地电路的连续性按 GB 5226.1—2002 中的 19.2 的规定；

　　b）绝缘电阻按 GB 5226.1—2002 中的 19.3 的规定；

　　c）耐压试验按 GB 5226.1—2002 中的 19.4 的规定；

　　d）靠近冷却装置有可能被水溅到的电器要有防水功能或有防水溅到电器的措施。

7 试验方法

7.1 基本参数的检测

7.1.1 以钢直尺检查辅机双壁管通道直径应满足表 1 中成型管径范围的要求。

7.1.2 调节成型速度，以速度表测量波纹管成型速度能无级调速并符合表 1 中最高成型速度、成型调速比的规定。

7.2 空运转试验

7.2.1 双壁管辅机总装合格后，应进行不少于 30min 的空运转试验。

7.2.2 目测和手动操作试验空运转情况应符合 6.2.1.1、6.2.1.5、6.2.2.2～6.2.2.5、6.2.4.2～6.2.4.5、6.2.5.2～6.2.5.4、6.2.6.2～6.2.6.4、6.2.6.7、6.3.1～6.3.6 的规定。

7.2.3 取一段已成型的双壁管进行切割，达到 6.2.5.3 的规定。

7.2.4 噪声检测：按图 5 所示位置，离机 1m 远、高 1.5m 处测量八点，取其平均值。

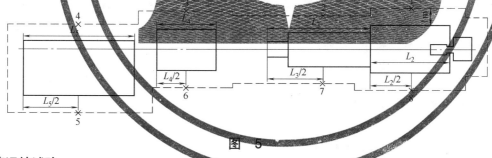

图 5

7.3 负荷运转试验

7.3.1 空运转合格后，应与挤出机配套进行不少于 2h 的连续负荷运转试验。

7.3.2 最高产量测试应在连续负荷运转（生产最大外径双壁波纹管材）时进行，符合表 1 中最高产量的规定。

7.3.3 成型真空度应符合表 1 中成型真空度的规定。

7.4 外观质量检查

　　目测机器外观质量应符合 6.4 的规定。

7.5 安全检验

7.5.1 目测外露运动件，应符合 6.5.1 的规定。

7.5.2 目测切割刀具，应符合 6.5.2 的规定。

7.5.3 目测外部的安全标志，应符合 6.5.3 的规定。

7.5.4 电气安全性能试验：

　　a）按 GB 5226.1—2002 中的 19.2 的规定进行，测得的保护接地电路的连续性应符合其规定；

　　b）按 GB 5226.1—2002 中的 19.3 的规定进行，测得的绝缘电阻应符合其规定；

　　c）按 GB 5226.1—2002 中的 19.4 的规定进行，耐压试验应符合其规定；

　　d）目测冷却装置附近的电器和有可能被水溅到的电器，应符合 6.5.3 的 d）的规定。

8 检验规则

8.1 出厂检验

8.1.1 每套辅机需经制造厂质量检查部门检查合格后方能出厂，并附有产品质量合格证书。

8.1.2 双壁管辅机出厂前应按 7.2、7.4、7.5 的规定进行检验。

8.2 型式检验

8.2.1 有下列情况之一时进行型式检验：

　　a）新产品或老产品转厂生产的试制定型鉴定；

　　b）正式生产后，如结构、材料、工艺有较大改变，可能影响产品性能时；

　　c）正常生产时，定期或积累一定产量后，每两年进行一次检验；

　　d）产品长期停产后，恢复生产时；

　　e）出厂检验结果与上次型式试验有较大差异时；

　　f）国家质量监督机构提出进行型式检验的要求时。

8.2.2 型式检验应按本标准所有项目检验。

8.2.3 型式检验是对出厂检验合格的双壁管辅机进行全项次、全方位复检。如检验不合格可进行修复或更换零部件直至满足标准要求，即检验合格。否则判为不合格。

9 标志、使用说明书、包装、运输和贮存

9.1 标志

　　双壁管辅机每台设备应在适当的明显位置固定标牌，标牌的尺寸应符合 GB/T 13306 的规定，内容应包括：

　　a）产品名称、型号及执行标准号；

　　b）产品的主要技术参数；

　　c）制造厂名称和商标；

　　d）制造日期和产品编号。

9.2 使用说明书

　　使用说明书的内容应符合 GB 9969.1 的规定。

9.3 包装

9.3.1 产品包装前，机件及工具的外露加工面应涂防锈剂，主要零件的加工面应包防潮纸。

9.3.2 产品包装箱内应铺防水材料，箱子应适用于运输装载。有关内容应符合 GB/T 191、GB/T 6388、GB/T 13384 的规定。

9.3.3 产品允许分箱包装，产品零件和部件应固定在箱内。

9.3.4 每台产品应有下列技术文件（装入防水的文件袋内）：

　　a）装箱单；

　　b）产品出厂证明书（合格证）；

　　c）产品使用说明书。

9.4 运输

9.4.1 运输包装收发货标志按 GB/T 6388 的规定。

9.4.2 产品运输起吊时，应按包装箱外壁上标明的标记稳起轻放，防止碰撞。

9.5 贮存

产品装箱后应室内贮存，为避免受潮，应放在干燥通风处。如露天存放时，应有防雨措施。

ICS 71.120；83.200

G 95

备案号：44143—2014

中华人民共和国机械行业标准

JB/T 11343—2013

锥形同向双螺杆塑料挤出机

Conical co-rotating twin-screw plastics extruder

2013-12-31 发布

2014-07-01 实施

中华人民共和国工业和信息化部 发布

前　言

本标准按照GB/T 1.1—2009给出的规则起草。

本标准由中国机械工业联合会提出。

本标准由全国橡胶塑料机械标准化技术委员会塑料机械标准化分技术委员会（SAC/TC71/SC2）归口。

本标准负责起草单位：舟山市定海通发塑料有限公司。

本标准参加起草单位：大连塑料机械研究所。

本标准主要起草人：吴汉民、潘渊、张振庆、张玉霞、吴信聪、吴丹。

本标准为首次发布。

锥形同向双螺杆塑料挤出机

1 范围

本标准规定了锥形同向双螺杆塑料挤出机的定义、规格、型号与基本参数、要求、试验方法、检验规则、标志、包装、运输和贮存。

本标准适用于塑料等高分子材料加工用同向旋转的锥形双螺杆挤出机（以下简称挤出机）。

2 规范性引用文件

下列文件对于本文件的应用是必不可少的。凡是注日期的引用文件，仅注日期的版本适用于本文件。凡是不注日期的引用文件，其最新版本（包括所有的修改单）适用于本文件。

GB/T 191　包装储运图示标志

GB/T 4340.1　金属材料　维氏硬度试验　第1部分：试验方法

GB/T 6388　运输包装收发货标志

GB/T 9969　工业产品使用说明书　总则

GB/T 11354—2005　钢铁零件　渗氮层深度测定和金相组织检验

GB/T 11379—2008　金属覆盖层　工程用铬电镀层

GB/T 12783　橡胶塑料机械产品型号编制方法

GB/T 13306　标牌

GB/T 13384　机电产品包装通用技术条件

HG/T 3228　橡胶塑料机械涂漆通用技术条件

JB/T 2985—2001　工程机械用双金属轴套

JB/T 6492—2001　锥形双螺杆塑料挤出机

3 术语和定义

下列术语和定义适用于本文件。

3.1

同向旋转　co-rotating

挤出机运行时，锥形双螺杆以顺时针相同的方向旋转或以逆时针相同的方向旋转。

4 规格、型号与基本参数

4.1 规格

挤出机的规格由螺杆小端公称直径确定，主要有 25 mm、35 mm、45 mm、55 mm、65 mm、75 mm、85 mm、95 mm、105 mm、115 mm 及 125 mm 等规格系列。

4.2 型号

挤出机的型号应符合 GB/T 12783 的规定。

4.3 基本参数

挤出机的基本参数参见附录 A。

5 要求

5.1 总则

挤出机应符合本标准的要求，并按照规定程序批准的图样及技术文件制造。

5.2 主要零部件

5.2.1 螺杆

5.2.1.1 材料

宜采用氮化钢。也可采用其他合金结构钢、特种金属材料为基体材料，通过渗碳淬火、烧结双金属、镀涂硬铬或耐磨合金等工艺，提高其强度、耐磨、耐腐蚀等综合力学性能。

5.2.1.2 表面处理

表面处理要求：

a）采用氮化钢表面氮化处理的螺杆，氮化层深度不小于 0.4 mm；螺杆外圆表面氮化硬度不小于 740 HV；脆性不大于 II 级。

b）铁基耐磨合金烧结双金属螺杆的表面硬度应不小于 58 HRC，耐磨层厚度应不小于 1.5 mm；镍基耐磨合金烧结双金属螺杆的表面硬度应不小于 48 HRC，耐磨层厚度应不小于 1.5 mm。

c）表面镀涂硬铬或耐磨合金的螺杆，螺杆外圆表面硬度应不小于 750 HV，其耐磨层厚度应不小于 0.06 mm。

5.2.1.3 表面粗糙度

螺杆外圆、螺槽底径及螺棱两侧的表面粗糙度 Ra 应不大于 1.6 μm。

5.2.1.4 螺杆大、小端外径极限偏差

螺杆大、小端的外径极限偏差应符合表 1 的规定。

表 1 螺杆大、小端的外径极限偏差　　　　　　　　　　　　　　单位为毫米

螺杆小端公称直径		25	35	45	55	65	75	85	95	105	115	125
螺杆大、小端外径极限偏差	上极限偏差	0	0	0	0	0	0	0	0	0	0	0
	下极限偏差	−0.06	−0.07	−0.08	−0.10	−0.11	−0.13	−0.14	−0.15	−0.16	−0.17

5.2.2 机筒

5.2.2.1 材料

宜采用氮化钢。也可采用以其他合金结构钢为基体材料，内孔表面镶嵌或烧结耐磨合金衬套、镀涂硬铬或耐磨合金等。

5.2.2.2 内孔表面处理

内孔表面处理要求：

a）采用氮化钢内表面氮化处理的机筒，氮化层深度不小于 0.4 mm；内孔表面氮化硬度不小于 850 HV；脆性不大于 II 级。

b）铁基耐磨合金衬套的表面硬度应不小于 58 HRC，耐磨层厚度应不小于 1.0 mm；镍基耐磨合金衬套的表面硬度应不小于 48 HRC，耐磨层厚度应不小于 1.0 mm。

c）表面镀涂硬铬或耐磨合金的机筒，内孔表面硬度应不小于 750 HV，其耐磨层厚度应不小于 0.06 mm。

5.2.2.3 表面粗糙度

机筒内孔的表面粗糙度 Ra 应不大于 1.6 μm。

5.3 装配

5.3.1 螺杆与机筒的间隙在圆周上应力求均匀，其直径间隙应符合表 2 的规定。

表 2 螺杆与机筒直径间隙 单位为毫米

螺杆小端公称直径	25	35	45	55	65	75	85	95	105	115	125
间隙	0.08～0.20	0.10～0.30	0.14～0.35	0.16～0.40	0.18～0.45				0.20～0.50	0.22～0.55	0.23～0.60

5.3.2 在水平放置时，单点支撑的螺杆头部允许接触机筒底部，但在加入润滑油后运转时，螺杆与螺杆、螺杆与机筒不能有刮伤或卡住的现象。

5.3.3 冷却系统的管路、阀门应密封良好，通入压力为 0.25 MPa 自来水进行试验时，持续 5 min 不应有渗漏。

5.3.4 润滑系统应密封良好，无渗漏现象。油泵运转应平稳无异常噪声，各润滑点应供油充分。

5.4 整机

5.4.1 结构及控制

5.4.1.1 挤出机的结构应便于装卸螺杆，易于清理或调换。

5.4.1.2 螺杆在规定的转速范围内应能平稳地进行无级调速。

5.4.1.3 加热系统应在 3 h 内将机筒加热到工艺温度。挤出机应具有温度自动调节装置，机筒的加热、冷却进行分段自动控制。温度应可实现稳定控制。相对于设定值，温度的波动应在 ±2℃ 内。热电偶测温端部与机筒应可靠接触。

5.4.1.4 齿轮传动箱内润滑油的温升不超过 40℃，其他传动箱内润滑油的温升不能超过有关标准规定。

5.4.1.5 底座、机架应有基准面，以便在安装挤出机进行水平校准时安放校准仪用。

5.4.1.6 挤出机须配可定量喂料的加料装置，应能准确控制进料量。

5.4.2 安全

5.4.2.1 挤出机的联轴器、各加热部分等裸露在外对人身安全有危险的部位应有防护外罩或明显的永久性警示标志。

5.4.2.2 短接的动力电路与保护电路的绝缘电阻不得小于 1 MΩ。

5.4.2.3 电加热器的冷态绝缘电阻不得小于 1 MΩ。

5.4.2.4 电加热器应进行耐压试验，工作电压为 110 V 的电加热器 1 min 内平稳加压至 1 100 V、工作电压为 220 V 电加热器 1 min 内平稳加压至 1 500 V、工作电压为 380 V 电加热器 1 min 内平稳加压至 2 000 V，持续耐压 1 min，工作电流 10 mA，不得有闪络与击穿。

5.4.2.5 保护导线端子与电路设备任何裸露导体零件的接地导体电阻不得大于 0.1 Ω。

5.4.2.6 挤出机整套机组应可靠接地，接地电阻不得大于 4 Ω。

5.4.2.7 挤出机的电气设备应能用总电源开关切断电源。

5.4.2.8 挤出机操作柜上应有紧急停车按钮。

5.4.2.9 挤出机电气控制系统应具有下列报警、联锁功能：

a）主电动机过载报警、停车；

b）润滑油主要油路断油或少油报警；

c）机头料压超过设定值报警、停车；

d）主电动机和油泵电动机电气联锁，即油泵电动机不起动，主电动机不能起动；

e）喂料电动机和主电动机电气联锁，即主电动机不起动，喂料电动机不能起动。

5.4.3 噪声

挤出机正常运转时，其 A 计权噪声声压级应不大于 85 dB。

5.4.4 外观质量

5.4.4.1 各外露焊接件应平整，不允许存在焊渣及明显的凹凸粗糙面。

5.4.4.2 非涂漆的金属及非金属表面应保持其原有本色。

5.4.4.3 漆膜应色泽均匀，光滑平整，不允许有杂色斑点、条纹及黏附污物、起皮、发泡及油漆剥落等影响外观质量的缺陷，并应符合 HG/T 3228 的规定。

6 试验方法

6.1 试验条件

6.1.1 测试原料

采用 PP（熔体流动速率为 4 g/10 min～8 g/10 min）。

6.1.2 测试用装置

与挤出机相适应的辅机或专用测试机头装置。测试机头结构示意图如图 1 所示，出口直径按表 3 的规定。

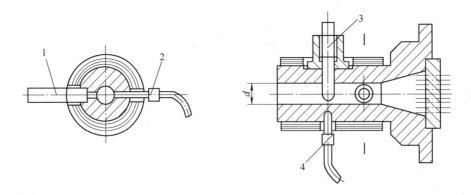

1——高温熔体压力传感器；　　　　　3——节流阀；

2——测料温热电偶（阻）；　　　　　4——控温热电偶（阻）。

图 1 测试机头

表3 测试机头出口直径

产量 Q kg/h	≤50	50～150	150～400	400～700	700～900	900～1 200	1 200～1 600
测试机头出口直径 d mm	15～20	30	40	50	60	70	80

6.1.3 检测用仪器仪表

检测用仪器仪表均应经计量检定合格并在有效期内，仪器仪表的测量范围和准确度等级见表4。

表4 检测用仪器仪表名称、测量范围和准确度等级

名 称	测试项目	量程及范围	准确度等级或最大允许误差或测量不确定度
衡器	挤出物料重	0 kg～30 kg	MPE：±5 g
秒表	时间	0 min～30 min	MPE：±0.5 s
测速装置	转速	0 r/min～999.9 r/min	MPE：±0.5 r/min
熔体温度测量装置	高温熔融物料温度	0 ℃～300 ℃，0 ℃～500 ℃	MPE：±1.0℃
熔体压力测量装置	高温熔融物料压力	0 MPa～29.4 MPa，0 MPa～49MPa	MPE：±1.5%
声级计	整机噪声	25 dB（A）～140 dB（A）	MPE：±1.0 dB（A）
功率表	电动机功率	0.01 kW～600 kW	1.0 级
直流电压表	直流电动机电压	0 V～500 V	1.0 级
直流电流表	直流电动机电流	0 mA～75 mA（附200 A 分流器）	1.0 级
绝缘电阻表（兆欧表）	绝缘电阻	200 MΩ～1 000 MΩ	10 级
耐压测试仪	耐压试验	电压：0 kV～5 kV 电流：0 mA～200 mA 时间：10 s～99 s	5.0 级
接地电阻测试仪	接地电阻	0 Ω～25 Ω	1.0 级

6.2 零部件检测

6.2.1 螺杆检测

6.2.1.1 表面处理检测：

a）氮化螺杆用同炉式样，并按 GB/T 11354—2005 和 GB/T 4340.1 检测其氮化层深度、硬度及脆性；

b）烧结双金属螺杆的表面硬度、耐磨层厚度按 JB/T 2985—2001 规定的方法检测；

c）表面镀涂硬铬或耐磨合金的螺杆的表面硬度、耐磨层厚度按 GB 11379—2008 规定的方法检测。

6.2.1.2 螺杆表面粗糙度用样块对比法，或采用粗糙度仪检测。

6.2.1.3 螺杆大、小端外径尺寸，采用通用量具在平台上检测。

6.2.2 机筒检测

6.2.2.1 表面处理检测按 6.2.1.1 的规定检测。

6.2.2.2 内孔表面粗糙度按 6.2.1.2 的规定检测。

6.3 装配

6.3.1 螺杆、机筒装配间隙

按 JB/T 6492—2001 的规定进行检测。

6.3.2 润滑密封

用白色滤纸检验润滑系统密封部位有无渗漏现象，油泵运转平稳性及各润滑点供油状况用感观法检验。

6.4 整机

6.4.1 空运转试验

6.4.1.1 传动箱应单独进行空运转检测。传动箱连续空运转时间不得少于 2 h，检查下列项目：

    a）输出轴的旋转方向应正确；

    b）润滑系统在工作压力下应无渗漏现象，箱体各结合面、密封处应无渗漏现象；

    c）无周期性冲击声或异常振动。

6.4.1.2 机器在总装合格后，在机筒内孔表面和螺杆表面涂上润滑剂，进行不大于 3 min 的低速空运转试验，并检查下列项目：

    a）螺杆间、螺杆与机筒间应无干涉、卡住现象；

    b）整机应无异常。

6.4.2 负荷运转试验

6.4.2.1 空运转试验合格后方能进行负荷运转试验。

6.4.2.2 负荷运转试验在各工艺条件基本稳定、测试物料塑化良好的条件下，对各参数进行测试。

6.4.2.3 负荷运转试验应检测下列项目：

    a）所有操作控制开关、按钮应灵活有效；

    b）螺杆转速调节应符合 5.4.1.2 的规定；

    c）温度自动调节装置应准确可靠，温度调节应符合 5.4.1.3 的规定；

    d）螺杆间、螺杆与机筒间应无干涉现象；

    e）喂料机供料量应与主机产量范围协调、匹配；

    f）各管路、阀门等连接处应无渗漏，电磁阀动作应灵敏、准确、可靠；

    g）齿轮传动箱内润滑油的温升不超过 40℃，其他传动箱内润滑油的温升不能超过有关标准规定；

    h）整机运转过程应平稳，无冲击、无异常振动和声响；

    i）各紧固件应无松动。

6.4.3 电气安全性能试验

6.4.3.1 短接的动力电路与保护电路导线（或挤出机外壳体）之间的绝缘电阻用 500 V 绝缘电阻表（兆欧表）测量。

6.4.3.2 电加热器应先进行加热干燥，然后在冷态（室温）时，用 500 V 绝缘电阻表（兆欧表）测量其绝缘电阻。

6.4.3.3 电加热器应先进行加热干燥，然后在冷态（室温）时进行耐压试验，并用耐压测试仪按 5.4.2.4 的规定进行测量。

6.4.3.4 接地电阻用接地电阻仪测量。

6.4.4 噪声检测

整机噪声在离机器外缘 1.0 m、离地 1.5 m 高处，四周均布测量 6 点，取平均值。

6.4.5 外观质量

在光照良好的条件下采用目测。

6.5 产量检验

6.5.1 主辅机联动时，在稳定的工艺条件下，对制品在相同的时间段内（60 s 或更长时间）分别取样，用衡器分别称出重量，至少进行三次，取算数平均值，换算为小时产量作为本机的产量。

6.5.2 当用测试机头测试时，在稳定的工艺条件下，对机头内挤出的物料，在相同的时间段内分别取样，用衡器分别称出重量，至少进行三次，取算数平均值，换算为小时产量作为本机的产量。

6.6 转速检测

用测速装置直接或间接对螺杆转速进行测量，与控制柜上的转速指示表（盘）对照，误差应小于2%。

6.7 电动机功率检测

对直流电动机，用直流电压表和直流电流表测定；对交流变速电动机，用三相功率表进行测定，并统一按式（1）进行计算。

用直流电动机时，实测输出功率：

$$P_{实测}=UI\eta_1 \cdots\cdots（1）$$

式中：

$P_{实测}$——电动机实测输出功率，单位为千瓦（kW）；

U——电动机输入电压，单位为伏（V）；

I——电动机输入电流，单位为安（A）；

η_1——电动机高速时的效率［额定功率/（额定电压×额定电流）］。

用交流变速电动机时，电动机实测输出功率按式（2）计算：

$$P_{实测}=实测输入功率×\eta_2 \cdots\cdots（2）$$

式中：

η_2——电动机高速时的效率（以电动机的技术资料为准）。

6.8 其他主参数的计算

6.8.1 名义比功率

名义比功率按式（3）计算：

$$P'=P/Q_{max} \cdots\cdots（3）$$

式中：

P'——名义比功率，单位为［kW/（kg/h）］；

P——电动机额定功率，单位为千瓦（kW）；

Q_{max}——当$P_{实测}$小于或等于P时的实测最高产量，单位为千克每小时（kg/h）。

6.8.2 比流量

比流量按式（4）计算：

$$q=Q_{实测} / n_{实测} \cdots\cdots（4）$$

式中：

q——比流量，单位为［（kg/h）/（r/min）］；

$Q_{实测}$——实测的产量，单位为千克每小时（kg/h）；

$n_{实测}$——实测的转速，单位为转每分（r/min）。

7 检验规则

7.1 出厂检验

7.1.1 每台产品须经制造厂质量检验部门检验合格后，并附有产品质量合格证方能出厂。

7.1.2 每台产品出厂前应进行不少于 2 h 的连续空运转试验（抽出螺杆），其中带螺杆不少于 3 min 的空运转试验。

7.1.3 产品的出厂检验项目见表5。

表5 出厂检验及型式试验的检验项目

序号	检验项目	标准条款	出厂检验	型式试验
1	螺杆和机筒表面硬度、深度（厚度）、脆性	5.2.1.2、5.2.2.2	●	●
2	螺杆和机筒表面粗糙度	5.2.1.3、5.2.2.3	●	●
3	螺杆大、小端外径尺寸	5.2.1.4	●	●
4	螺杆机筒装配间隙	5.3.1	●	●
5	润滑密封	5.3.3、5.3.4	●	●
6	空运转试验	6.4.1	●	●
7	负荷运转试验	6.4.2		●
8	安全防护外罩及警示标志	5.4.2.1	●	●
9	绝缘电阻	5.4.2.2、5.4.2.3	●	●
10	电热圈耐压试验	5.4.2.4		●
11	接地导体电阻、接地电阻	5.4.2.5、5.4.2.6	●	●
12	整机噪声	5.4.3		●
13	外观质量	5.4.4	●	●
14	产量检验	6.5		●
15	转速检测	6.6		●
16	电动机功率检测	6.7		●

7.1.4 出厂检验不合格的产品，经修复达到规定并重新检验合格后，可作为合格品交付。

7.2 型式试验

7.2.1 型式试验应在下列情况之一时进行：

——新产品或老产品转厂生产的试制定型鉴定；

——正式生产后，如结构、材料、工艺有较大改变，可能影响产品性能；

——正常生产时，每年最少抽试一台；

——产品长期停产后，恢复生产；

——出厂检验结果与上次型式试验有较大差异；

——国家质量监督机构提出进行型式试验要求。

7.2.2 产品的型式试验项目见表5。

7.3 判定规则

经型式试验若有不合格项时，需进行复检，复检若仍有不合格项时，则判定为不合格。

8 标志、包装、运输和贮存

8.1 标志

每台产品应在适当的明显位置固定产品标牌。标牌形式、尺寸及技术要求应符合 GB/T 13306 的规定。产品标牌应有下列内容：

——产品名称、型号及执行标准号；

——产品的主要技术参数；

——制造厂名称和商标；

——制造日期和产品编号。

8.2 包装

8.2.1 产品包装应符合 GB/T 13384 的规定。

8.2.2 包装箱内应装有技术文件（装入防水袋内），应包括：

——产品合格证；

——使用说明书；

——装箱单；

——备件清单；

——安装图。

8.2.3 使用说明书应符合 GB/T 9969 的规定。

8.3 运输

产品运输应符合 GB/T 191 和 GB/T 6388 的规定。

8.4 贮存

8.4.1 产品应贮存在干燥通风处，避免受潮腐蚀，不能与有腐蚀性的气（物）体一起存放，露天存放应有防雨措施。

8.4.2 用户在遵守运输、贮存、安装和使用等有关要求的条件下，制造厂应承担从出厂之日起 12 个月的保用期。

附　录　A
（资料性附录）
基本参数

A.1 基本参数应符合表 A.1～表 A.6 的规定。表 A.1 以加工低密度聚乙烯为主，表 A.2 以加工线性低密度聚乙烯为主，表 A.3 以加工高密度聚乙烯为主，表 A.4 以加工聚丙烯为主，表 A.5 以加工硬聚氯乙烯为主，表 A.6 以加工软聚氯乙烯为主。

A.2 基本参数中，主要考核合乎质量要求的产量、名义比功率及比流量。

A.3 表 A.1～表 A.6 中最高产量的考核，挤出机试制鉴定时，应不低于表所列最高产量值；成批生产时，考核挤出机 60%最高转速时的比流量应不小于规定值。

A.4 表 A.1～表 A.6 中螺杆最高转速 n_{max} 及电动机功率 P，允许适当变动（选用电动机规格及其他设计原因），但名义比功率 P' 应不大于规定值，比流量 q 不小于相应值，产量不低于表所列值。

表 A.1　加工低密度聚乙烯（LDPE）挤出机基本参数

螺杆直径 D mm	加工方式	长径比 L/D	螺杆最高转速 n_{max} r/min	最高产量 Q_{max} kg/h	电动机功率 P kW	名义比功率 P' ≤ kW/(kg/h)	比流量 q ≥ (kg/h)/(r/min)	机筒加热段数（推荐）	机筒加热功率 ≤ kW	中心高 H mm
25	挤出	29	150	40	15		0.27	4	20	1 000
	造粒	29	150	50			0.33	4	20	1 000
35	挤出	29	150	88	22		0.59	5	30	1 000
	造粒	29	150	95			0.63	5	30	1 000
45	挤出	32	120	185	37		1.54	6	36	1 000
	造粒	32	120	200			1.67	6	36	1 000
55	挤出	32	120	270	45		2.25	7	42	1 000
	造粒	32	120	300			2.50	7	42	1 000
65	挤出	32	92	385	55		4.18	8	48	1 000
	造粒	32	92	420			4.57	8	48	1 000
75	挤出	32	92	600	75	0.1	6.52	9	63	1 000
	造粒	32	92	650			7.07	9	63	1 100
85	挤出	32	92	810	90		8.80	10	70	1 000
	造粒	32	92	860			9.35	10	70	1 100
95	挤出	32	92	1 100	110		11.96	11	88	1 100
	造粒	32	92	1 180			12.83	11	88	1 100
105	挤出	32	92	1 450	132		15.76	12	96	1 100
	造粒	32	92	1 520			16.52	12	96	1 200
115	挤出	32	92	1 920	160		20.87	13	117	1 200
	造粒	32	92	2 080			22.61	13	117	1 200
125	挤出	32	92	2 600	200		28.26	14	126	1 200
	造粒	32	92	2 800			30.43	14	126	1 200

表 A.2　加工线型低密度聚乙烯（LLDPE）挤出机基本参数

螺杆直径 D mm	加工方式	长径比 L/D	螺杆最高转速 n_{max} r/min	最高产量 Q_{max} kg/h	电动机功率 P kW	名义比功率 P' ≤ kW/(kg/h)	比流量 q ≥ (kg/h)/(r/min)	机筒加热段数（推荐） ≤ kW	机筒加热功率 ≤ kW	中心高 H mm
25	挤出	29	150	40	15		0.27	4	20	1 000
	造粒	29	150	50			0.33	4	20	1 000
35	挤出	29	150	88	22		0.59	5	30	1 000
	造粒	29	150	95			0.63	5	30	1 000
45	挤出	32	120	185	37		1.54	6	36	1 000
	造粒	32	120	200			1.67	6	36	1 000
55	挤出	32	120	270	45		2.25	7	42	1 000
	造粒	32	120	300			2.50	7	42	1 000
65	挤出	32	92	385	55		4.18	8	48	1 000
	造粒	32	92	420			4.57	8	48	1 000
75	挤出	32	92	600	75	0.1	6.52	9	63	1 000
	造粒	32	92	650			7.07	9	63	1 100
85	挤出	32	92	810	90		8.80	10	70	1 000
	造粒	32	92	860			9.35	10	70	1 100
95	挤出	32	92	1 100	110		11.96	11	88	1 100
	造粒	32	92	1 180			12.83	11	88	1 100
105	挤出	32	92	1 450	132		15.76	12	96	1 100
	造粒	32	92	1 520			16.52	12	96	1 200
115	挤出	32	92	1 920	160		20.87	13	117	1 200
	造粒	32	92	2 080			22.61	13	117	1 200
125	挤出	32	92	2 600	200		28.26	14	126	1 200
	造粒	32	92	2 800			30.43	14	126	1 200

表 A.3　加工高密度聚乙烯（HDPE）挤出机基本参数

螺杆直径 D mm	加工方式	长径比 L/D	螺杆最高转速 n_{max} r/min	最高产量 Q_{max} kg/h	电动机功率 P kW	名义比功率 P' ≤ kW/(kg/h)	比流量 q ≥ (kg/h)/(r/min)	机筒加热段数（推荐） ≤ kW	机筒加热功率 ≤ kW	中心高 H mm
25	挤出	29	150	40	15		0.27	4	16	1 000
	造粒	29	150	50			0.33	4	16	1 000
35	挤出	29	150	88	22		0.59	5	20	1 000
	造粒	29	150	95		0.1	0.63	5	20	1 000
45	挤出	32	120	185	37		1.54	6	24	1 000
	造粒	32	120	200			1.67	6	24	1 000
55	挤出	32	120	270	45		2.25	7	28	1 000
	造粒	32	120	300			2.50	7	28	1 000

表A.3　加工高密度聚乙烯（HDPE）挤出机基本参数（续）

螺杆直径 D mm	加工方式	长径比 L/D	螺杆最高转速 n_{max} r/min	最高产量 Q_{max} kg/h	电动机功率 P kW	名义比功率 $P' \leqslant$ kW/（kg/h）	比流量 $q \geqslant$ （kg/h）/（r/min）	机筒加热段数（推荐） $\leqslant$ kW	机筒加热功率 $\leqslant$ kW	中心高 H mm
65	挤出	32	92	385	55		4.18	8	32	1 000
	造粒	32	92	420			4.57	8	32	1 000
75	挤出	32	92	600	75		6.52	9	36	1 000
	造粒	32	92	650			7.07	9	36	1 100
85	挤出	32	92	810	90		8.80	10	40	1 000
	造粒	32	92	860			9.35	10	40	1 100
95	挤出	32	92	1 100	110	0.1	11.96	11	44	1 100
	造粒	32	92	1 180			12.83	11	44	1 100
105	挤出	32	92	1 450	132		15.76	12	48	1 100
	造粒	32	92	1 520			16.52	12	48	1 200
115	挤出	32	92	1 920	160		20.87	13	52	1 200
	造粒	32	92	2 080			22.61	13	52	1 200
125	挤出	32	92	2 600	200		28.26	14	56	1 200
	造粒	32	92	2 800			30.43	14	56	1 200

表A.4　加工聚丙烯（PP）挤出机基本参数

螺杆直径 D mm	加工方式	长径比 L/D	螺杆最高转速 n_{max} r/min	最高产量 Q_{max} kg/h	电动机功率 P kW	名义比功率 $P' \leqslant$ kW/（kg/h）	比流量 $q \geqslant$ （kg/h）/（r/min）	机筒加热段数（推荐） $\leqslant$ kW	机筒加热功率 $\leqslant$ kW	中心高 H mm
25	挤出	29	150	40	15		0.27	4	16	1 000
	造粒	29	150	50			0.33	4	16	1 000
35	挤出	32	150	88	22		0.59	5	20	1 000
	造粒	32	150	95			0.63	5	20	1 000
45	挤出	32	120	185	37		1.54	6	24	1 000
	造粒	32	120	200			1.67	6	24	1 000
55	挤出	32	120	270	45		2.25	7	28	1 000
	造粒	32	120	300		0.1	2.50	7	28	1 000
65	挤出	32	92	385	55		4.18	8	32	1 000
	造粒	32	92	420			4.57	8	32	1 000
75	挤出	32	92	600	75		6.52	9	36	1 000
	造粒	32	92	650			7.07	9	36	1 100
85	挤出	32	92	810	90		8.80	10	40	1 000
	造粒	32	92	860			9.35	10	40	1 100
95	挤出	32	92	1 100	110		11.96	11	44	1 100
	造粒	32	92	1 180			12.83	11	44	1 100

表 A.4 加工聚丙烯（PP）挤出机基本参数（续）

螺杆直径 D mm	加工方式	长径比 L/D	螺杆最高转速 n_{max} r/min	最高产量 Q_{max} kg/h	电动机功率 P kW	名义比功率 P' $\leqslant$ kW/（kg/h）	比流量 q $\geqslant$ （kg/h）/（r/min）	机筒加热段数（推荐）$\leqslant$ kW	机筒加热功率 $\leqslant$ kW	中心高 H mm
105	挤出	32	92	1 450	132		15.76	12	48	1 100
105	造粒	32	92	1 520	132		16.52	12	48	1 200
115	挤出	32	92	1 920	160	0.1	20.87	13	52	1 200
115	造粒	32	92	2 080	160		22.61	13	52	1 200
125	挤出	32	92	2 600	200		28.26	14	56	1 200
125	造粒	32	92	2 800	200		30.43	14	56	1 200

表 A.5 加工聚氯乙烯 HPVC 挤出机基本参数

螺杆直径 D mm	加工方式	长径比 L/D	螺杆最高转速 n_{max} r/min	最高产量 Q_{max} kg/h	电动机功率 P kW	名义比功率 P' $\leqslant$ kW/（kg/h）	比流量 q $\geqslant$ （kg/h）/（r/min）	机筒加热段数（推荐）$\leqslant$ kW	机筒加热功率 $\leqslant$ kW	中心高 H mm
25	挤出	20	150	50	15		0.33	3	12	1 000
25	造粒	28	150	55	15		0.37	4	16	1 000
35	挤出	20	150	100	22		0.67	4	16	1 000
35	造粒	28	150	110	22		0.73	5	20	1 000
45	挤出	20	120	200	37		1.67	5	25	1 000
45	造粒	28	120	220	37		1.83	6	30	1 000
55	挤出	20	120	300	45		2.50	6	30	1 000
55	造粒	28	120	330	45		2.75	7	35	1 000
65	挤出	20	92	450	55		4.89	7	35	1 000
65	造粒	28	92	500	55	0.1	5.43	8	48	1 000
75	挤出	20	92	660	75		7.17	8	48	1 000
75	造粒	28	92	720	75		7.83	9	54	1 100
85	挤出	20	92	900	90		9.78	9	54	1 000
85	造粒	28	92	1 000	90		10.87	10	60	1 100
95	挤出	20	92	1 200	110		13.04	10	60	1 100
95	造粒	28	92	1 320	110		14.35	11	66	1 100
105	挤出	20	92	1 650	132		17.93	11	66	1 100
105	造粒	28	92	1 800	132		19.57	12	72	1 200
115	挤出	20	92	2 200	160		23.91	12	72	1 200
115	造粒	28	92	2 450	160		26.63	13	78	1 200
125	挤出	20	92	3 000	200		32.61	13	78	1 200
125	造粒	28	92	3 300	200		35.87	14	88	1 200

表 A.6　加工聚氯乙烯 SPVC 挤出机基本参数

螺杆直径 D mm	加工方式	长径比 L/D	螺杆最高转速 n_{max} r/min	最高产量 Q_{max} kg/h	电动机功率 P kW	名义比功率 P' ≤ kW/（kg/h）	比流量 $q\geq$ （kg/h）/（r/min）	机筒加热段数（推荐）≤ kW	机筒加热功率 ≤ kW	中心高 H mm
25	挤出	30	150	40	15		0.27	4	16	1 000
	造粒	30	150	50			0.33	4	16	1 000
35	挤出	30	150	88	22		0.59	5	20	1 000
	造粒	30	150	95			0.63	5	20	1 000
45	挤出	30	120	185	37		1.54	6	30	1 000
	造粒	30	120	200			1.67	6	30	1 000
55	挤出	30	120	270	45		2.25	7	35	1 000
	造粒	30	120	300			2.50	7	35	1 000
65	挤出	30	92	385	55		4.18	8	48	1 000
	造粒	30	92	420			4.57	8	48	1 000
75	挤出	30	92	600	75	0.1	6.52	9	54	1 000
	造粒	30	92	650			7.07	9	54	1 100
85	挤出	30	92	810	90		8.80	10	60	1 000
	造粒	30	92	860			9.35	10	60	1 100
95	挤出	30	92	1 100	110		11.96	11	77	1 100
	造粒	30	92	1 180			12.83	11	77	1 100
105	挤出	30	92	1 450	132		15.76	12	84	1 100
	造粒	30	92	1 520			16.52	12	84	1 200
115	挤出	30	92	1 920	160		20.87	13	91	1 200
	造粒	30	92	2 080			22.61	13	91	1 200
125	挤出	30	92	2 600	200		28.26	14	98	1 200
	造粒	30	92	2 800			30.43	14	98	1 200

ICS 71.120；83.200

G 95

备案号：44144—2014

中华人民共和国机械行业标准

JB/T 11345—2013

可发性聚苯乙烯泡沫塑料板材成型机

EPS block molding machinery

2013-12-31 发布

2014-07-01 实施

中华人民共和国工业和信息化部 发布

前　言

本标准按照GB/T 1.1—2009给出的规则起草。

本标准由中国机械工业联合会提出。

本标准由全国橡胶塑料机械标准化技术委员会塑料机械标准化分技术委员会（SAC/TC71/SC2）归口。

本标准负责起草单位：江阴清华泡塑机械有限公司、杭州方圆塑料机械有限公司。

本标准参加起草单位：富阳市质量计量监测中心、富阳市新登泡沫塑料机械行业技术研发中心、大连塑料机械研究所。

本标准主要起草人：侯树亭、赵阳、侯宝华、周宇航、沈晔、喻雪峰、袁健华、袁国清。

本标准为首次发布。

可发性聚苯乙烯泡沫塑料板材成型机

1 范围

本标准规定了可发性聚苯乙烯泡沫塑料板材成型机（以下简称板材成型机）的术语和定义、型号与基本参数、要求、试验方法、检验规则及标志、包装、运输和贮存。

本标准适用于加工可发性聚苯乙烯泡沫塑料制品的板材成型机。

2 规范性引用文件

下列文件对于本文件的应用是必不可少的。凡是注日期的引用文件，仅注日期的版本适用本文件。凡是不注日期的引用文件，其最新版本（包括所有的修改单）适用于本文件。

GB/T 191 包装储运图示标志

GB/T 3766—2001 液压系统通用技术条件

GB 5226.1—2008 机械电气安全 机械电气设备 第1部分：通用技术条件

GB/T 6388 运输包装收发货标志

GB/T 6576—2002 机床润滑系统

GB/T 7932—2003 气动系统 通用技术条件

GB/T 12467.4—2009 金属材料熔焊质量要求 第4部分：基本质量要求

GB/T 12783 橡胶塑料机械产品型号编制方法

GB/T 13306 标牌

GB/T 13384 机电产品包装通用技术条件

GB/T 14211 机械密封试验方法

GB/T 17421.1—1998 机床检验通则 第1部分：在无负荷或精加工条件下机床的几何精度

GB 23821—2009 机械安全 防止上下肢触及危险区的安全距离

HG/T 3228 橡胶塑料机械涂漆通用技术条件

JB/T 4127.1—2013 机械密封 技术条件

3 术语和定义

下列术语和定义适用于本文件。

3.1
模腔 chamber
用于成型板材制品的内部空间。

3.2
模腔可调装置 chamber adjustable device
在一定范围内调整模腔尺寸的机构。

3.3
引风系统 air blow system
用风机引风形成气流，用于将预发的聚苯乙烯泡沫颗粒送入模腔，并可冷却制品的装置。

3.4

真空系统　vacuum　system

通过建立模腔负压，用于提高板材加热成型的效果，并可使水分蒸发带走热量冷却制品的装置。

3.5

蒸汽消耗量　steam consumption

单位体积制品消耗蒸汽的重量［单位为千克每立方米（kg/m^3）］。

4　型号与基本参数

4.1　型号

板材成型机的型号应符合 GB/T 12783 的规定。

4.2　基本参数

4.2.1　生产能力

当板材制品密度不大于 15 kg/m^3～40 kg/m^3 时：

——配备真空系统的板材成型机的生产能力不少于 2 模/h～8 模/h；

——配备引风系统的板材成型机的生产能力不少于 1 模/h～4 模/h。

4.2.2　蒸汽消耗量

板材成型机的蒸汽消耗量应不大于 15 kg/m^3。

4.2.3　压力适用范围

压力适用范围如下：

——蒸汽汽源压力为 0.2 MPa～0.8 MPa；

——压缩空气气源压力为 0.5 MPa～0.7 MPa；

——冷却水系统压力为 0.2 MPa～0.4 MPa。

4.2.4　还应提供的参数值

制造厂应向用户提供下列参数值：

——最大名义制品尺寸；

——蒸汽、冷却水、压缩气入口管径规格；

——装机总功率。

5　要求

5.1　总则

板材成型机应符合本标准的规定，并按经规定程序批准的图样和技术文件制造。

5.2　整机技术要求

5.2.1　焊接应符合 GB/T 12467.4—2009 中第 10 章、第 11 章的规定。

5.2.2　活动模板与固定模板间结合面最大间隙应不大于 0.30 mm。

5.2.3　模腔在最大蒸汽工作压力 0.096 MPa 时，其结合面密封处应无漏水、漏汽现象；蒸汽系统、冷却系统的性能应稳定可靠，各种阀门动作应准确无误。

5.2.4 液压系统要求：

5.2.4.1 液压系统应符合 GB/T 3766—2001 中第 14 章的规定。

5.2.4.2 连续工作 4 h 工作油液温度应不超过 60℃。

5.2.4.3 液压管路应排列整齐，液压元件标志应齐全。

5.2.4.4 液压油为抗磨耐压油，工作油液清洁度应不超过 100 mg/L。

5.2.4.5 液压系统在 9 MPa 的试验压力下应无漏油现象，渗油处数不应超过 3 处。

5.2.4.6 动模板开关模应设有快速和慢速，动模板运行应平稳，无爬行、卡死和冲击现象。

5.2.4.7 动模板下降运行时，液压缸回油侧应有节流阀，防止动模板快速跌落。

5.2.4.8 顶出制品装置动作应同步。

5.2.4.9 锁模装置应安全、可靠。

5.2.5 气动系统要求：

5.2.5.1 气动系统应符合 GB/T 7932—2003 中第 14 章的规定。

5.2.5.2 气动管路应排列整齐，管路应用两种颜色区别气缸的动作，气动元件标志应齐全。

5.2.5.3 气动执行元件的供气管路应有过滤器和分离器、压力调节阀和油雾器。

5.2.5.4 气动阀门动作应灵活、可靠。

5.2.5.5 气动系统不应有漏气现象。

5.2.6 模腔调整系统的密封应符合 JB/T 4127.1—2013 中第 5 章的规定。

5.2.7 传动系统的润滑应符合 GB/T 6576 的规定。

5.2.8 程序控制系统应运行可靠，控制元件应反应灵敏，仪表指示及标志应清晰、准确。

5.2.9 整机运行噪声（声压级）应不大于 85 dB（A）。

5.3 整机外观要求

5.3.1 整机外观应整洁美观，不应有图样未规定的凹凸不平和其他损伤，零部件的连接处应无明显的错位。

5.3.2 电气布线、管路排列应整齐。

5.3.3 涂漆应符合 HG/T 3228 的规定。

5.3.4 控制面板上的触摸屏、仪表、按钮布置合理，便于操纵与观察。

5.3.5 蒸汽、排污、冷却等管路应分色。管路颜色应符合下列要求：
——蒸汽管路、排污管为深红色，其中蒸汽管路应为耐高温油漆；
——冷却水管路、真空管路为蓝色；
——压缩气管路颜色为深黄色。

5.4 安全要求

5.4.1 板材成型机设定的安全压力值应不大于 0.105 MPa，当模腔压力超过 0.105 MPa 时，板材成型机所有进汽阀应关闭，排气阀及冷却阀应全部打开，使模腔正常泄压，报警器发出声光报警，全启式安全阀应自动打开。

5.4.2 控制系统应对各系统的动作实行安全互锁，模腔未锁紧前输料系统、蒸汽系统不准许有动作；蒸汽系统和冷却系统工作时不准许打开模腔。

5.4.3 暴露在外对人体安全有危险的运动部位或余热、余压排放处应设置防护栏；对某些不能设置防护的危险部位应设置安全警示标志。

5.4.4 上、下肢体触及危险区的最小距离应符合 GB 23821—2009 的规定。

5.4.5 电控箱上应设置紧急停止按钮和暂停按钮。

5.4.6 电控柜的 IP 防护等级应不低于 IP22。

5.4.7 电控系统应有以下保护措施：

——过电流保护；

——过载保护；

——短路保护；

——异常温度保护；

——电压降低与随机恢复保护；

——必要时，设置断相保护和过电压保护。

5.4.8 应设置保护联结电路并应符合 GB 5226.1—2008 中 5.2 和 8.2.3 的规定。

5.4.9 应符合 GB 5226.1—2008 中 18.3 的规定，电气设备中动力电路和保护联结电路间施加 500 V d.c，测得的绝缘电阻应不小于 1 MΩ。

5.4.10 应符合 GB 5226.1—2008 中 18.4 的规定，电气设备中动力电路导线和保护联结电路之间在 50 Hz，1 000 V 试验电压条件下经受近似 1 s 的耐压试验后，应无击穿。该试验用于型式试验。

5.4.11 所有导线的连接，特别是保护联结电路的连接应牢固可靠，不得松动。

5.4.12 电气设备的保护联结线和中性线应分色，其他不同电路的导线也应尽可能分色。导线颜色应符合下列规定：

——保护联结导线为黄绿双色；

——动力线路的中性线为浅蓝色；

——交流或直流电路的导线为黑色；

——交流控制电路的导线为红色；

——直流控制电路的导线为蓝色。

5.4.13 在管内或电气箱配电板及两个端子之间的导线应是连续的，不应有接头。

5.4.14 电气装置和主机外壳应有保护联结装置，保护联结端子与电气设备任何裸露导体零件的电阻不大于 0.1 Ω。保护接地端子注明标示"G""PE"或符号 ⏚。

6 试验方法

6.1 试验前准备

6.1.1 试验前应将产品安装和调整好，使其处于能保证正常工作的正确状态。

6.1.2 试验时应按整机进行，一般不拆卸产品，但对运转性能无影响的零件、部件除外。

6.2 精度检验

检验活动模板和固定模板两者合模时相对应两个面的平行度；旋转关模时检验模板较长且平行方向的平行度，检验方法按 GB/T 17421.1—1998 中 5.4.1.2.2.1 的规定进行。

6.3 空运转试验

6.3.1 空运转试验

空运转时间每台应进行不少于 4 h 的自动连续空载运转试验（在试验中若发生故障，则试验时间或次数应从故障排除后重计）。检验各机构运转状态的功率消耗、平稳性、可靠性、仪表的灵敏性、准确度及安全等性能。

6.3.2 调整试验

调整试验如下：

a）在规定速度下检验主运动的启动、停止动作的灵活性、可靠性；

b）检验自动化机构的调整和动作的灵活可靠程度，指示或显示装置的准确性等；

c）检验定位机构动作的灵活、可靠程度；

d）检验调整机构、指示和显示装置或其他附属装置的可靠性、灵活性；

e）检验操纵机构可靠性。

6.3.3 液压系统的检验

按 GB/T 3766—2001 中第 14 章的规定进行检验。

6.3.4 气动系统的检验

按 GB/T 7932—2003 中第 14 章的规定进行检验。

6.3.5 模腔尺寸调整系统的密封

按 GB/T 14211 进行静压试验或运作试验。

6.3.6 表面温度检测

表面温度检测用表面温度测量仪或红外温度探测仪测量电动机电器表面温度。

6.3.7 管路密封检测

管路密封检测用水压试验，试验压力为工作压力的 1.25 倍，保压时间 5 min，应无泄漏。

6.4 负载性能试验

6.4.1 板材成型机空运转试验合格后，方能进行连续负荷运转试验。负荷运转试验应达到不少于 2 h 和不少于 10 模产品两个要求。

6.4.2 实验条件如下：

a）推荐可发性聚苯乙烯原料粒径为 0.7 mm～1.25 mm，发泡剂含量为 6%～8%；预发泡密度为 20 g/L；熟化时间为不少于 6 h。

b）蒸汽汽源压力为 0.2 MPa～0.8 MPa。

c）压缩空气气源压力为 0.5 MPa～0.7 MPa。

d）冷却水系统压力为 0.2 MPa～0.4 MPa。

e）环境温度为 15℃～25℃。

6.4.3 试验步骤如下：

设定板材成型机的工艺参数，预加热使模腔达到正常的工作温度，开始连续试验生产。

6.5 整机噪声的检测

在距离地面高 1.5 m，距板材成型机外形 1 m 的四周均布的四点处，用声级计测量噪声，取测量结果的平均值作为整机的噪声值。

6.6 整机外观（包括涂漆表面）的检测

采用目测确定。

6.7 安全要求的检测

6.7.1 保护联结电路的连续性的检测

按 GB 5226.1—2008 中 18.2.2 的规定进行检测。

6.7.2 绝缘电阻的检测

采用 DC 500 V 绝缘电阻表按 GB 5226.1—2008 中 18.3 的规定进行检测。

6.7.3 耐压试验的检测

采用耐压试验仪按 GB 5226.1—2008 中 18.4 的规定进行检测。

6.7.4 导线的连接、分色和保护联结装置及符号

采用目测确定。

6.7.5 接地电阻的检测

采用接地电阻测试仪进行测量。

6.8 板材成型机其他参数的检测

6.8.1 最大制品尺寸的检测

采用长度尺进行测量。

6.8.2 装机总功率

通过查验技术文件和成型机电动机配置情况确定。

7 检验规则

7.1 出厂检验

7.1.1 每台产品应经制造厂质检部门检验合格后方能出厂。

7.1.2 每台产品出厂前，应进行不少于 4 h 的自动连续空运转试验（在试验中若发生故障，则试验时间或次数应从故障排除后重计），并在试验前检查 6.2、6.3.7、6.7（6.7.3 除外）。

7.1.3 出厂检验应做好记录，所检项目均应合格。

7.2 型式试验

7.2.1 型式试验应对制造厂明示的基本参数和第 5 章的要求进行检验。

7.2.2 型式试验应在下列情况之一时进行：

——新产品或老产品转厂生产的试制定型鉴定；

——正常生产后，如结构、材料、工艺有较大改进，可能会影响产品性能；

——产品停产两年后恢复生产；

——出厂检验结果与上次型式检验有较大差异；

——在正常生产条件下，产品累积到一定数量时，应周期性进行检验一次；

——国家质量监督机构提出进行型式检验要求。

7.3 抽样与判定方法

7.3.1 型式试验的样品应在出厂检验合格入库产品（或用户处）中任抽一台进行检验。

7.3.2 型式试验部分项目可采用查验出厂记录方式进行，由承检机构和生产企业协商确定。

7.3.3 型式试验宜在用户生产现场进行，6.4、6.5 应在负载试验中测定。

7.3.4 型式试验中如有不合格项，可由生产企业对产品进行一次调整并可更换产品说明书中所列的易

损件后，对不合格项目进行复检，如仍有不合格项，则判该次型式试验不合格。

8 标志、包装、运输和贮存

8.1 标志

每台产品的各种指示铭牌应齐全、清晰，并应在明显部位固定牢靠，标牌应符合 GB/T 13306 的规定，并至少有下列内容：
——制造厂名称（商标）和地址；
——产品名称、型号及执行标准编号；
——产品编号及出厂日期；
——主要技术参数。

8.2 包装

产品包装应符合 GB/T 13384 的规定。产品包装箱内，应装有下列技术文件（装入防水的袋内）：
——产品合格证；
——产品使用说明书；
——装箱单。

8.3 运输

产品整体运输或分体为部件运输，要适合陆路、水路等运输及装载要求，并应符合 GB/T 191 和 GB/T 6388 的规定。

8.4 贮存

产品应采取防锈处理后水平贮存在干燥、通风、无火源、无腐蚀性气体处，避免受潮。如需露天存放，存放前，精密电器元件应拆下后装入原包装后入室贮存，其他应有防雨避雷措施，并将包装箱架空离地 10 cm 以上，室外贮存时间不宜超过一个月。

ICS 71.120；83.200
G 95
备案号：44145—2014

中华人民共和国机械行业标准

JB/T 11346—2013

可发性聚苯乙烯泡沫塑料板材切割机

EPS sheet cutting machine

2013-12-31 发布　　　　　　　　　　　　　　2014-07-01 实施

中华人民共和国工业和信息化部 发布

前　　言

本标准按照GB/T 1.1—2009给出的规则起草。

本标准由中国机械工业联合会提出。

本标准由全国橡胶塑料机械标准化技术委员会塑料机械标准化分技术委员会（SAC/TC71/SC2）归口。

本标准负责起草单位：杭州方圆塑料机械有限公司、江阴清华泡塑机械有限公司。

本标准参加起草单位：富阳市质量计量监测中心、富阳市新登泡沫塑料机械行业技术研发中心、大连塑料机械研究所。

本标准主要起草人：袁国清、王印西、侯宝华、赵阳、袁健华、沈晔、侯树亭、李香兰。

本标准为首次发布。

可发性聚苯乙烯泡沫塑料板材切割机

1 范围

本标准规定了可发性聚苯乙烯泡沫塑料板材切割机（以下简称切割机）的术语和定义、基本参数、技术要求、试验方法、检验规则和标志、包装、运输和贮存。

本标准适合于加工可发性聚苯乙烯泡沫塑料板材制品的切割机。

2 规范性引用文件

下列文件对于本文件的应用是必不可少的。凡是注日期的引用文件，仅注日期的版本适用本文件。凡是不注日期的引用文件，其最新版本（包括所有的修改单）适用于本文件。

GB/T 191　包装储运图示标志
GB 5226.1—2008　机械电气安全　机械电气设备　第1部分：通用技术条件
GB/T 6388　运输包装收发货标志
GB/T 13306　标牌
GB/T 13384　机电产品包装通用技术条件
GB 23821—2009　机械安全　防止上下肢触及危险区的安全距离
HG/T 3228　橡胶塑料机械涂漆通用技术条件

3 术语和定义

下列术语和定义适用于本文件。

3.1

最大切割尺寸　maximum cutting size
被切割板材的最大长度和宽度。

3.2

工作台有效尺寸　bolster effective size
左右和前面两个垂直方向上，工作台面可实际使用的最大轮廓尺寸。

3.3

水平导轨　horizontal guide rail
切割机在切割制品时，导向件沿轨道水平移动，其轨道为水平导轨。

3.4

垂直导轨　vertical guide rail
切割机在切割制品时，导向件沿轨道带动电热丝竖直上下移动，其轨道为垂直导轨。

3.5

水平切割架　horizontal cutting frame
由传动底箱、导电柱、电热丝组成，可沿水平导轨移动的组件。用于水平方向的水平、竖向切割板材的架子。

3.6

纵向切割架　vertical cutting frame

由导电柱、电热丝组成，可沿水平导轨左右移动的组件。用于纵向截断切割板材的架子。

3.7

数控切割架　cnc cutting frame

在数控切割机中，可沿竖直导轨上下移动，也可作水平方向的移动，用于二维切割板材的架子。

3.8

截断切割架　up/down cutting table

切割机中，由移动架、良导电型材、电热丝组成，可沿竖直导轨上下移动的组件。用于纵向多段截断切割板材的架子。

3.9

截断切割架横梁　crossbeam of up/down cutting table

截断切割架上的导电型材，用于安装电热丝拉紧架、电热丝等。

4　型号与基本参数

4.1　型号

切割机的型号应符合 GB/T 12783 的规定。

4.2　基本参数

4.2.1　工作台面平行度

工作台面平行度误差值应不大于 4 mm。

4.2.2　导轨直线度

导轨直线度误差值应不大于 4 mm。

4.2.3　切割垂直度

切割垂直度误差值应不大于 4 mm。

4.2.4　其他基本参数

切割机其他基本参数参见附录 A。

4.2.5　还应提供的参数值

制造厂还应向用户提供下列参数值：
——最小切割厚度；
——水平切割丝最大数量；
——竖直切割丝最大数量；
——截断切割丝最大数量。

5　要求

5.1　总则

切割机应符合本标准的规定，并按规定程序批准的图样和技术文件制造。

5.2 总装技术要求

5.2.1 切割机所有加工的零部件须经检验合格后方可进行装配。

5.2.2 工作台面对两水平导轨轴线的平行度应不大于 4 mm。

5.2.3 导轨轴线的直线度 应不大于 4 mm。

5.2.4 切割垂直度应不大于 4 mm。

5.2.5 两水平导轨间的间距误差不大于 ±1.5 mm。

5.2.6 截断切割架前后横梁上平面的高度差应不大于 3 mm。

5.2.7 切割机应运转正常平稳，所有转动部件运行时应无卡死现象。

5.2.8 在切割架运行到极限位置时能自动停止。

5.3 整机性能要求

5.3.1 切割机噪声不大于 85 dB（A）。

5.3.2 电动机应运转正常，温升不超过电动机铭牌上绝缘等级规定的范围。

5.3.3 数控切割机在作切割制品试验时，位置控制精度应达到 0.5 mm。

5.3.4 调整试验包括：

5.3.4.1 传动轴进给速度变换试验

应运行平稳、无阻滞现象。

5.3.4.2 传动轴的点动试验

其动作应可靠准确。

5.3.4.3 传动轴极限位置自动限位装置试验

其电气限位功能应可靠。

5.3.4.4 数控装置功能试验

数控装置的自动编程、自动定位等功能应可靠、正确；调整机构、指示和显示装置及其他附属装置应可靠、灵活；操纵机构应可靠。

5.4 整机外观要求

5.4.1 整机外观应整洁美观，不应有图样未规定的凹凸不平和其他损伤，零部件的连接处应无明显的错位。

5.4.2 电气布线、管路排列应整齐，导线颜色和线径应符合 GB 5226.1—2008 的规定。

5.4.3 涂漆应符合 HG/T 3228 的规定。

5.4.4 控制面板上的触摸屏、仪表、按钮布置合理，便于操作与观察。

5.5 安全要求

5.5.1 暴露在外对人体安全有危险的运动部位或余热、余压排放处应设置防护栏；对某些不能设置防护的危险部位应设置安全警示标志。

5.5.2 上、下肢体触及危险区的最小距离应符合 GB 23821—2009 的规定。

5.5.3 电控箱上应设置紧急停止按钮和暂停按钮。

5.5.4 电控柜的 IP 防护等级应不低于 IP22。

5.5.5 电控系统应有以下保护措施：

　　——过电流保护；

　　——过载保护；

　　——短路保护；

　　——异常温度保护；

　　——电压降低与随机恢复保护；

　　——必要时，设置断相保护和过电压保护。

5.5.6 应设置保护联结电路并应符合 GB 5226.1—2008 中 8.2 的规定。

5.5.7 电气设备中动力电路和保护联结电路间的绝缘电阻应不小于 1 MΩ。

5.5.8 电气设备中的动力电路导线和保护联结电路之间施加 50 Hz（60 Hz），1 000 V 试验电压，经受近似 1 s 的耐压试验后，应无击穿。本试验一般在型式试验中实行。

5.5.9 所有导线的连接，特别是保护联结电路的连接应牢固可靠，不得松动。

5.5.10 电气设备的保护导线和中性线应分色，其他不同电路的导线也应尽可能分色。导线颜色应符合下列规定：

　　——保护导线为黄绿双色；

　　——动力线路的中性线为浅蓝色；

　　——交流或直流电路的导线为黑色；

　　——交流控制电路的导线为红色；

　　——直流控制电路的导线为蓝色。

5.5.11 在管内或电气箱配电板以及两个端子之间的导线应是连续的，不应有接头。

5.5.12 电气装置和主机外壳应有保护联结装置，保护联结端子与电气设备任何裸露之间的电阻不大于 0.1 Ω，保护接地端子注明标示符号 ⏚、"G" 或 "PE"。

6 试验方法

6.1 工作台面平行度的检测

6.1.1 检测条件

　　检测条件为：

　　a）机器安装基础校水平后；

　　b）机器总装基础校水平后。

6.1.2 检测方法

　　将水平切割架置于相应的机架导轨上，在水平切割架上固定一与被拉紧的电热丝平行的刚性件，从导轨的一端运行到另一端的过程中任选起始点、终点和中段共五点处停车，测量刚性件到工作台面的距离尺寸，其尺寸误差的平均值。

6.2 导轨直线度的检测

6.2.1 检测条件

　　检测条件为：

　　a）机器安装基础校水平后；

　　b）机器总装基础校水平后。

6.2.2 检测方法

　　以一导轨为基准，在导轨的全长上分别取六点测量出其距离；再以另一导轨为基准，在导轨的全长上分别取六点测量出其距离,最后取十二点的平均值。

6.3 切割垂直度的检测

6.3.1 检测条件

检测条件为:

a) 机器安装基础校水平后;

b) 机器总装基础校水平后。

6.3.2 检测方法

将吊有线锤的弦线端头置于被拉紧的电热丝平行的扁钢上,线锤在导轨的下端头。在导轨的全长上测量弦线与导轨母线或侧面的距离,其最大距离与最小距离之差为垂直度。

6.4 两水平导轨间的间距误差检测

6.4.1 检测条件

检测条件为:

a) 机器安装基础校水平后;

b) 机器总装基础校水平后。

6.4.2 检测方法

从导轨的一端到另一端的过程中任选起始点、终点和中段共五点,用游标卡尺测量两导轨之间的距离尺寸,其尺寸误差的平均值应不大于±1.5 mm。

6.5 截断切割架前后横梁上平面的高度差检测

6.5.1 检测条件

检测条件为:

a) 机器安装基础校水平后;

b) 机器总装基础校水平后。

6.5.2 检测方法

将桥板(见图1)放在切割架的前后横梁的平面上,再将水平仪放置在桥板上,测量前后横梁上平面的水平误差应不大于 3 mm。

6.6 调整试验

6.6.1 机动轴进给速度变换试验

分别沿各轴的正、负方向,在每一方向做最低、中间和最高三种进给速度的变换,应运行平稳、无阻滞现象。

6.6.2 机动轴的点动试验

分别沿各轴的正、负方向进行点动操作,试验其动作的可靠性。

6.6.3 机动轴极限位置自动限位装置试验

分别沿各轴的正、负方向,快速进给至限位处应能自动停止进给,试验电气限位功能的可靠性。

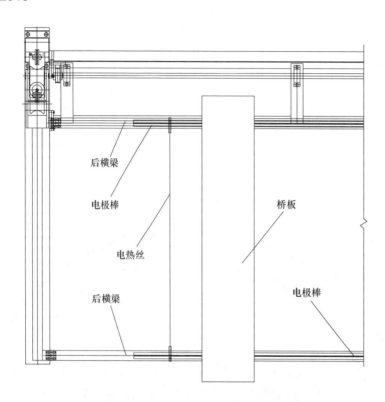

图 1 截断切割架前后横梁上平面的高度差检测示意图

6.6.4 数控装置功能试验

6.6.4.1 空运转试验条件下，检验数控装置功能的自动编程、停电记忆、原点返回、自动定位、自动找中心、轴交换、镜像、当前加工位置显示、断丝保护等功能的可靠、正确性。

6.6.4.2 检验调整机构、指示和显示装置或其他附属装置的可靠性、灵活性。

6.6.4.3 检验操纵机构可靠性。

6.7 电动机温升测定

用温度计在传动箱、电动机外壳上测定。

6.8 整机噪声的检测

在距离地面高 1.5 m，距自动成型机外形 1 m 的四周均布的四点处，用声级计测量噪声，取测量结果的平均值作为整机的噪声值。

6.9 整机外观（包括涂漆表面）的检测

采用目测确定。

6.10 安全要求的检测

6.10.1 保护联结电路的连续性的检测

按 GB 5226.1—2008 中 18.2.2 规定进行，在符合该标准中表 9 的 C 类机械，则通过目测检验。

6.10.2 绝缘电阻的检测

采用 DC 500 V 绝缘电阻表按 GB 5226.1—2008 中 18.3 的规定进行。

6.10.3 耐压试验的检测

采用耐压试验仪按 GB 5226.1—2008 中 18.4 的规定进行。

6.10.4 导线的连接、分色和接地装置及符号

采用目测确定。

6.10.5 接地电阻的检测

采用接地电阻测试仪进行测量。

7 检验规则

7.1 出厂检验

7.1.1 每台产品应经制造厂质检部门检验合格后方能出厂。

7.1.2 每台产品出厂前，应进行不少于 4 h 的自动连续空运转试验（在试验中若发生故障，则试验时间或次数应从故障排除后重计），并在试验前检查 5.3、5.4。在试验中检验 5.2.1、5.2.2、5.2.3、5.2.4、5.2.5、5.2.6、5.2.7、5.2.8 以及 6.1、6.3、6.5。

7.1.3 出厂检验应做好记录，所检项目均应合格。

7.2 型式试验

7.2.1 型式试验应对制造厂明示的基本参数和第 5 章的要求进行检验。

7.2.2 型式试验应在下列情况之一时进行：

——新产品或老产品转厂生产的试制定型鉴定；

——正常生产后，如结构、材料、工艺有较大改进，可能会影响产品性能；

——产品停产两年后恢复生产；

——出厂检验结果与上次型式检验有较大差异；

——在正常生产条件下，产品累积到一定数量时，应周期性进行检验一次；

——国家质量监督机构提出进行型式检验要求。

7.3 抽样与判定方法

7.3.1 型式试验的样品应在出厂检验合格入库产品（或用户处）中任抽一台进行检验。

7.3.2 型式试验部分项目可采用查验出厂记录方式进行，由承检机构和生产企业协商确定。

7.3.3 型式试验宜在用户生产现场进行，型式试验应进行不少于 1 h 的负载试验，5.2.7 应在负载试验中测定。

7.3.4 型式试验中如有不合格项，可由生产企业对产品进行一次调整并可更换产品说明书中所列的易损件后，对不合格项目进行复检，如仍有不合格项，则判该次型式试验不合格。

8 标志、包装、运输和贮存

8.1 标志

每台产品的各种指示铭牌应齐全，清晰，并应在明显部位固定牢靠，标牌应符合 GB/T 13306 的规定，并至少有下列内容：

——制造厂名称（商标）和地址；

——产品名称、型号及执行标准编号；
——产品编号及出厂日期；
——主要技术参数。

8.2 包装

产品包装应符合 GB/T 13384 的规定。产品包装箱内，应装有下列技术文件（装入防水的袋内）：
——产品合格证；
——产品使用说明书；
——装箱单。

8.3 运输

产品整体运输或分体为部件运输，要适合陆路、水路等运输及装载要求，并应符合 GB/T 191 和 GB/T 6388 的规定。

8.4 贮存

产品应采取防锈处理后水平贮存在干燥、通风、无火源、无腐蚀性气体处，避免受潮。如需露天存放，存放前，精密电器元件应拆下后装入原包装后入室贮存，其他应有防雨避雷措施，并将包装箱架空离地 10 cm 以上，室外贮存时间不宜超过一个月。

附 录 A
（资料性附录）
切割机其他基本参数

SPBQK-200A～SPBQK-800A 型系列切割机其他基本参数见表 A.1。

表 A.1　SPBQK-200A～SPBQK-800A 型系列切割机其他基本参数

项 目	参　数					
	SPBQK-200A	SPBQK-300A	SPBQK-400A	SPBQK-500A	SPBQK-600A	SPBQK-800A
最大切割尺寸（长×宽）mm	2 000×1 300	3 000×1 300	4 000×1 300	5 000×1 300	6 000×1 300	8 000×1 300
最大切割高度　mm	1 250	1 250	1 250	1 250	1 250	1 250
切割速度　m/min	0～4	0～4	0～4	0～4	0～4	0～4
切割丝丝径　mm	0.4	0.4	0.4	0.4	0.4	0.4
水平切割架电动机功率 kW	1.1	1.1	1.1	1.1	1.1	1.1
风机功率　W	80×2	80×2	80×2	80×2	80×2	80×2
变压器容量　kVA	10	10	10	10	10	10
变频器　功率　kW	1.5	1.5	1.5	1.5	1.5	1.5
变频器　变频最高设定值 Hz	200	200	200	200	200	200

ICS 71.120；83.200

G 95

备案号：44146—2014

中华人民共和国机械行业标准

JB/T 11347—2013

可发性聚苯乙烯泡沫塑料预发机

EPS pre-expander machine

2013-12-31 发布

2014-07-01 实施

中华人民共和国工业和信息化部 发布

前　　言

本标准按照GB/T 1.1—2009给出的规则起草。

本标准由中国机械工业联合会提出。

本标准由全国橡胶塑料机械标准化技术委员会塑料机械标准化分技术委员会（SAC/TC71/SC2）归口。

本标准负责起草单位：杭州方圆塑料机械有限公司、江阴清华泡塑机械有限公司。

本标准参加起草单位：富阳市质量计量监测中心、富阳市新登泡沫塑料机械行业技术研发中心、大连塑料机械研究所。

本标准主要起草人：袁国清、周荣强、侯宝华、袁健华、沈晔、赵阳、侯树亭、李香兰。

本标准为首次发布。

可发性聚苯乙烯泡沫塑料预发机

1 范围

本标准规定了可发性聚苯乙烯泡沫塑料预发机（以下简称预发机）的术语和定义、型号和基本参数、要求、试验方法、检验规则、标志、包装、运输和贮存。

本标准适用于单轴旋转的可发性聚苯乙烯泡沫塑料连续式预发机（简称连续式预发机）和可发性聚苯乙烯泡沫塑料间隙式预发机（简称间歇式预发机）。

2 规范性引用文件

下列文件对于本文件的应用是必不可少的。凡是注日期的引用文件，仅注日期的版本适用本文件。凡是不注日期的引用文件，其最新版本（包括所有的修改单）适用于本文件。

GB/T 191 包装储运图示标志

GB/T 6388 运输包装收发货标志

GB 5226.1—2008 机械电气安全 机械电气设备 第1部分：通用技术条件

GB/T 12783 橡胶塑料机械产品型号编制方法

GB/T 13306 标牌

GB/T 13384 机电产品包装通用技术条件

GB 23821—2009 机械安全 防止上下肢触及危险区的安全距离

HG/T 3228 橡胶塑料机械涂漆通用技术条件

3 术语和定义

下列术语和定义适用于本文件。

3.1

可发性聚苯乙烯泡沫塑料连续式预发机 **expandable polystyrene continuous pre-expander**

进料口连续进料，常压状态下发泡，发泡颗粒经溢出口位置连续出料的可发性聚苯乙烯泡沫塑料粒子发泡机械。

3.2

可发性聚苯乙烯泡沫塑料间歇式预发机 **expandable polystyrene batch pre-expander**

简体内投入单位重量原料，通过对蒸汽流量或简体压力的自动调整发泡，在设定的料位高度或发料时间内完成一个工作循环的可发性聚苯乙烯泡沫塑料粒子发泡机械。

3.3

简体尺寸 **chamber dimension**

简体的内径与简体高度。

3.4

溢出口高度 **height of discharge**

发泡料溢出口下沿离桶体底面的距离。

3.5

发泡容积　volume

发泡容积是指桶体截面积和设定料位高度之积。

3.6

发泡密度　density

原料发泡密度即原料投入量 M 与设定发泡容积 V 之比值。

3.7

生产能力　throughput

在正常工作条件下，预发机每小时所生产指定发泡密度的原料重量。

3.8

密度偏差　density tolerance

实际发泡密度和设定目标密度之间的差值。

3.9

流化干燥床　fluidized bed dryer

由低压风机、散热器、通气板、储料箱体等部件组成的箱体，用于发泡料的烘干和输送。

4　型号与基本参数

4.1　型号

预发机的型号应符合 GB/T 12783 的规定。

4.2　基本参数

4.2.1　密度偏差要求按销售合同（协议）或产品使用说明书中的规定。

4.2.2　制造厂应向用户提供下列参数值：

——发泡密度；

——筒体尺寸；

——蒸汽、压缩气入口管道规格；

——装机总功率。

4.2.3　连续式预发机基本参数参见附录 A。

4.2.4　间歇式预发机基本参数参见附录 B。

5　要求

5.1　总则

预发机应符合本标准的规定，并按经规定程序批准的图样和技术文件制造。

5.2　整机技术要求

5.2.1　整机运行时，所有控制元件应动作可靠、灵敏，指示清晰、准确。

5.2.2　整机运行时，无异常噪声，噪声应不大于 85 dB（A）。

5.2.3　搅拌主轴电动机工作时其电流表的显示值应不大于额定电流值的 80%。

5.2.4　所有按钮、接近开关、料位开关、故障报警系统动作可靠，灵敏。

5.2.5　电接点压力表、温度表动作应灵敏可靠，控制区间稳定。

5.2.6 流化干燥床最高干燥温度 80℃，恒温温度偏差为±5℃。

5.3 总装技术要求

5.3.1 蒸汽管道在蒸汽试验压力 0.4 MPa～0.8 MPa 时，所有管道、接头和阀门的连接处无泄漏。压缩气管道在空气试验压力 0.5 MPa～0.7 MPa 时，所有管道、接头和阀门的连接处无泄漏。

5.3.2 筒体及排污管路在蒸汽试验压力 0.09 MPa 时，筒体及排污管道无泄漏。

5.3.3 蒸汽、排污、冷却等管路应分色且排列整齐。管路颜色应符合下列要求：
　　——蒸汽管路、排污管为深红色，其中蒸汽管路应为耐高温油漆；
　　——压缩气管路颜色为深黄色。

5.4 整机外观要求

5.4.1 整机外观应整洁美观，不应有图样未规定的凹凸不平和其他损伤，零部件的连接处应无明显的错位。

5.4.2 电气布线、管路排列应整齐美观。

5.4.3 涂漆应符合 HG/T 3228 的规定。

5.4.4 控制面板上的触摸屏、仪表、按钮布置合理，便于操纵与观察。

5.5 安全要求

5.5.1 当筒体压力超过电接点压力表设定压力 0.06 MPa 时，所有进汽阀关闭，排气阀及冷却阀全部打开，报警器发出声光报警。

5.5.2 暴露在外对人体安全有危险的运动部位或余热、余压排放处应设置防护栏；对某些不能设置防护的危险部位应设置安全警示标志。

5.5.3 上、下肢体触及危险区的最小距离应符合 GB 23821—2009 的规定。

5.5.4 电控箱上应设置紧急停止按钮和暂停按钮。

5.5.5 电控柜的 IP 防护等级应不低于 IP22。

5.5.6 电控系统应有以下保护措施：
　　——过电流保护；
　　——过载保护；
　　——短路保护；
　　——温度异常保护；
　　——电压降低与随机恢复保护；
　　——必要时，设置断相保护和过电压保护。

5.5.7 应设置保护联结电路并应符合 GB 5226.1—2008 中 8.2 的规定。

5.5.8 电气设备中动力电路和保护联结电路间的绝缘电阻应不小于 1 MΩ。

5.5.9 电气设备中的动力电路导线和保护联结电路之间施加 50 Hz（60 Hz），1 000 V 试验电压经受近似 1 s 的耐压试验后，应无击穿。该试验一般用于型式试验。

5.5.10 所有导线的连接，特别是保护联结电路的连接应牢固可靠，不得松动。

5.5.11 电气设备的保护导线和中性线应分色，其他不同电路的导线也应尽可能分色。导线颜色应符合下列规定：
　　——保护导线为黄绿双色；
　　——动力线路的中性线为浅蓝色；
　　——交流或直流电路的导线为黑色；
　　——交流控制电路的导线为红色；

——直流控制电路的导线为蓝色。

5.5.12 在管内或电气箱配电板以及两个端子之间的导线应是连续的，不应有接头。

5.5.13 电气装置和主机外壳应有保护联结装置，保护联结端子与电气设备任何裸露导体之间的电阻不大于 0.1 Ω。保护接地端子注明标示"G""PE"或符号 ⏚ 。

5.6 性能指标要求

5.6.1 连续式预发机性能指标参见附录 C。

5.6.2 间歇式预发机性能指标参见附录 D。

6 试验方法

6.1 试验前准备

6.1.1 试验前应将产品安装和调整好，一般应自然调平，使其处于能保证正常工作的准确位置。

6.1.2 试验时应按整机进行，一般不拆卸产品，但对运转性能无影响的零件、部件可除外。

6.2 空载运转试验

6.2.1 空运转时间每台应不少于 30 min。检验各机构的运转状态功率消耗、平稳性、可靠性、仪表的灵敏性、准确度及安全等性能。

6.2.2 调整试验：

    a）检验自动化机构的调整和动作的灵活可靠程度，指示或显示装置的准确性等；

    b）检验操纵机构可靠性；

    c）试验压力达到 0.8 MPa 时，检查桶体管道、接头和阀门的连接处是否泄漏。

6.3 工作性能试验

空运转试验合格后，应进行不少于 4 h 的生产能力试验，同时检验在最大负荷下运转是否平稳、性能是否可靠和有关电气、气动系统及安全防护装置的可靠性。

6.3.1 试验条件

试验条件为：

    a）推荐可发性聚苯乙烯原料粒径为 0.7 mm～1.25 mm，原料的发泡剂含量在 6%～8%；

    b）蒸气为饱和蒸气，在机器前的气源压力在 0.3 MPa～0.5 MPa 范围内；

    c）采用分度值为 0.0 001 g 的天平，$V=1$ L 的量杯；

    d）采样要求：选择流化干燥床前部、中部、后部三个位置，同位置选择上、中、下各三点采样，所得的 9 次采样称重，其值求取平均值。

6.3.2 试验步骤

6.3.2.1 在 6.3.1 试验条件下，调定预发机在机器前蒸汽气源压力为 0.1 MPa～0.15 MPa、压缩空气控制压力和原料的加入量，当确定所发出的可发性聚苯乙烯泡沫塑料原料颗粒稳定时，开始计量。用秒表或其他更精确的计时仪器计时，以三次试验的预发原料所用平均时间和可发性聚苯乙烯泡沫塑料发泡料的平均重量，计算每小时预发机生产能力。发泡料经流化干燥床干燥处理后，按采样要求求取。

6.3.2.2 可发性聚苯乙烯泡沫塑料原料发泡密度按式（1）计算：

$$\rho \ (g/L) = M/V \cdots\cdots\cdots\cdots\cdots\cdots\cdots\cdots\cdots\cdots\cdots\cdots\cdots\cdots\cdots \ (1)$$

式中：

ρ——可发性聚苯乙烯泡沫塑料原料发泡密度；

M——原料投入量，单位为克（g）；

V——定发泡容积，单位为升（L）。

6.4 整机噪声的检测

在距离地面高 1.5 m、距自动成型机外形 1 m 的四周均布的四点处，用声级计测量噪声，取测量结果的平均值作为整机的噪声值。

6.5 整机外观（包括涂漆表面）的检测

采用目测确定。

6.6 安全要求的检测

6.6.1 保护联结电路的连续性的检测

按 GB 5226.1—2008 中 18.2.2 的规定进行，在符合该标准表 9 的 C 类机械，则通过目测检验。

6.6.2 绝缘电阻的检测

采用 DC 500 V 绝缘电阻表按 GB 5226.1—2008 中 18.3 的规定进行。

6.6.3 耐压试验的检测

采用耐压试验仪按 GB 5226.1—2008 中 18.4 的规定进行。

6.6.4 导线的连接、分色和接地装置及符号

采用目测确定。

6.6.5 接地电阻的检测

采用接地电阻测试仪进行测量。

6.7 预发机其他参数的检测

6.7.1 筒体尺寸和蒸汽、压缩气入口规格

采用长度尺进行测量。

6.7.2 装机总功率

通过查验技术文件和预发机电动机配置情况确定。

7 检验规则

7.1 出厂检验

7.1.1 每台产品应经制造厂质检部门检验合格后方能出厂。

7.1.2 每台产品出厂前，应进行不少于 4 h 的自动连续空运转试验（在试验中若发生故障，则试验时间或次数应从故障排除后重计），并在试验前检查 5.4、5.5（除 5.5.9 外）。在试验中检验 5.2、5.3 及 5.6。

7.1.3 出厂检验应做好记录，所检项目均应合格。

7.2 型式试验

7.2.1 型式试验应对制造厂明示的基本参数和第 5 章的要求进行检验。

7.2.2 型式试验应在下列情况之一时进行：

——新产品或老产品转厂生产的试制定型鉴定；

——正常生产后，如结构、材料、工艺有较大改进，可能会影响产品性能；

——产品停产两年后恢复生产；

——出厂检验结果与上次型式检验有较大差异；

——在正常生产条件下，产品累积到一定数量时，应周期性进行检验一次；

——国家质量监督机构提出进行型式检验要求。

7.3 抽样与判定方法

7.3.1 型式试验的样品应在出厂检验合格入库产品（或用户处）中任抽一台进行检验。

7.3.2 型式试验部分项目可采用查验出厂记录方式进行，由承检机构和生产企业协商确定。

7.3.3 型式试验宜在用户生产现场进行，型式试验应进行不少于 4 h 的负载试验，6.3 应在负载试验中测定。

7.3.4 型式试验中如有不合格项，可由生产企业对产品进行一次调整并可更换产品说明书中所列的易损件后，对不合格项目进行复检，如仍有不合格项，则判该次型式试验不合格。

8 标志、包装、运输和贮存

8.1 标志

每台产品的各种指示铭牌应齐全、清晰，并应在明显部位固定牢靠，标牌应符合 GB/T 13306 的规定，并至少有下列内容：

——制造厂名称（商标）和地址；

——产品名称、型号及执行标准编号；

——产品编号及出厂日期；

——主要技术参数。

8.2 包装

产品包装应符合 GB/T 13384 的规定。产品包装箱内，应装有下列技术文件（装入防水的袋内）：

——产品合格证；

——产品使用说明书；

——装箱单。

8.3 运输

产品整体运输或分体为部件运输，要适合陆路、水路等运输及装载要求，并应符合 GB/T 191 和 GB/T 6388 的规定。

8.4 贮存

产品应采取防锈处理后水平贮存在干燥、通风、无火源、无腐蚀性气体处，避免受潮。如需露天存放，存放前，精密电器元件应拆下后装入原包装后入室贮存，其他应有防雨避雷措施，并将包装箱架空离地 10 cm 以上，室外贮存时间不宜超过一个月。

附 录 A

（资料性附录）

连续式预发机基本参数

连续式预发机基本参数见表 A.1。

表 A.1　连续式预发机基本参数

型　号	筒体尺寸 mm	泡沫塑料 溢出口高度 mm	一次进料 机构转速 r/min	二次进料 机构转速 r/min	搅拌主轴 转速 r/min	搅拌主轴 电动机功率 kW
SPYLK-63	φ630×1 600	780～1 080		—	95	2.2
SPYLK-70	φ700×1 700	780～1 420	700	900	70	2.2
SPYLK-90	φ900×2 150	780～1 800		900	70	3
SPYLK-120	φ1 200×2 150	780～1 750		800	70	5.5

附　录　B

（资料性附录）

间歇式预发机基本参数

间歇式预发机基本参数见表 B.1。

表 B.1　间歇式预发机基本参数

型　号	筒体尺寸 mm	搅拌主轴电动机功率 kW	搅拌主轴转速 r/min	干燥风机电动机功率 kW	送料风机电动机功率 kW
SPYJK-50	φ 500×700	2.2	62	1.5	3
SPYJK-70	φ 700×1 200	3	62	2.2	4
SPYJK-90	φ 900×1 200	3	62	2.2	4
SPYJK-110	φ 1 100×1 500	4	62	2.2	4
SPYJK-130	φ 1 300×1 800	7.5	62	4.5	4
SPYJK-150	φ 1 500×2 000	7.5	62	4.5	5.5
SPYJK-160	φ 1 600×2 500	11	62	7.5	7.5

附 录 C

（资料性附录）

连续式预发机性能指标

连续式预发机性能指标要求见表 C.1。

表 C.1 连续式预发机性能指标要求

序号	名 称	单 位	型 号			
			SPYLK-63	SPYLK-70	SPYLK-90	SPYLK-120
1	发泡密度	kg/m³	16～30	13～40	13～40	13～40
	一次发泡生产能力 a	kg/h	40～100	60～150	100～300	150～400
2	发泡密度	kg/m³	—	8～13	9～13	9～13
	二次发泡生产能力 b	kg/h	—	40～100	50～150	80～200
3	发泡密度	kg/m³	—	—	6～9	6～9
	三次发泡生产能力	kg/h	—	—	50～150	80～200
4	密度偏差		±10%	±10%	±10%	±10%

a 一次预发泡生产能力是在蒸汽压力不小于 0.3 MPa、电压 380 V、频率 50 Hz、EPS 原料发泡剂的含量 6%～8%，原料牌号为 302 普通料，经连续式预发机生产 1 h 产生指定密度 EPS 原料的重量。

b 二次预发泡生产能力是将一次预发到 14 kg/m³ 左右的一次发泡料，经熟化（约 10 h 左右，一般视气、温环境原料特点等因素而定）将其通过连续式预发机再次发泡（蒸汽压力不小于 0.3 MPa、电压 380 V、频率 50 Hz）生产 1 h 产生指定密度可发性聚苯乙烯原料的重量。

附　录　D
（资料性附录）
间歇式预发机性能指标

间歇式预发机性能指标要求见表 D.1。

表 D.1　间歇式预发机性能指标要求

序号	名　称	单位	型　号						
			SPYJK-50	SPYJK-70	SPYJK-90	SPYJK-110	SPYJK-130	SPYJK-150	SPYJK-160
1	发泡密度	kg/m³	12～140	12～120	12～80	12～30	12～30	12～30	12～25
	一次发泡生产能力 a	kg/h	85～220	90～280	150～400	200～500	530～1 220	1 000～1 500	1 200～3 100
2	发泡密度	kg/m³	—	—	—	—	8-10	8～10	8～10
	二次发泡生产能力 b	kg/h	—	—	—	—	360～600	650～850	800～1 000
3	密度误差		±2%	±3%	±3%	±3%	±3%	±3%	±3%

^{a}　一次预发泡生产能力是在蒸汽压力不小于 0.3 MPa、电压 380 V、频率 50 Hz、EPS 原料发泡剂的含量 6%～8%，原料牌号为 302 普通料，经间歇式预发机生产 1 h 产生指定密度 EPS 原料的重量。

^{b}　二次预发泡生产能力是将一次预发到 12 kg/m³ 左右的一次发泡料，经熟化（约 10 h 左右，一般视气温环境原料特点等因素而定）将其通过间歇式预发机二次发泡，（蒸汽压力不小于 0.3 MPa、电压 380 V、频率 50 Hz）生产 1 h 产生指定密度可发性聚苯乙烯原料的重量。

ICS 83.200
G 95
备案号：44147—2014

中华人民共和国机械行业标准

JB/T 11348—2013

塑料挤出流延薄膜辅机

Plastics extrusion cast film accessory

2013-12-31 发布
2014-07-01 实施

中华人民共和国工业和信息化部 发布

前　言

本标准按照GB/T 1.1—2009给出的规则起草。

本标准由中国机械工业联合会提出。

本标准由全国橡胶塑料机械标准化技术委员会塑料机械标准化分技术委员会（SAC/TC71/SC2）归口。

本标准负责起草单位：广东仕诚塑料机械有限公司、佛山市南海区标准化研究与促进中心。

本标准参加起草单位：南通三信塑胶装备科技有限公司、广东金明精机股份有限公司、大连塑料机械研究所。

本标准主要起草人：张春华、庞啟雄、熊国中、黄虹、凡勇、何桂红。

本标准为首次发布。

塑料挤出流延薄膜辅机

1 范围

本标准规定了塑料挤出流延薄膜辅机（以下简称流延辅机）的术语和定义、基本参数、要求、试验方法、检验规则、标志、包装、运输和贮存。

本标准适用于塑料挤出流延薄膜辅机。

2 规范性引用文件

下列文件对于本文件的应用是必不可少的。凡是注日期的引用文件，仅注日期的版本适用于本文件。凡是不注日期的引用文件，其最新版本（包括所有的修改单）适用于本文件。

GB/T 191　包装储运图示标志

GB/T 531.1　硫化橡胶或热塑性橡胶　压入硬度试验方法　第1部分：邵氏硬度计法（邵尔硬度）

GB 2894　安全标志及其使用导则

GB/T 3766　液压系统通用技本条件

GB 5226.1　机械电气安全　机械电气设备　第1部分：通用技术条件

GB/T 6388　运输包装收发货标志

GB/T 7932　气动系统　通用技术条件

GB/T 9239.1—2006　机械振动　恒态（刚性）转子平衡品质要求　第1部分：规范与平衡允差的检验

GB/T 9969　工业产品使用说明书　总则

GB/T 13306　标牌

GB/T 13384　机电产品包装通用技术条件

GB/T 14216　塑料　膜和片润湿张力的测定

GB/T 16769　金属切削机床　噪声声压级测量方法

GB 18209.2　机械电气安全　指示、标志和操作　第2部分：标志要求

GB 50231　机械设备安装工程施工及验收通用规范

QB/T 1125—2000　未拉伸聚乙烯、聚丙烯薄膜

3 术语和定义

下列术语和定义适用于本文件。

3.1

塑料挤出流延薄膜辅机　plastics extrusion cast film accessory

用于塑料挤出流延薄膜机组中除主机（挤出机）以外的设备总称，包括换网装置、分配器、机头、薄膜定型装置、测厚装置、电晕装置、收卷装置（包含切边及回收）。

3.2

分配器　feed block

安装在换网装置出口端与机头之间，对两种或两种以上熔体按挤出厚度比例进行调节的装置。

3.3

薄膜定型装置 **film sizing device**

将机头供给的聚合物熔体冷却、定型，形成无拉伸、非定向薄膜的设备。

3.4

电晕装置 **corona device**

对薄膜表面进行放电处理，以提高薄膜表面张力的设备。

3.5

收卷装置 **winding-up device**

对薄膜切边、回收使其达到规定宽度并进行卷取的设备。

4 基本参数

流延辅机的基本参数见表1。

表 1 基本参数

项　目		参　　数									
机头宽度　　mm		1 000	1 500	2 000	2 500	3 000	3 500	4 000	4 500	5 000	6 000
薄膜厚度 mm	CPP/CPE	0.01～0.12									
	PVB/EVA	0.30～1.60									
收卷速度 m/min	CPP/CPE	50～800									
	PVB/EVA	1～12									
最大收卷直径　　mm		300～1 200									
注：根据供需双方协商，可生产其他规格的产品。											

5 要求

5.1 总则

5.1.1 流延辅机应符合本标准的要求，并按经规定程序批准的图样和技术文件制造。

5.1.2 流延辅机各设备的配置应能满足生产工艺要求；产品设计应布局合理、工作可靠、操作方便、便于维修。

5.1.3 流延辅机的安装应符合GB 50231的规定。

5.1.4 各冷却辊（包括薄膜定型装置的主冷辊、次冷辊，电晕装置的电晕辊、电晕冷却辊）应进行30 min、1 MPa的耐压试验合格（辊筒无变形、无渗漏）后方可装配在流延辅机中。

5.1.5 薄膜定型装置的主冷辊、次冷辊，电晕装置的电晕辊、电晕冷却辊，收卷牵引辊等应进行动平衡试验，合格后方可装配在流延辅机中，动平衡的平衡品质级别不低于GB/T 9239.1—2006规定的G 6.3级。

5.2 外观质量

5.2.1 涂漆件应色泽均匀，不得有流挂、漏涂、气泡等缺陷。

5.2.2 电镀件镀层表面应连续、平整光滑、色泽一致，不应有漏镀、起皮、针孔、擦伤、电灼伤及锈蚀等缺陷。

5.2.3 外露的焊缝应平整光滑。

5.2.4 流延辅机表面不应有图样规定以外的凸起、凹陷、粗糙不平和其他损伤等缺陷。

5.2.5　各种管路、线路的外露部分，应排列整齐、固定牢靠，不应与其他运动零件发生摩擦和碰撞。

5.2.6　保温材料不得外露。

5.2.7　与膜接触的各辊筒表面应平整光滑、无毛刺。

5.3　换网装置

5.3.1　换网装置在切换时动作应准确，无卡阻、漏料等异常现象。

5.3.2　加热器在正常工作时的温度波动应在±5℃以内。

5.4　分配器

5.4.1　分配器不得有磕碰、划痕等缺陷，各层厚度比例应可调。

5.4.2　流道型腔的表面粗糙度 Ra 不大于0.1 μm，流道应圆滑过渡，不应有死角。

5.5　机头

模唇不应有磕碰、划痕等缺陷，间隙可调。

5.6　薄膜定型装置

5.6.1　主冷辊、次冷辊表面应镀硬铬，硬度应不小于60 HRC；主冷辊表面粗糙度 Ra 应不大于0.08 μm、次冷辊表面粗糙度 Ra 应不大于0.04 μm。

5.6.2　清理辊与主冷辊接触应均匀，压合可靠，压力可调。

5.6.3　清理辊表面应包胶，包胶厚度应不小于15 mm，邵氏硬度在30 HD～60 HD。

5.6.4　主冷辊、次冷辊的表面温度应可控，温度波动在±4℃以内。

5.6.5　主冷辊应能沿本身轴线上下移动，以适应流延薄膜生产工艺的需要。移动时应平稳可靠。

5.6.6　在主冷辊与机头之间宜有负压装置，负压装置不应与模唇相互接触。

5.6.7　风刀位置应设置合理，不应与主冷辊相互接触。

5.7　测厚装置

5.7.1　测量探头在线测量时应与薄膜表面平行，平行度误差不大于2 mm/m。

5.7.2　测量探头移动或换向时应平稳、无阻滞。

5.8　电晕装置

5.8.1　电晕处理的火花应均匀。

5.8.2　应有电晕辊停转断电的保护装置。

5.8.3　电晕冷却辊表面应镀硬铬、喷涂等硬化处理。

5.8.4　压辊与电晕辊应接触均匀，压合可靠，压力应可调。

5.8.5　放电电极与电晕辊表面的垂直间距应保持在1 mm～5 mm之间，各点间的误差不大于0.5 mm。

5.8.6　电晕辊表面应包胶或陶瓷喷涂并符合以下规定：

　　a）电晕辊表面包胶时，包胶厚度：1 mm～5 mm；邵氏硬度：75 HD～85 HD。

　　b）电晕辊表面陶瓷喷涂处理时，喷涂层应对地绝缘，绝缘电阻不小于2 MΩ，电晕辊表面硬度不小于1 000 HV。

5.9　收卷装置

5.9.1　涨紧机构准确可靠，卷取时与筒管不应发生滑动。

5.9.2　收卷自动切换机构应准确可靠。

5.9.3 换卷断膜或切膜装置应能有效地将薄膜切断。

5.9.4 收卷张力调整灵敏，张力波动范围不大于设定张力的±5%。

5.9.5 在切边之前宜设立摆架装置，动作应灵敏、可靠；切刀调整方便。

5.9.6 切除的边料不应缠绕在导辊上。

5.9.7 收卷部分应安装静电消除装置。

5.10 装配精度

流延辅机的装配精度应符合表2的规定。

表 2 装配精度

序号	项 目	简 图	检验工具	允许偏差 mm/m	检验方法
1	薄膜定型装置	机头与主冷辊的平行度	铜塞尺	0.05	用铜塞尺分别在机头的两端测量机头边与主冷辊表面之间的间隙，最大间隙与最小间隙之差为平行度
2	薄膜定型装置	主冷辊与次冷辊的平行度	铜塞尺、等距块	0.05	用铜塞尺、等距块测量主冷辊与次冷辊在两端的垂直距离，两垂直距离之差为平行度
3	电晕装置	电晕辊与电晕冷却辊的平行度	铜塞尺、等距块	0.1	用铜塞尺、等距块测量电晕辊与电晕冷却辊在两端的垂直距离，两垂直距离之差为平行度

表 2　装配精度（续）

序号	项目		简　图	检验工具	允许偏差 mm/m	检验方法
4	电晕装置	电晕冷却辊与导辊的平行度		铜塞尺、等距块	0.1	用铜塞尺、等距块测量电晕冷却辊与导辊在两端的垂直距离，两垂直距离之差为平行度
5	收卷部分	两收卷轴的平行度		铜塞尺、等距块	0.1	用铜塞尺、等距块测量一个收卷轴与另一个收卷轴在两端的垂直距离，两垂直距离之差为平行度
6	整机	各导辊之间的平行度		铜塞尺、等距块	0.2	用铜塞尺、等距块测量两个相邻导辊在两端的垂直距离，两垂直距离之差为平行度

5.11　气动系统

气动系统应符合GB/T 7932的规定。

5.12　液压系统

液压系统应符合GB/T 3766的规定。

5.13　电气系统

电气系统应符合GB 5226.1的规定。

5.14 密封要求

气动系统、液压系统、冷却系统应畅通，各接头处、管道、阀门应密封良好，经1.5倍额定工作压力试验30 min，不得有泄漏、渗漏。

5.15 润滑要求

润滑装置及润滑点的设置应合理，密封可靠，密闭润滑系统应无渗漏。

5.16 温升

5.16.1 传动箱体表面温升不大于30℃。

5.16.2 传动电动机表面温升不大于65℃。

5.16.3 轴承表面温升不大于35℃。

5.17 噪声

流延辅机空载运转时的A计权噪声（声压级）不大于85 dB（A）。

5.18 安全防护

5.18.1 有可能对人身或设备造成损伤的部位，应采取相应的安全设施，设置安全防护装置或相应标志。如带传动、链传动部分设置防护罩，具有开、合、移动的机构应有防夹伤标志，加热部分需贴防烫伤标志，电晕放电站应有高压标志。

5.18.2 移动装置应有灵敏、可靠的限位装置，如薄膜定型装置的前后移动、主冷辊的上下移动、收卷装置的浮动辊前后移动。

5.18.3 在薄膜定型装置、电晕装置、收卷装置和电柜等的主要操作部位应设立急停开关，急停开关应灵敏、可靠。

5.19 整机性能及参数

5.19.1 机头宽度

机头宽度应不低于其产品说明书中标示值。

5.19.2 各辊筒有效工作宽度

主冷辊、次冷辊，电晕装置的电晕辊、电晕冷却辊、导辊等有效宽度应不低于机头宽度加上40 mm。

5.19.3 最大收卷直径

最大收卷直径应不低于其产品说明书中标示值。

5.19.4 生产速度

流延辅机的生产速度不应低于其产品说明书中标示值。

5.19.5 薄膜表面润湿张力

经电晕处理后薄膜电晕处理面的润湿张力应不小于QB/T 1125—2000中规定的38 mN/m，薄膜表面不应有击穿现象。

5.20 运转要求

5.20.1 各装置在规定的速度范围内调速应平稳、灵活。传动系统运转时应平稳、无卡阻、无冲击、无异常响声。

5.20.2 各紧固件、管路、线路连接处牢固可靠、无松动。

5.20.3 各导辊、辊轴应运转灵活，平稳，无卡阻。

5.20.4 各调整、调节装置工作应灵敏、可靠。

5.20.5 所有指示、计数、数显、控制装置应准确、灵敏、可靠。

5.20.6 机架在传动系统运转时应无明显的振动和变形。

6 试验方法

6.1 整体外观检验

用目视、手感法进行检查。

6.2 换网装置检验

6.2.1 换网试验

达到工艺温度后进行换网操作，目视、手感法检查换网操作动作是否协调准确、是否有卡阻现象，是否有漏料等异常现象，重复以上操作5次。

6.2.2 加热器温度测量

在稳定的工作状况下，检查温度值的变化，测量时间为5 min，最大值与最小值之差为波动值。

6.3 分配器检验

流道型腔的表面粗糙度用表面粗糙度比较样块对比检验，其余用目视、手感法进行检查。

6.4 机头检验

机头流道型腔的表面粗糙度用表面粗糙度比较样块对比检验，其余用目视、手感法进行检查。

6.5 薄膜定型装置检验

6.5.1 表面粗糙度用表面粗糙度比较样块对比检验。

6.5.2 包胶厚度用游标卡尺测量。

6.5.3 清理辊表面邵氏硬度用硬度计按GB/T 531.1的规定在清理辊两端进行测量。

6.5.4 主冷辊、次冷辊的表面温度用红外测温仪测量。

6.5.5 其余项目用目视、手感法进行检查。

6.6 电晕装置检验

6.6.1 目视法检查电晕处理的火花是否均匀一致。

6.6.2 将电晕辊停止转动后，检查电晕装置的放电电极是否断电。

6.6.3 冷却辊表面粗糙度用表面粗糙度比较样块对比检验。

6.6.4 包胶厚度用游标卡尺测量；电晕辊表面邵氏硬度用硬度计按GB/T 531.1的规定在电晕辊两端进行测量。

6.7 测厚装置检验

空运转，目视法检查测厚装置。

6.8 收卷装置检验

6.8.1 收卷试验

在负荷试验中实际操作。检查张紧机构在工作时是否与筒管发生滑移。当筒卷达到设定的最大直径时，检查收卷自动切换机构能否准确可靠的切换，斩膜/切膜是否可靠。

6.8.2 收卷张力测量

在负荷试验中用张力仪在收卷前的牵引辊处测量。

6.8.3 切边装置检查

在负荷试验中实际操作。在刀架上调整切刀位置，检查切刀调整是否方便；目视法检查边料是否缠绕在导辊上。

6.9 装配精度检验

按表2的相应方法进行。

6.10 气动系统检验

按GB/T 7932的规定进行。

6.11 液压系统检验

按GB/T 3766的规定进行。

6.12 电气系统检验

按GB 5226.1的规定进行。

6.13 密封性试验

气动系统、液压系统、冷却系统按1.5倍额定压力试验其密封性。气动系统用压缩空气试验，液压系统用液压油试验，冷却系统用水试验。保压5 min，检查各系统是否有泄漏和渗漏现象。

6.14 温升测量

在空运转试验后用温度计测量，测量温度减去室温为温升。

6.15 噪声测量

噪声的测定用声级计在流延辅机中包括薄膜定型装置、电晕装置、收卷装置周围1 m、高1.5 m处布点测量辅机的空载噪声，并用算术平均值作为流延辅机的噪声。测试按GB/T 16769的规定进行。

6.16 安全防护检查

用手触动限位装置和急停开关，检查其灵敏性和可靠性，其余用目视进行。

6.17 整机性能试验

6.17.1 机头宽度测量

用分度值为1 mm的量具测量。

6.17.2 各辊筒有效宽度测量

用分度值为1 mm的量具测量。

6.17.3 最大收卷直径测量

用分度值为1 mm的量具测量。

6.17.4 生产速度测量

在联机运行时用测速仪测量收卷轴的最大转速，按式（1）计算其最大生产速度。

$$v=2\pi Rn \quad\cdots\cdots\cdots\cdots\cdots\cdots\cdots\cdots\cdots\cdots\cdots\cdots\cdots\cdots（1）$$

式中：

v——最大生产速度（即收卷轴的最大线速度），单位为米每分（m/min）；

π——圆周率；

R——收卷轴的工作半径，单位为米（m）；

n——收卷轴的最大转速，单位为转每分（r/min）。

6.17.5 薄膜表面润湿张力测量

在整卷的膜上任意裁取1 m长样品，按GB/T 14216的规定测量薄膜正反面的润湿张力，根据工艺要求判断是否有击穿现象。

6.18 运转试验

6.18.1 空运转试验

6.18.1.1 试验条件

空运转试验条件：

a）主机和流延辅机按产品说明书要求安装；

b）电源电压为380 V×（1±10%），频率为50 Hz±1 Hz；

c）试验速度为最高生产速度的80%；

d）各单机空运转合格后再联机运转4 h。

6.18.1.2 检验项目

空运转试验的检验项目为5.6.2、5.6.5～5.6.7、5.7.2、5.8.5、5.14～5.18、5.19.4、5.20。

6.18.2 负荷运转试验

6.18.2.1 试验条件

负荷运转试验条件：

a）在空运转试验合格后进行；

b）电源电压、频率同6.18.1.1的b）；

c）试验速度按工艺要求而定；

d）试验时的环境条件和工艺应符合有关规定。

6.18.2.2 检验项目

负荷运转试验的检验项目为5.3、5.6.4、5.9、5.19.5、5.20。

7 检验规则

7.1 检验分类

产品检验分为出厂检验、验收检验和型式检验。

7.2 出厂检验

7.2.1 每台产品经生产厂质量检验部门按本标准检验合格后方能出厂，并附有产品质量合格证。

7.2.2 出厂检验项目为本标准5.2～5.10、5.14～5.16、5.18、5.20中的空运转试验和GB 5226.1的绝缘电阻试验、耐压试验。

7.3 验收检验

检验项目按定货协议或与客户协商确定。

7.4 型式检验

7.4.1 型式试验条件

有下列情况之一时应进行型式试验：

——新产品试制定型；

——正式生产后，如结构、材料、工艺有较大改变，可能影响产品性能；

——产品连续生产时，每年至少进行一次型式检验；

——产品停产一年以上，恢复生产；

——国家质量技术监督部门提出型式试验要求。

7.4.2 型式试验项目

型式试验项目为本标准的全部要求（需要负荷运转试验才能检验项目的除外）和产品标志。

7.4.3 型式试验抽样

型式检验样品应从出厂检验合格品中随机抽取，数量为一台。

7.5 判定规则

7.5.1 出厂检验结果中若出现某项不符合要求或故障时，需查明原因，进行返修、调整后重新复验，若仍不符合要求时，则判定该次检验不合格。

7.5.2 验收检验结果中若出现某项不符合要求可由生产厂与客户协商解决。

7.5.3 型式检验结果中若出现某项不符合要求则判定该次检验不合格。

8 标志、包装、运输和贮存

8.1 标志

8.1.1 产品标志

每台产品应在适当的明显位置固定相应标牌，其型式、尺寸和要求应符合GB/T 13306的规定。产品标牌的内容应包括：

——制造厂名称、商标；

——产品名称和型号;

——主要技术参数;

——出厂年、月和出厂编号;

——产品执行标准编号。

8.1.2　安全标志

安全标志应符合GB 2894的规定,机械安全指示标志应符合GB 18209.2的规定。

8.1.3　包装标志

产品的运输包装上应有如下标志:

——制造厂名称及地址;

——产品名称及型号;

——毛重或净重,单位为千克(kg);

——箱体外形尺寸:长×宽×高,单位为厘米(cm);

——符合GB/T 191和GB/T 6388要求的包装储运图示标志及运输包装收发货标志。

8.1.4　使用说明书

产品使用说明书应符合GB/T 9969的规定。

8.2　包装

8.2.1　产品包装应符合GB/T 13384的规定。

8.2.2　在保证运输安全的前提下,允许按供需双方的约定实施简易包装。

8.2.3　产品应随机带上下列文件(装入防水文件袋内):

——产品合格证(包括配套件的合格证书);

——产品使用说明书(包括配套件的使用说明书);

——随机备件,附件及清单;

——装箱单及其他有关技术资料。

8.3　运输

在运输过程中应防止直接日晒、雨雪淋袭和接触酸、碱、盐等腐蚀介质,并应避免由于振动和碰撞而引起的损坏。

8.4　贮存

产品应贮存在干燥通风、防雨和无腐蚀性气体的场地上。

ICS 71.120；83.200
G 95
备案号：44148—2014

中华人民共和国机械行业标准

JB/T 11509—2013

聚氨酯发泡设备　通用技术条件

Polyurethane foaming equipment—General specifications

2013-12-31 发布　　　　　　　　　　　　2014-07-01 实施

中华人民共和国工业和信息化部 发布

前　言

本标准按照GB/T 1.1—2009给出的规则起草。

本标准由中国机械工业联合会提出。

本标准由全国橡胶塑料机械标准化技术委员会塑料机械分技术委员会（SAC/TC71/SC2）归口。

本标准起草单位：安徽鲲鹏装备模具制造有限公司、成都航发机电工程有限公司、南京嘉业自控装备有限公司、大连塑料机械研究所。

本标准主要起草人：胡德云、甘成钢、金仁祥、宗海啸、夏松、陈涛、王杰、郑军。

本标准为首次发布。

聚氨酯发泡设备 通用技术条件

1 范围

本标准规定了聚氨酯发泡设备的术语和定义、产品分类、型号及基本参数、要求、试验及检测方法、检验规则、标志、包装、运输和贮存。

本标准适用于反应注射型聚氨酯发泡设备（以下简称产品）。

2 规范性引用文件

下列文件对于本文件的应用是必不可少的。凡是注日期的引用文件，仅注日期的版本适用于本文件。凡是不注日期的引用文件，其最新版本（包括所有的修改单）适用于本文件。

GB 150 钢制压力容器

GB/T 191 包装储运图示标志

GB/T 1184—1996 形状和位置公差 未注公差值

GB 2894 安全标志及其使用导则

GB/T 3766—2001 液压系统通用技术条件

GB 5083 生产设备安全卫生设计总则

GB 5226.1—2008 机械电气安全 机械电气设备 第1部分：通用技术条件

GB/T 6388 运输包装收发货标志

GB/T 6576 机床润滑系统

GB/T 7932 气动系统通用技术条件

GB/T 7935 液压元件 通用技术条件

GB/T 9438 铝合金铸件

GB/T 9969 工业产品使用说明书 总则

GB/T 12783 橡胶塑料机械产品型号编制方法

GB/T 13306 标牌

GB/T 13384 机电产品包装通用技术条件

GB 50493 石油化工可燃气体和有毒气体报警设计规范

HG/T 3228 橡胶塑料机械涂漆通用技术条件

JB/T 5438 塑料机械 术语

3 术语和定义

JB/T 5438 界定的以及下列术语和定义适用于本文件。

3.1

预热烘炉 pre-heating oven

对预装后的制品进行预热及保温，使其达到发泡工艺温度要求的装置。

3.2

充注装置 pouring device

向型腔内灌注聚氨酯原料的装置。

3.3

发泡模架 foaming fixture

用于安装聚氨酯发泡模具的装置。

3.4

排风装置 ventilation device

通过风机和管道将废气排出特定区域的装置。

3.5

聚氨酯发泡 polyurethane foaming

聚氨酯原料灌注后的反应过程。

3.6

充注 pouring

将聚氨酯原料灌注在型腔内的工艺过程。

3.7

混合头 mixing head

对不同组分聚氨酯原料进行混合和排出的装置。

3.8

料罐 material tanks

储存不同组分聚氨酯原料的容器。

3.9

计量装置 dosing device

对不同组分原料输出计量的装置。

3.10

低压管路 low pressure pipes

从料罐到输出计量系统之间的管道及附件。

3.11

高压管路 high pressure pipes

从输出计量系统到混合头之间的管道及附件。

3.12

高低压切换装置 high/Low pressure switching unit

实现高压循环和低压循环转换过程的装置。

3.13

料温控制系统 material temperature control system

通过加热/冷却装置将原料温度控制在工艺要求范围内的装置。

4 产品分类、型号、组成及基本参数

4.1 产品分类

4.1.1 产品按自动化程度可分为手动、半自动、自动三种控制方式。

4.1.2 产品按充注形式可分为开模、闭模两种方式。

4.1.3 产品按布局可分为直线式、环形、矩形等结构型式。

4.2 型号

产品型号应符合 GB/T 12783 的规定。

4.3 组成

产品应根据工艺需要选择、排列生产工序和设备，一般由上下料输送装置、预热烘炉、充注装置、开合模装置、发泡模架、加热/冷却装置、排风装置、聚氨酯发泡机、可燃性气体检测及报警装置等组成。

4.4 基本参数

产品的基本参数应包括以下几个方面：

a）型腔（制品）尺寸的数值，单位为毫米（mm）；

b）模架闭合高度的数值，单位为毫米（mm）；

c）操作面高度的数值，单位为毫米（mm）；

d）生产节拍的数值，单位为秒（s）；

e）充注量的数值，单位为克（g）；

f）功率的数值，单位为千瓦（kW）；

g）额定电压、频率的数值，单位为伏（V）、赫（Hz）。

5 要求

5.1 总则

产品应符合本标准的要求，并按经规定程序批准的图样及技术文件制造。

5.2 整机技术要求

5.2.1 单机配置应满足生产工艺要求。

5.2.2 各运动部件动作灵敏、无卡滞现象。

5.2.3 模板与运动导向面的垂直度应达到GB/T 1184—1996中附录B的表B3规定的公差等级8级。

5.2.4 高低压管路、气动、液压、水路及润滑系统在正常工作条件下运行良好，应无渗漏。

5.2.5 噪声（声压级）不大于85 dB（A）。

5.3 主要单机技术要求

5.3.1 上下料输送装置

5.3.1.1 上下料操作方便，并有安全防护装置。

5.3.1.2 上下料机械手应有高度限位和安全锁紧装置。

5.3.2 预热烘炉

5.3.2.1 若采用电加热器应符合GB 5226.1—2008的规定，若采用蒸汽加热外露管道应保温。

5.3.2.2 预热烘炉的温度应满足制品发泡工艺的要求。

5.3.2.3 预热烘炉围房应采用保温、阻燃的材料。

5.3.3 充注装置

5.3.3.1 充注机械手移动定位精度不大于±2 mm。

5.3.3.2 充注机械手应有安全限位装置。

5.3.4 发泡模架

5.3.4.1 模架应满足模具的尺寸、形状和重量要求。

5.3.4.2　模架的运动状态应满足制品发泡要求。

5.3.4.3　模架运动机构应稳定、安全、可靠。

5.3.4.4　模板采用铝合金铸件时，应符合 GB/T 9438 的规定。

5.3.4.5　模板之间的垂直度和平行度应不低于 GB/T 1184—1996 中附录 B 的表 B3 规定的公差等级 9 级。

5.3.4.6　模板的工作面粗糙度值 Ra 应不大于 3.2 μm。

5.3.4.7　合型力应满足制品发泡工艺要求。

5.3.4.8　模架应确保模具定位准确、装夹可靠。

5.3.5　开合模装置

5.3.5.1　开合模装置动作应稳定、可靠。

5.3.5.2　开合模装置应有限位措施。

5.3.6　加热/冷却装置

5.3.6.1　加热一般采用电、蒸汽、水循环等方式。

5.3.6.2　加热、冷却装置根据需要设置保温措施。

5.3.7　排风装置

5.3.7.1　排风装置设置于产品内部，一般在产品顶部留有接口与客户排风系统相连。

5.3.7.2　排风装置的风机根据工况要求应满足其特殊性能（防爆、防护等级等）。

5.3.8　聚氨酯发泡机

5.3.8.1　料罐生产制作应符合 GB 150 的规定。

5.3.8.2　原料的温度由料温控制系统自动控制，温度设定范围为 15℃～45℃，料温控制偏差为 ±2℃。

5.3.8.3　料罐外壁的隔热材料应具有良好的保温性和阻燃性。

5.3.8.4　料罐经 0.5 MPa 的气压试验不得泄漏。

5.3.8.5　低压管路中所采用的过滤器，应有自清洗功能。

5.3.8.6　管道应密封良好，无泄漏现象。

5.3.8.7　计量系统应具有过载保护和欠电压保护功能。

5.3.8.8　混合头和高低压切换装置在工作状态下动作应灵活、可靠，不得有泄漏现象。

5.3.8.9　混合头连续工作时，温度应不大于 60℃。

5.3.8.10　混合头正常工作时的使用寿命应不小于 10 万次。

5.3.8.11　发泡机应有可靠的充注量设定和控制功能，充注量控制偏差应不大于 ±1.5%，充注量重复精度不大于误差 0.5%。

5.3.8.12　发泡机应有可靠的原料流量控制功能，并能实现手动或自动调整。

5.3.8.13　发泡机应有料位检测显示和手动、自动加料功能。

5.3.9　可燃性气体检测及报警装置

5.3.9.1　可燃性气体检测装置应具有两级（或以上）报警功能，并符合 GB 50493 的规定。

5.3.9.2　可燃性气体检测器应采用国家指定机构或其授权检验单位的计量器具制造认证、防爆性能认证和消防认证的产品。

5.3.9.3　可燃性气体场所的检测器应采用固定式。

5.3.9.4　报警信号应发送至现场报警器和有人值守的控制室或现场操作室的指示报警设备，并且进行声光报警。

5.3.10 润滑系统

产品的润滑系统应符合 GB/T 6576 的规定。

5.3.11 液压系统

产品的液压系统应符合 GB/T 3766—2001 的规定。液压系统中所用的液压元件应符合 GB/T 7935 的规定。

5.3.12 气动系统

产品的气动系统应符合 GB/T 7932 的规定。

5.3.13 电气系统

产品的电气系统应符合 GB 5226.1—2008 的规定。

5.4 安全要求

5.4.1 短接的动力电路与保护电路的绝缘电阻不得小于 1 MΩ。

5.4.2 加热器的冷态绝缘电阻不得小于 1 MΩ。

5.4.3 保护导线端子与电路设备任何裸露导体零件的接地导体电阻不得大于 0.1 Ω。

5.4.4 控制柜、加热器等电气设备应进行耐压试验，工作电压为 110 V 的设备 1 min 内平稳加压至 1 000 V，工作电压为 220 V 的设备 1 min 内平稳加压至 1 500 V，工作电压为 380 V 的设备 1 min 内平稳加压至 2 000 V，持续耐压 1 min，工作电流 10 mA，不得有闪络与击穿。

5.4.5 对人身安全有危险的部位应有安全防护装置。

5.4.6 产品的上料、充注、开模、合模及下料部位，应设置急停按钮，并应符合 GB 5226.1—2008 中 10.7 的规定。

5.4.7 产品应有可靠的联锁保护措施和报警装置。

5.4.8 电气系统联锁保护应符合 GB 5226.1—2008 中 9.3 的规定。

5.4.9 液压系统保护应符合 GB/T 3766—2001 中 10.2.3、10.5.4 及 10.6.1 的规定。

5.4.10 危险区域应有安全标志。

5.4.11 产品使用环戊烷做发泡剂时，应符合 GB 50493 的规定。

5.4.12 产品安全卫生设计应符合 GB 5083 的规定。

5.4.13 产品安全标志及其使用应符合 GB 2894 的规定。

5.5 控制系统要求

5.5.1 控制系统宜有故障报警及自诊断功能。

5.5.2 控制系统宜有制品参数存储功能。

5.5.3 控制系统宜有温度自动控制功能。

5.6 外观要求

5.6.1 各外露焊接件应平整，不允许存在焊渣及明显的凹凸粗糙面。

5.6.2 机械零件和附件的非机械加工表面应采用涂漆或其他规定的方法进行防护。

5.6.3 需经常拧动的调节螺栓和螺母，以及非金属管道不应涂漆。

5.6.4 非涂漆的金属及非金属表面应保持其原有本色。

5.6.5 漆膜应色泽均匀，光滑平整，不允许有杂色斑点、条纹及黏附污物、起皮、发泡及油漆剥落等影响外观质量的缺陷，并应符合 HG/T 3228 的规定。

5.7 工作环境条件

5.7.1 环境温度：5℃～40℃。

5.7.2 环境相对湿度：不大于 85%。

5.7.3 环境海拔：不大于 1 000 m。

> 注：以上工作环境要求为常规的条件，如用户有特殊要求时，应单独注明。

6 试验及检测方法

6.1 目测项目

对于第 5 章中的要求，在本章中没有规定具体试验方法的，可通过目测及操作演示方法进行检测。

6.2 基本参数的检测

6.2.1 型腔（制品）尺寸

用卷尺测量。

6.2.2 发泡模架闭合高度

根据技术参数的要求，发泡模架合模后用卡尺测量。

6.2.3 操作面高度

用卷尺测量。

6.2.4 生产节拍

模拟生产过程，计算单位时间内制品下线的时间，用秒表计时。

6.2.5 充注量

设定充注时间或充注量，将不同组分的原料打入容器中分别称重并记录，计算 5 次的流量和重量的算术平均值。

6.3 整机技术要求

6.3.1 产品运动导向面的垂直度用 1 级直角尺配合塞尺检测。

6.3.2 蒸汽、水路、油路进行 1.5 倍设计压力的耐压试验，保压 30 min。

6.3.3 用声级计在操作者位置、离机体外包络面 1 m、高 1.5 m 处测量噪声声压级。

6.4 单机技术要求

6.4.1 充注机械手移动定位试验

自动往复运行 20 次，用卡尺测量实际位置与设定位置的偏差。

6.4.2 发泡模架

6.4.2.1 模板位置误差检测

模板位置误差检测要求如下：

a）相邻两模板工作面的垂直度用 1 级直角尺配合塞尺检测；

b）相对两模板工作面的平行度用检验平板配合百分表检测。

6.4.2.2　模板压力试验

模板按其工作状态放置并加压，用分度值为 2 Pa 的压力机测量压力。用 1 级直角尺配合 0.5 mm 塞尺检测。

6.4.3　开合模装置试验

重复开合模 20 次，发泡模架应能正常开合。

6.4.4　聚氨酯发泡机

6.4.4.1　料温控制系统试验

设定原料应达到的温度，起动原料循环系统，在规定时间达到温度设定值时，用精度等级 0.1℃ 的测温仪对原料进行检测。

6.4.4.2　料罐及管路气密试验

向料罐内腔充入 0.5 MPa 的压缩空气，1 min 后对其相关的连接处用涂液法检验有无漏气现象。

6.4.4.3　混合头和高低压切换装置动作及密封试验

在手动操作模式下，使混合头和高低压切换装置分别反复动作，目测检验。

6.4.4.4　混合头温度试验

将混合头空载运行 1 h 后，用分度值为 1℃ 的测温仪检测混合头的温度。

6.4.4.5　充注重量控制偏差和重复精度试验

设定相同的充注量，重复 5 次将原料打入容器中，分别用分度值为 1 g 电子秤称重并记录。

6.4.4.6　原料流量控制试验

设定不同的充注量，分 5 次分别将原料打入容器中，分别用分度值为 1 g 电子秤称重并记录。

6.5　安全要求

6.5.1　短接的动力电路与保护电路导线（发泡设备外壳体）之间的绝缘电阻，用 500 V 绝缘电阻表（兆欧表）测量。

6.5.2　加热器应先进行加热干燥，然后在冷态（室温）时，用 500 V 绝缘电阻表测量其绝缘电阻。

6.5.3　保护导线端子与电路设备任何裸露导体零件的接地导体电阻，用 1 级接地电阻仪测量。

6.5.4　控制柜、加热器等电气设备在冷态（室温）时进行耐压试验，并用 5 级耐压测试仪测量。

6.5.5　产品正常工作时，任何进入光电检测区域或打开任何一个安全防护栏（门），系统应进行联锁保护并通过报警器报警。

6.6　空运转试验

整机检验合格后，应连续进行不少于 1 h 的空运转试验。

6.7　负荷试验

整机空运转试验合格后，应连续进行不少于 2 h 的负荷试验。

7 检验规则

7.1 检验分类

产品的检验分为出厂检验和型式试验。

7.2 出厂检验

7.2.1 每台产品必须经制造厂质量检验部门检验合格后，并附有产品合格证方可出厂。

7.2.2 出厂检验项目见表1。

表 1　出厂检验和型式试验的项目内容

序　号	项　　目	标准条款	出厂检验	型式试验
1	基本参数	4.4	●	●
2	运动导向面的垂直面	5.2.3	●	●
3	噪声	5.2.15		●
4	充注机械手移动定位试验	5.3.3.1	●	●
5	模板位置度检测	5.3.4.5	●	●
6	模板压力试验	5.3.4.7	●	●
7	开合模装置试验	5.3.5.1	●	●
8	料温控制系统试验	5.3.8.2	●	●
9	料罐及管路气密试验	5.3.8.4	●	●
10	混合头和高低压切换装置动作及密封试验	5.3.8.8	●	●
11	混合头温度试验	5.3.8.9	●	●
12	充注量重复控制偏差和重复精度试验	5.3.8.11	●	●
13	原料流量控制试验	5.3.8.12	●	●
14	绝缘电阻	5.4.1、5.4.2	●	●
15	接地导体电阻	5.4.3	●	●
16	耐压试验	5.4.4		●
17	控制系统	5.5	●	●
18	外观	5.6	●	●
19	空运转试验	6.6	●	●
20	负荷试验	6.7		●

7.3 型式试验

7.3.1 型式试验的项目内容见表1。

7.3.2 型式试验应在下列情况之一进行：

　　a）新产品或老产品转厂生产的试制定型鉴定；

　　b）正式生产后，如结构、材料和工艺有较大改变，可能影响产品性能时；

　　c）正常生产时，每年最少抽试一台；

　　d）产品长期停产后，恢复生产时；

　　e）出厂检验结果与上次型式试验有较大差异时；

　　f）国家质量监督机构提出进行型式试验的要求时。

7.4 判定规则

7.4.1 型式试验的样品应在出厂检验合格的产品中随机抽取 1 台。

7.4.2 经型式试验若有不合格项时，需进行复检，复检若仍有不合格项时，则判定为不合格。

8 标志、包装、运输和贮存

8.1 标志

产品应在适当的明显位置固定产品标牌。标牌形式、尺寸及技术要求应符合 GB/T 13306 的规定，标牌上至少应标出下列内容：

    a）产品的名称、型号；

    b）产品的主要技术参数；

    c）制造企业的名称和商标；

    d）制造日期和出厂编号。

8.2 包装

8.2.1 产品的包装应符合 GB/T 13384 的规定。包装箱内应装有技术文件（装入防水袋内）。

    a）产品合格证；

    b）使用说明书，其内容应符合 GB/T 9969 的规定；

    c）装箱单；

    d）备件清单；

    e）安装图。

8.2.2 包装储运图示标志应符合 GB/T 191 的规定。

8.2.3 在保证产品质量和运输安全的条件下，可按供需双方的约定实施简易包装。

8.3 运输

产品运输应符合 GB/T 191 和 GB/T 6388 的规定。

8.4 贮存

产品应贮存在干燥通风处，避免受潮腐蚀，不能与有腐蚀性气（物）体存放，露天存放应有防雨措施。